高职高专"十三五"规划教材

机械专业系列

特种加工技术

（第二版）

主　编　郭谆钦　王承文
副主编　蔡海鹏　吴光辉

U0360150

扫码加入学习圈　轻松解决重难点

南京大学出版社

图书在版编目（CIP）数据

特种加工技术／郭谆钦，王承文主编. —— 2 版. ——
南京：南京大学出版社，2019.1
高职高专"十三五"规划教材. 机械专业系列
ISBN 978 - 7 - 305 - 20285 - 8

Ⅰ. ①特… Ⅱ. ①郭… ②王… Ⅲ. ①特种加工—高
等职业教育—教材 Ⅳ. ①TG66

中国版本图书馆 CIP 数据核字（2018）第 100860 号

出版发行　南京大学出版社
社　　址　南京市汉口路 22 号　　　　邮编　210093
出版人　金鑫荣

书　　名　**特种加工技术（第二版）**
主　　编　郭谆钦　王承文
责任编辑　马蒉蒉　吴　华　　　编辑热线　025 - 83596997
照　　排　南京理工大学资产经营有限公司
印　　刷　江苏凤凰通达印刷有限公司
开　　本　787×1092　1/16　印张 18　字数 416 千
版　　次　2019 年 1 月第 2 版　2019 年 1 月第 1 次印刷
ISBN　978 - 7 - 305 - 20285 - 8
定　　价　45.00 元

网　　址：http://www.njupco.com
官方微博：http://weibo.com/njupco
微信服务号：njuyuexue
销售咨询热线：(025)83594756

扫一扫教师
可免费下载教学资源

前　言

特种加工是不同于传统切削加工方法的新的加工方法。它主要不是依靠机械能、切削力进行加工，而是用软的工具(甚至不用工具)加工硬的工件，即将电、磁、声、光、化学等能量或其组合施加在工件的被加工部位上，从而实现材料被去除、变形、改性或表面处理等的非传统加工方法。特种加工可以加工各种用传统工艺难以加工的材料、复杂表面和某些模具制造企业有特殊要求的零件。

在实际应用中，特种加工设备的 90% 以上主要用于模具加工，占模具加工总量的 30%～60%，成为模具制造的重要工艺技术手段。在其他制造行业，特种加工广泛应用于加工各种高硬度、形状复杂、微细、精密、薄壁等常规加工无法完成或很难完成的工件。近十几年来，国内外仅电加工机床年产量的平均增长率就已经大大高于金属切削机床的增长率，相应地，对从事特种加工的技术人员的需求也不断地增长。为了适应高层次技能型人才培养的需要，适应特种加工技术的迅速发展和应用的需要，我国高职高专层次的机械类专业均开设了"特种加工"课程，并且模具专业对该课程的要求相对于其他专业而言还比较高。

随着新一轮职业教育教学改革的不断深化，为提高学生的职业能力，培养高素质的技能型人才，本教材以就业为导向，能力为本位，紧扣专业的特点，优化理论知识，增强实用性，采用理论与实践相结合的项目教学，使理论和技能统一。其具体体现在以下几个方面。

(1) 根据专业的职业技能要求，以实用、够用为原则组织教材。删除了烦琐深奥的理论知识，简化特种加工工作原理，降低理论难度，加强了特种加工不同方法的实训能力。

(2) 打破原有学科体系框架，以项目为载体，将知识和技能整合，有利于知识的讲授和技能训练的实施，以达到理论知识和技能训练相统一。本教材采用的项目是在模具企业中经常加工的常用零件，以取得学以致用的效果。

(3) 体现"以生为本"。本教材在每个项目开始指出学完本项目后应达到的知识和技能目标，这样可使学生在学习过程中目标明确，少走弯路。

本书内容主要包括：概述、电火花加工、电火花线切割加工技术、电化学加工技术、激光加工技术、电子束和离子束加工技术、超声加工技术、磨料流加工、水射流切割、快速成形技术等特种加工方法的基本原理、基本设备、基本工艺规律、主要特点和应用范围。

本书既适合作为高职高专院校模具、机械制造、机电、数控技术应用等专业的特种加工课程的教材，也可作为电火花成型加工、线切割加工等机床操作工的职业培训用书，还可供从事模具制造等机械制造行业的专业人员参考。

　　本书所有实验数据来源于湖南省自然科学基金项目"基于激光增材制造（3D打印）技术的复杂零件修理技术研究"，项目编号"2018JJ5063"，以及院级教学改革研究项目"'特种加工技术'教学做一体化教学改革"，项目编号"KG1627"。同时获得了湖南湘潭电机集团有限公司力源模具分公司的大力支持，在此表示衷心感谢。

　　本课程网络资源：http://www.worlduc.com/SpaceShow/index.aspx? uid＝556921

　　本课程学习网站：http://hyzyk.cavtc.cn/? q＝node/1416

　　由于编者水平有限，加之时间仓促，书中难免存在不足之处，敬请广大读者批评指正。

编　者

2018 年 10 月

目　录

项目一　概　论

学习目标

(1) 掌握特种加工的发展史、特点及分类等知识。

(2) 具有合理选择特种加工方法加工复杂零件的能力。

1.1　特种加工的产生及发展概况

1.1.1　特种加工的定义

特种加工亦称"非传统加工"或"现代加工",泛指用电能、热能、光能、电化学能、化学能、声能及特殊机械能等能量达到去除或增加材料的加工方法,从而实现材料的去除、变形、改变性能或镀覆等。

1.1.2　特种加工的产生

第二次世界大战后,特别是进入 20 世纪 50 年代以来,随着生产发展和科学实验的需要,很多工业部门,尤其是国防工业部门,要求产品向高精度、高速度、高温、高压、大功率、小型化等方向发展。传统的机械切削加工已经远远不能满足加工要求,于是对机械部门提出了新的要求。

(1) 解决各种特殊复杂表面的加工问题。如喷气涡轮机叶片、整体涡轮、锻压模和注塑模的立体成型表面,炮管内膛线、喷油嘴、栅网、异形小孔、窄缝,以及如图 1-1 所示钟表零件、旋转零件、异形零件等的加工。

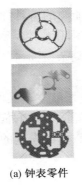

(a) 钟表零件　　　　　　　　(b) 宝塔　　　　　　　　(c) 扭转锥台

图 1-1　复杂及异形零件

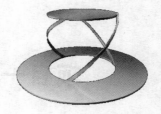

(d) 上下异形件　　　　　　　　　　　　　　　(e) 地振仪

图 1-1　复杂及异形零件(续)

（2）解决各种难切削材料的加工问题。如硬质合金、钛合金(在高性能战斗机上钛合金用量已经达到 30% 以上,如 F-22 战斗机钛合金用量已经达到 36%)、耐热钢、不锈钢、淬火钢、金刚石、宝石、石英,以及锗、硅等各种高硬度、高韧性、高脆性的金属及非金属材料的加工。

（3）解决各种超精、光整或具有特殊要求的零件的加工问题。如对表面质量和精度要求很高的航天、航空陀螺仪、伺服阀,以及细长轴、薄壁零件、弹性元件等低刚度零件的加工。

要解决上述一系列工艺问题,仅仅依靠传统的切削加工方法很难实现,甚至根本无法实现。为此,人们相继探索、研究新的加工方法,特种加工就是在这种前提下产生和发展起来的。

1.1.3　特种加工的发展

1943 年,前苏联鲍·洛·拉扎林柯夫妇研究开关触点遭受火花放电腐蚀损坏的有害现象和原因时发现电火花的瞬时高温可使局部的金属溶化、气化而被蚀除掉,从而发明了变有害的电蚀为有用的电火花加工方法。用铜杆在淬火钢上加工出小孔,可用软的工具加工任何硬度的金属材料,首次摆脱了传统的切削加工方法,直接利用电能和热能来去除金属,获得了"以柔克刚"的效果。

20 世纪 50 年代以来,国外工业界通过各种渠道,借助各种能量来源来探寻新的加工道路,相继推出了多种与传统加工方法截然不同的新型的特种加工方法,如电解加工、化学加工、超声波加工以及高能束加工等。

20 世纪 70 年代以来,以激光、电子束、离子束等高能束流为能源的特种加工技术获得了迅速发展和广泛利用。目前以高能束流为能源的特种加工技术和数控精密电加工技巧已成为航空产品制造技巧群中不可缺的分支。在难加工材料、复杂型面、精密表面、低刚度零件及模具加工等领域中已成为关键制造技术。

进入 21 世纪后,特种加工技术的发展和应用的扩大大大促进了航空产品的发展,使先进的高性能飞机、发动机和机载设备的制造和生产得到可靠的保证。国内外经验表明,没有先进的特种加工技术,现代高性能航空产品难以制造和生产。因此先进的特种加工技术的开发和应用与现代航空技术的发展息息相关。

1.2 特种加工的特点、分类及应用

1.2.1 特种加工的特点

特种加工在加工机理和加工形式上与传统切削和成形加工有着本质的区别,主要体现在以下几点。

(1)与加工对象的机械性能无关。有些加工方法,如激光加工、电火花加工、等离子弧加工、电化学加工等,是利用热能、化学能、电化学能等进行加工,这些加工方法与工件的硬度、强度等机械性能无关,故可加工各种硬、软、脆、热敏、耐腐蚀、高熔点、高强度、带特殊性能的金属和非金属材料。

(2)非接触加工。不一定需要工具,有的虽使用工具,但与工件不接触,因此,工件不承受大的作用力,工具硬度可低于工件硬度,故使刚性极低元件及弹性元件得以加工。

(3)微细加工。工件表面质量高,有些特种加工,如超声、电化学、水喷射、磨料流等,加工余量都是微细进行,故不仅可加工尺寸微小的孔或狭缝,还能获得高精度、极低粗糙度的加工表面。

(4)不存在加工中的机械应变或大面积的热应变,可获得较低的表面粗糙度,其热应力、残余应力、冷作硬化等均比较小,尺寸稳定性好。

(5)两种或两种以上的不同类型的能量可相互组合形成新的复合加工,其综合加工效果明显,且便于推广使用。

(6)特种加工对简化加工工艺、变革新产品的设计及零件结构工艺性等产生积极的影响。

1.2.2 特种加工的分类及应用

特种加工的分类还没有明确规定,一般按能量来源和作用形式以及加工原理可分为表 1-1 所示的各种加工方法。

表 1-1 常用特种加工方法分类表

特种加工方法		能量来源形式	作用原理	英文缩写
电火花加工	电火花成形加工	电能、热能	熔化、气化	EDM
	电火花线切割加工	电能、热能	熔化、气化	WEDM
电化学加工	电解加工	电化学能	阳极溶解	ECM
	电铸加工	电化学能	阴极沉积	EFM
	涂镀加工	电化学能	阴极沉积	EPM
	电解磨削	电化学能、机械能	阳极溶解、机械磨削	ECG

特种加工方法		能量来源形式	作用原理	英文缩写
激光束加工	激光切割、打孔	光能、热能	熔化、气化	LBM
	激光打标	光能、热能	熔化、气化	LBM
	激光处理、表面改性	光能、热能	熔化、气化	LBT
电子束加工	切割、打孔、焊接	电能、热能	熔化、气化	EBM
离子束加工	蚀刻、镀覆、注入	电能、机械能	原子撞击	IBM
超声加工	切割、打孔、雕刻	声能、机械能	磨料高频撞击	USM
快速成形加工	液相固化法	光能、化学能	增加材料	SL
	粉末烧结法	光能、热能		SLS
	分层叠加法	光能、机械能		LOM
	熔丝堆积法	电能、热能、机械能		FDM
其他特种加工	化学加工	化学能	腐蚀	CHM
	等离子体加工	电能、热能	熔化、气化	PAM
	水射流加工	流体能、机械能	切蚀	WJC 或 LJM
	磨料流加工	流体能、机械能	切蚀	AFM
	磁性研磨和磁性电解研磨	电化学能、机械能	电化学反应、机械磨削	MAM
	铝合金微弧氧化	电化学能	电化学反应	AOM
复合加工	电化学电弧加工	电化学能	熔化、气化腐蚀	ECAM
	电解电火花磨削	电能、热能	阳极溶解、熔化、切削	MEEC
	电化学腐蚀加工	电化学能、热能	熔化、气化腐蚀	ECP
	超声放电加工	声能、热能、电能	熔化、切蚀	USEC
	复合电解加工	电化学能、机械能	切蚀	CECM
	复合切削加工	机械能、声能、磁能	切削	CSMM

电火花加工是通过工件和工具电极间的放电而有控制地去除工件材料，以及使材料变形、改变性能或被镀覆的特种加工方法，可分为电火花成形加工和电火花线切割两种。

电化学加工是通过电化学反应去除工件材料或在其表面镀覆金属材料等的特种加工方法，常用的有电解加工、电铸加工、涂镀加工、电解磨削等。

激光加工、电子束加工和离子束加工都是利用高能束去除工件材料的特种加工方法。

超声加工是利用超声振动的工具在有磨料的液体介质中或干磨料中产生的冲击、抛光、液压冲击及由此产生的气蚀作用去除材料。

快速成形加工技术是利用增加材料的方法，逐渐获得所需零件的加工方法。常用的有光敏树脂液相固化成形（SL）、选择性激光粉末烧结成形（SLS）、薄片分层叠加成形（LOM）、熔丝堆积成形（FDM）四种。

其他特种加工方法包括化学加工、等离子体加工、水射流加工、磨料流加工、磁性研磨、铝合金微弧氧化等。

复合加工是指在加工部位同时组合两种或两种以上的不同类型的能量去除工件材料的特种加工方法。

表1-2所示为一些常见的特种加工方法的性能、用途和工艺参数。

表1-2 几种常用特种加工方法的比较及应用

加工方法	可加工材料	电极损耗（％）最低/平均	材料去除率（mm³/min）平均/最高	尺寸精度（mm）平均/最高	粗糙度 Ra（mm）平均/最高	主要适用范围
电火花加工	任何导电金属材料，如硬质合金、耐热钢、不锈钢、钛合金等	0.1/10	30/3 000	0.03/0.003	10/0.04	从数微米的孔、槽到数米的超大型模具、工件等。如圆孔、方孔、弯孔、螺纹孔以及冲模、锻模、压铸模、拉丝模、塑料模，还可刻字、表面强化、涂覆加工。
电火花线切割		较小（可补偿）	20/200	0.02/0.002	5/0.32	切割各种冲模、塑料模、粉末冶金模等三维及二维直纹面组成的模具及零件。可切割各种样板、磁钢、硅钢片冲片。也可用于钨、钼、半导体材料或贵重金属的切割。
电解加工		不损耗	100/10 000	0.1/0.01	1.25/0.16	从细小零件到超大型工件及模具。如仪表微型小轴、齿轮上的毛刺、蜗轮叶片、炮管膛线、螺旋花键孔、各种异形孔、锻造模、铸造模，以及抛光、去毛刺等。
电解磨削		1/50	1/100	0.02/0.001	1.25/0.04	硬质合金等难加工材料的磨削，如硬质合金刀具、量具、轧辊、小孔、深孔、细长杆磨削，以及超精光整研磨、珩磨。
超声加工	任何脆性材料	0.1/10	1/50	0.03/0.005	0.63/0.16	加工、切割脆硬材料，如玻璃、石英、宝石、金刚石、半导体单晶锗、硅等。可加工型孔、型腔、小腔、深孔、切割、焊接及清洗等。

加工方法	可加工材料	电极损耗（%）最低/平均	材料去除率（mm³/min）平均/最高	尺寸精度（mm）平均/最高	粗糙度 Ra（mm）平均/最高	主要适用范围
激光加工	任何材料	不损耗无工具	瞬时去除率高，但受功率限制，平均去除率不高	0.01/0.001	10/1.25	精密加工小孔、窄缝及成形切割、刻蚀。如金刚石拉丝模、钟表宝石轴承、喷丝板的小孔；切割钢板、石棉、纺织品；焊接、热处理。
电子束加工					1.25/0.2	难加工材料上的微孔、窄缝、刻蚀、曝光、焊接。在中大规模集成电路和微电子器件的应用。
离子束加工			很低	/0.01um	/0.01	对零件表面进行超精密、超微量加工、抛光、刻蚀、掺杂、镀覆等。
水射流切割	钢铁、石材	无损耗	＞300	0.2/0.1	20/5	下料、成形切割、剪裁
快速成形		增材加工	0.3/0.1		10/5	快速制作样件、模具

1.3　特种加工产生的影响及发展趋势

1.3.1　特种加工对材料加工性和结构工艺性的影响

随着特种加工技术的不断发展和完善,这种新型加工方法在机械制造业中得到了广泛的应用的同时,也对传统的机械制造工艺方法产生了很多重要影响,特别是使零件的结构设计和制造工艺路线的安排产生了重大变革。

1. 提高了材料的可加工性

无论材料的硬度、韧性、脆性、强度如何,特种加工方法都能加工。例如,以前金刚石、石英、陶瓷、硬质合金等硬度大、难加工,但现在可以用电火花、电解、激光等进行加工,可制造金刚石和硬质合金刀具,以及拉丝模具。材料的可加工性不再与材料硬度、韧性、脆性、强度等成比例关系,例如,对电火花加工而言,淬火钢比未淬火钢更容易加工,更容易得到高的加工质量。

2. 对零件结构设计的影响

由于加工方法和加工工艺的限制,许多结构不得不接受一些缺陷,如镶拼结构的应力集中较大等。特种加工弥补了这种缺陷,如一些复杂模具,采用电火花和线切割后可以做成整体式结构;喷气发动机涡轮用电火花加工得到扭曲叶片带冠整体结构;花键轴的齿根部分可以用电解得到一定圆角,减小应力集中。

3. 改变了零件的典型加工工艺路线

以前除磨削外,所有的机加工都须在淬火前进行,这是机加工工艺的基本准则,因为淬火后材料硬度大、机加工困难、加工质量差。若考虑用特种加工方法,如电火花成型加工、电火花线切割、电解加工等,则可以在淬火后另外的进行形状和尺寸加工,而且加工质量好。例如在淬火前加工刀块上的小孔,淬火时容易产生裂纹和变形,而淬火后加工则能保证质量。

4. 对工艺、材料等评价标准的影响

(1)难加工的材料 特种加工与机械性能无关,加工变得十分容易。

(2)低刚度零件 特种加工因为没有宏观的切削力和变形,所以可轻松实现加工。

(3)异形孔和复杂空间曲面 特种加工中,工件形状完全由工具形状决定,只要能加工出工具,就能加工各种复杂零件。

(4)微小孔、异形孔 可用激光加工,电子束加工、离子束加工实现。

5. 改变了试制新产品的模式

以往试制新产品的关键零部件时,必须先设计、制造相应的刀、夹、量具和模具,以及二次工装。现在采用数控电火花线切割,可以直接加工出各种特殊、复杂的曲面零件,这样可以大大缩短试制周期。

6. 成为微细加工和纳米加工的主要手段

近年来出现并快速发展的微细加工和纳米加工技术,主要是电子束、离子束、激光、电化学等电物理、电化学特种加工技术。

1.3.2 特种加工存在的问题和发展趋势

1. 特种加工存在的问题

虽然特种加工已解决了传统加工难以解决的许多问题,在提高产品质量、生产效率和经济效益上显示出了很大的优越性,但目前也存在不少有待解决的问题。

(1)某些特种加工(如超声加工、激光加工等)的加工机理还不十分清楚,其工艺参数的选择、加工过程的稳定性均需进一步提高。

(2)有些特种加工(如电化学加工)在加工过程中产生的废渣、废气若排放不当,会产生环境污染,影响工人健康。

(3)有些特种加工(如快速成型、等离子弧加工等)的加工精度及生产率有待提高。

(4)有些特种加工(如激光加工)所需设备投资大、使用维修费高,有待进一步解决。

2. 特种加工的发展趋势

(1)按照系统工程的观点,加大对加工的基本原理、加工机理、工艺规律、加工稳定性的深入研究力度,同时,充分融合以现代电子技术、计算机技术、信息技术和精密制造技术为基础的高新技术,使加工设备向自动化、柔性化方向发展。

(2)从实际出发,大力开发特种加工领域中的新方法,包括微细加工和复合加工,尤其是质量高、效率高、经济型的复合加工,并与适宜的制造模式相匹配,以充分发挥其特点。

(3)污染问题是影响和限制有些特种加工应用和发展的严重障碍,必须花大力气利用废气、废渣,向绿色加工的方向发展。

可以预见,随着科学技术和现代化工业的发展,特种加工必将不断完善和迅速发展,反过来又必将推动科学技术和现代工业的发展,并发挥越来越重要的作用。

习　题

1-1　请选择合适的特种加工方法。

(1) 如何在淬火钢上加工一个直径为 5 mm,深为 10 mm 的定位销孔?

(2) 如何在厚为 12 mm 的硬质合金板上加工一个四方形或六角形的型孔?

(3) 如何在中碳钢的气动、液压元件上加工一个直径为 1.0 mm,深为 100 mm 的小孔?

(4) 有哪些方法可以在 0.2 mm 厚的不锈钢板上加工出一排 20 个直径为 0.1 mm 的小孔?

(5) 有哪些方法可以在 0.1 mm 厚的钨箔上加工出直径为 0.05 mm 的微孔?

1-2　何谓特种加工? 有哪些主要方法?

1-3　为什么特种加工能用来加工难加工的材料和形状复杂的工件?

1-4　机加工工艺和特种加工工艺之间有何差别? 如何处理?

1-5　试举例几种采用特种加工工艺后,对材料可加工性和结构工艺性产生重大影响的实例。

1-6　从特种加工的产生和发展举例分析科学技术中有哪些事例是"物极必反"? 有哪些事例是"坏事变好事"?

项目二　电火花加工

（1）了解电火花加工的工作原理、特点及分类。

（2）了解常用电火花加工设备，具有正确使用电火花机床的能力。

（3）合理选择参数、加工工艺，利用电火花机床加工零件。

2.1　项目引入——注塑模型腔的加工

在注塑模型腔加工中，和机械加工相比，采用电火花加工的型腔具有加工质量好、表面粗糙度小、减少切削加工和手工劳动、缩短生产周期的优点，特别是近年来由于电火花加工设备和工艺的日臻完善，它足以成为解决型腔加工的一种重要手段。本项目中的任务就是介绍采用电火花机床加工模具型腔的加工方法。

1. 任务描述

本任务主要描述普通电火花成型加工的基本方法，并利用该方法加工如图 2-1 所示的注塑模镶块零件。

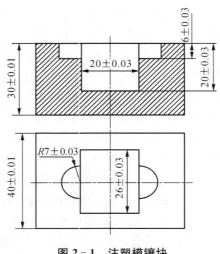

图 2-1　注塑模镶块

2. 任务分析

注塑模镶块如果采用传统机械加工的方法加工，不仅生产效率低，表面质量也很难满足零件的需要，且模具型腔中的直角也很难保证；而采用电火花加工，可以加工出合格的零件。但在电火花加工前，必须要掌握电火花加工的基本知识、工作原理、电火花加工机床的使用方法等。

图中尺寸单位为 mm（注：本书中图形所标注的尺寸若无说明，单位都为 mm）。

2.2　相关知识

电火花加工（Electrospark Machining）又称放电加工（Electrical Discharge Machining，简称 EDM），它是利用工具和工件两极间脉冲放电时局部瞬时产生的高温把金属熔化、汽化去除来对工件进行加工的一种方法。当用脉冲电流作用在工件表面上时，工件表面上导电部位立即熔化，若电脉冲能量足够大，则金属将直接汽化，熔化的金属强烈飞溅而抛离电极表面，使材料表面形成电腐蚀的坑穴，如适当控制这一过程，就能准确地加工出所需的工件形状。在这一加工过程中，我们可看到放电过程中伴有火花，因此将这一加工方法称为电火花加工。

2.2.1　电火花加工概述

2.2.1.1　电火花加工的产生与发展

早在 19 世纪初，人们就发现，插头或电器开关触点在闭合或断开时，会出现明亮的蓝白色的火花，因而烧损接触部位，而且使用较久的开关触点表面还可能出现许多麻点和缺口，这些就是火花放电和由它产生电腐蚀的结果。人们在研究如何延长电器触头使用寿命的过程中，认识了产生电腐蚀的原因，掌握了放电腐蚀的规律，但是并没有人将之应用于零件的加工。直到 1943 年，前苏联科学家拉扎连柯夫妇在电腐蚀现象的基础上，首次将电腐蚀原理运用到了生产制造领域，开创有用的电火花加工方法。人们经过试验发现，在煤油或机油中，火花放电所蚀除的金属量更多，并且能在工件表面上相当精确地复制出工具电极的轮廓。20 世纪 50 年代初研制出的电火花加工装置，采用双继电器作控制元件，控制主轴头电动机的正反转，达到调节电极与工件间隙的目的。

我国是国际上开展电火花加工技术研究较早的国家之一。由中国科学院电工研究所牵头，于 20 世纪 50 年代后期先后研制了电火花穿孔机床和线切割机床。一些先进工业国，如瑞士、日本，也加入电火花加工技术研究行列，使电火花加工工艺在世界范围取得巨大的发展，应用范围日益广泛。

我国电火花成型机床经历了双机差动式主轴头、电液压主轴头、力矩电动机或步进电动机主轴头、直流伺服电动机主轴头、交流伺服电动机主轴头到直线电动机主轴头的发展历程。控制系统也由单轴简易数控逐步发展到对双轴、三轴联动乃至更多轴的联动控制。脉冲电源也从最初的 RC 张弛式电源及脉冲发电机逐步发展到电子管电源、闸流管电源、晶体管电源、晶闸管电源及 RC 与 RLC 电源复合的脉冲电源。成型机床的机械部分也从滑动导轨、滑动丝杠副逐步发展为滑动贴塑导轨、滚珠导轨、直线滚动导轨及滚珠丝杠副，机床的机械精度达到了微米级，最佳加工表面粗糙度已由最初的 32 μm 提高到目前的

0.02 μm,从而使电火花成型加工步入镜面、精密加工技术领域,与国际先进水平的差距逐步缩小。

2.2.1.2　电火花加工的特点

电火花加工的主要优点如下。

(1) 适合于任何难切削导电材料的加工。由于加工中材料的去除是靠放电时的电热作用实现的,因此材料的可加工性主要取决于材料的导电性及其热学特性,如熔点、沸点、比热容、导热系数、电阻率等,而几乎与其力学性能(硬度、强度等)无关。这样可以突破传统切削加工对刀具的限制,可以实现用软的工具加工硬韧的工件,甚至可以加工超硬材料。目前,电极材料多采用紫铜或石墨,因此工具电极较容易加工。

(2) 可以加工特殊及复杂形状的零件。由于加工中工具电极和工件不直接接触,没有机械加工的切削力,因此适宜加工低刚度工件及微细加工。由于可以简单地将工具电极的形状复制到工件上,因此特别适用于复杂表面形状工件的加工,如复杂型腔模具加工等。数控技术的采用使得用简单的电极加工复杂形状零件也成为可能。

(3) 脉冲参数可以在一个较大的范围内调节,因此可以在同一台机床上连续进行粗、半精及精加工。精加工时精度一般为 0.01 mm,表面粗糙度为 0.63~1.25 μm;微细加工时精度可达 0.002~0.004 mm,表面粗糙度为 0.04~0.16 μm。

(4) 因为利用电能进行加工,故切削力小、劳动强度低、使用维护方便,并可减少机械加工工序,实现加工过程的自动化,缩短加工周期。

电火花加工也存在局限性,主要表现为以下几点。

(1) 主要用于加工金属等导电材料,仅在特定条件下才可以加工半导体和非导体材料。

(2) 一般加工速度较慢。因此通常安排工艺时多采用机械切削来去除大部分余量,然后再进行电火花加工以求提高生产率。但最近已有新的研究成果表明,采用特殊水基不燃性工作液进行电火花加工时,其生产率甚至高于切削加工。

(3) 存在电极损耗。由于电极损耗多集中在尖角或底面,因此影响成型精度,但最近的机床产品已能将电极相对损耗比降至 0.1% 以下。

(4) 最小角部半径有限制。一般电火花加工能得到的最小角部半径等于加工间隙(通常为 0.02~0.3 mm),若电极有损耗或采用平动或摇动加工,则角部半径还要增大。

2.2.1.3　电火花加工的分类

电火花加工按工具电极和工件相对运动的方式和用途的不同,大致可分为六类:电火花穿孔成型加工、电火花线切割、电火花磨削和镗磨、电火花同步共轭回转加工、电火花高速小孔加工、电火花表面强化与刻字。前五类属电火花成型、尺寸加工,是用于改变零件形状或尺寸的加工方法;后一类则属表面加工方法,用于改善或改变零件表面性质。以上六种类型中,电火花穿孔成型加工和电火花线切割加工应用最为广泛。表 2-1 所示为电火花加工总的分类情况及各类加工方法的主要特点和用途。

表 2 - 1　各种电火花加工方法的特点和用途

类别	工艺方法	特　点	用　途	备　注
1	电火花穿孔、成型加工	1) 工具和工件间只有一个进给运动 2) 工具为成型电极,与被加工表面有相同形状	1) 型腔模具和型腔零件的加工 2) 冲压模、挤压模、粉末冶金模、小孔、异形孔加工	占电火花加工机床的30% 典型:D7125、D7140
2	电火花线切割	1) 工具为运动的丝状电极 2) 工具和工件在两个方向有相对的移动	1) 切割各种冷冲模和直纹面零件 2) 下料、裁割和窄缝等加工	占电火花加工机床的60% 典型:DK7725、DK7740
3	电火花内外圆和成型加工	1) 工具与工件相对转动 2) 工具与工件间有径向和轴向进给	1) 高精度、表面粗糙的孔的加工,如拉丝模 2) 外圆、小模数滚刀	占电火花加工机床的3% 典型:D6310
4	电火花同步共轭回转加工	1) 成型工具与工件做啮合运动,接近点放电,且有相对切向运动 2) 有纵向和横向进给	高精度的异形齿轮和外回转体表面的加工	占电火花加工机床的<1% 典型:JN-2、JN-8
5	电火花高速打小孔	1) 管形电极,管内高压工作液,电极旋转 2) 穿孔速度高达60 mm/min	1) 线切割穿丝孔加工 2) 深小孔加工	占电火花加工机床的2% 典型:D7003A
6	电火花表面强化、刻字	1) 工具在工件表面振动 2) 工具相对工件移动	1) 工模具刃口和表面的强化和镀覆 2) 刻字、打标记	占电火花加工机床的2%~3% 典型:D9105

2.2.1.4　电火花加工在当前制造业中的应用现状及趋势

1. 电火花加工在当前制造业中的应用

由于电火花加工具有许多传统切削加工所无法比拟的优点,因此其应用领域日益扩大,目前已广泛应用于机械(特别是模具制造)、宇航、航空、电子、电机电器、精密机械、仪器仪表、汽车拖拉机等行业,以解决难加工材料及复杂形状零件的加工问题。加工范围已达到小至几微米的小轴、孔、缝,大到几米的超大型模具和零件。

电火花加工在各行业的应用主要表现在以下几方面。

(1) 可直接加工各种金属及其合金材料、特殊的热敏感材料、半导体和非导体材料。

(2) 可加工各种形状复杂的型孔和型腔工件,包括圆孔、方孔、多边形孔、异形孔、曲线孔、螺纹孔、微孔等。

（3）可加工深孔等型孔工件及各种型面的型腔工件。

（4）可进行各种工件与材料的切割，包括材料的切断、特殊结构工件的切断、切割微细窄缝及微细窄缝组成的工件，如金属栅网、异型孔喷丝板、激光器件等。

（5）可加工各种成型刀、样板、工具、量具、螺纹等成型零件。

（6）可磨削各种工件，如小孔、深孔、内圆、外圆、平面等磨削和成型磨削。

（7）可刻字，打印铭牌和标记。

（8）可进行表面强化，如金属表面高速淬火、渗氮、渗碳、涂覆特殊材料及合金化等。

（9）还有一些辅助用途，如去除折断在工件中的丝锥、钻头，修复磨损件，跑合齿轮啮合件等。

2. 电火花加工的发展前景

伴随现代制造技术的快速发展，传统切削加工工艺也有了长足的进步，四轴、五轴，甚至更多轴的数控加工中心先后面世，其主轴最高转速已高达（7～8）×10^5 r/min。机床的精度与刚度也大大提高，再配上精密超硬材料刀具，切削加工的加工范围、加工速度与精度均有了大幅度提高。

面对现代制造业的快速发展，电火花加工技术在"一特二精"方面具有独特的优势。"一特"即特殊材料加工（如硬质合金、聚晶金刚石以及其他新研制的难切削材料），在这一领域，切削加工难以完成，但这一领域也是电加工的最佳研究开发领域。"二精"是精密模具及精密微细加工，如整体硬质合金凹模或其他凸模的精细补充加工。微精加工是切削加工的一大难题，而电火花加工由于作用力小，因而对加工微细零件非常有利。

随着计算机技术的快速发展，将以往的成功工艺经验进行归纳总结，建立数据库，开发出专家系统，使电火花成型加工及线切割加工的控制水平及自动化、智能化程度大大提高。新型脉冲电源的不断研究开发，使电极损耗大幅度降低，再辅以低能耗新型电极材料的研究开发，有望将电火花成型加工的成型精度及线切割加工的尺寸精度再提高一个数量级，达到亚微米级，则电火花加工技术在精密微细加工领域可进一步扩大其应用范围。

2.2.2　电火花加工的基本原理

2.2.2.1　电火花加工的基本原理

电火花加工的基本原理是基于工具和工件（正、负电极）之间脉冲性火花放电时的电腐蚀现象来蚀除多余的金属，以达到对零件的尺寸、形状及表面质量预定的加工要求。研究结果表明，电火花腐蚀的主要原因是电火花放电时火花通道中瞬时产生大量的热，达到很高的温度，足以使任何金属材料局部熔化、气化而被蚀除，形成放电凹坑。

电火花加工原理如图 2-2 所示。工件 1 与工具电极 4 分别与脉冲电源 2 的两个不同极性输出端相连接，并均浸泡在工作液中，电极在自动进给调节装置 3 的驱动下，与工件间保持一定的放电间隙（0.01～0.1 mm）。电极的表面（微观）是凹凸不平的，当脉冲电压加到两极上时，某一相对间隙最小处或绝缘强度最低处的工作液将最先被电离为负电子和正离子，从而被击穿，形成放电通道，电流随即剧增，在该局部产生火花放电，瞬时高温使工件和工具表面都蚀除掉小部分金属。单个脉冲经过上述过程，完成了一次脉冲放电,而在工件表面留下一个带有凸边的小凹坑。当这种过程以相当高的频率重复进行时,工具电极不断地调整与工件的相对位置,就可将工具电极的形状复制在工件上,加工出所需的零件。

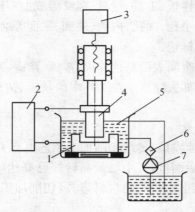

1—工件;2—脉冲电源;3—自动进给调节装置;4—工具电极;

5—工作液;6—过滤器;7—工作液泵。

图 2-2　电火花加工原理图

每一次放电在工件上都会留下放电腐蚀的凹坑,如图2-3所示。图2-3(a)是只产生一个凹坑的情况;当多次放电后就可以形成如图2-3(b)所示的多个凹坑,整个加工表面由无数个小凹坑所组成。

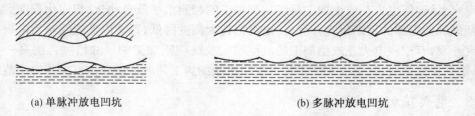

(a) 单脉冲放电凹坑　　　　　　　　　　(b) 多脉冲放电凹坑

图 2-3　电火花加工表面局部图

基于上述原理,实现电火花加工的基本条件如下。

(1) 作为工具和工件之间要有一定的距离,通常为几微米至几百微米,并能维持这一距离。

(2) 在脉冲放电点必须有足够大的能量密度,即放电通道要有很大的电流密度,一般为 $10^5 \sim 10^6$ A/cm^2,这样,放电时产生大量的热足以使金属局部熔化或气化,并在放电爆炸力的作用下,把熔化的金属抛出来。

(3) 放电应是短时间的脉冲放电,放电的持续时间为 $10^{-7} \sim 10^{-3}$ s,这样才能使放电所产量来不及传导扩散到其余部分,将每次放电分布在很小的范围内,不会像持续电弧放电,产生大量热量,使金属表面熔化、烧伤。

(4) 脉冲放电需要重复多次进行,并且每次脉冲放电在时间上和空间上是分散的,即每次脉冲放电一般不在同一点进行,避免发生局部烧伤。

（5）电火花放电加工必须在具有一定绝缘性能的液体介质中进行。液体介质又称工作液，必须具有较高的绝缘强度，一般在 $10^3 \sim 10^7 \Omega \cdot cm$，以利于产生脉冲性的放电火花。同时，工作液应及时清除电火花加工过程中产生的金属小屑、炭黑等电蚀产物，并对工具电极和工作表面有较好的冷却作用，以保证加工能正常、持续地进行。

解决以上问题至少需要三个系统，即伺服进给系统、脉冲电源和工作液循环系统。如图 2-2 所示，伺服进给系统由 3 构成；脉冲电源由 2 构成；工作液循环系统由 5、6、7 构成。

2.2.2.2　电火花加工微观机理

火花放电时，电极表面的金属材料究竟是怎样被蚀除下来的，这一微观的物理过程即所谓电火花加工的机理，也就是电火花加工的物理本质。了解这一微观过程，有助于掌握电火花加工的基本规律，才能对脉冲电源、进给装置、机床设备等提出合理的要求。从大量实验资料来看，每次电火花腐蚀的微观过程是电场力、磁力、热力、流体动力、电化学和胶体化学等综合作用的过程。这一过程大致可分为以下四个连续的阶段：极间介质的电离、击穿，形成放电通道；介质热分解、电极材料熔化、气化热膨胀；电极材料的抛出；极间介质的消电离，见图 2-4 和图 2-5。

一、极间介质的电离、击穿，形成放电通道

图 2-4 为矩形波脉冲放电时的电压和电流波形。当约 $80 \sim 100$ V 的脉冲电压施加于工具电极与工件之间时（图 2-4 中 $0 \sim 1$ 段和 $1 \sim 2$ 段），两极之间立即形成一个电场。电场强度与电压成正比，与距离成反比，即随着极间电压的升高或是极间距离的减小，极间电场强度也将随着增大。由于工具电极和工件的微观表面是凸凹不平的，极间距离又很小，因而极间电场强度是很不均匀的，两极间离得最近的突出点或尖端处的电场强度一般为最大。

液体介质中不可避免地含有某种杂质（如金属微粒、碳粒子、胶体粒子等），也有一些自由电子，使介质呈现一定的电导率。在电场作用下，这些杂质将使极间电场更不均匀。当阴极表面某处的电场强度增加到 10^5 V/mm 即 100 V/μm 左右时，就会产生电场致电子发射，由阴极表面向阳极逸出负电子。在电场作用下，负电子高速向阳极运动并撞击工作液介质中的分子或

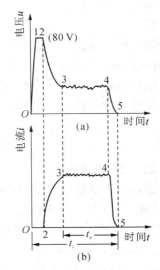

（a）电压波形　（b）电流波形

图 2-4　极间放电电压和电流波形

中性原子，产生碰撞电离，又形成带负电的粒子（主要是电子）和带正电的粒子（正离子），导致带电粒子雪崩式增多，使介质击穿而形成放电通道，见图 2-5(a)。

放电通道是由带正电（正离子）粒子和带负电粒子（电子）以及中性粒子（原子或分子）组成的等离子体。带电粒子高速运动相互碰撞，产生大量的热，使通道温度相当高，通道中心温度可高达 10 000℃以上。

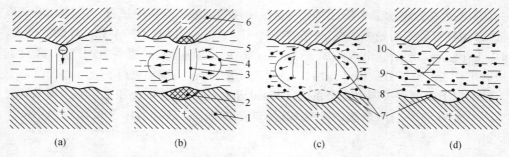

1—正极；2—从正极上熔化并抛出金属的区域；3—放电通道；4—气泡；5—在负极上熔化并抛出金属的区域；6—负极；7—翻边凸起；8—在工作液中凝固的微粒；9—工作液；10—放电形成的凹坑。

图 2‑5　放电间隙状态示意图

二、介质热分解、电极材料熔化、气化热膨胀

极间介质一旦被电离、击穿、形成放电通道后，脉冲电源使通道间的电子高速奔向正极，正离子奔向负极。电能变成动能，动能通过碰撞又转变为热能，于是在通道内，正极和负极表面分别形成瞬时热源，分别达到 5 000℃以上的温度。通道高温首先把工作液介质气化，进而热裂分解气化［如煤油等碳氢化合物工作液，高温后裂解为 H_2（约占 40%）、C_2H_2（约占 30%）、CH_4（约占 15%）、C_2H_4（约占 10%）等小气泡和游离碳等，水基工作液则热分解为 H_2、O_2 的气态分子甚至原子等］，同时也使金属材料熔化，直至沸腾气化。这些汽化后的工作液和金属蒸气，瞬时间体积猛增，迅速热膨胀，就像火药、爆竹点燃后那样具有爆炸的特性。观察电火花加工过程，可以见到放电间间隙冒出很多小气泡，工作液逐渐变黑，并听到轻微而清脆的爆炸声，见图 2‑5(b)。从超高速摄影中可以见到，这一阶段中各种小气泡最后成为一个大气泡充满在放电间隙中放电通道的周围，并不断向外扩大。

主要靠此热膨胀和局部微爆炸，使熔化、气化了的电极材料抛出蚀除，相当于图 2‑4 中 3~4 段，此时 80~100 V 的空载电压降为 25 V 左右的火花维持电压，由于它含有高频成分而呈锯齿状，电流则上升为锯齿状的放电峰值电流。

三、电极材料的抛出

通道和正负极表面放电点瞬时高温使工作液气化和金属材料熔化、气化，热膨胀产生很高的瞬时压力。通道中心的压力最高，使气化了的气体体积不断向外膨胀，形成一个扩张的气泡。气泡上下、内外的瞬时压力并不相等，压力高处的熔融金属液体和蒸气就被排挤、抛出而进入工作液中。

由于表面张力和内聚力的作用，使抛出的材料具有最小的表面积，冷凝时凝聚成细小的圆球颗粒（直径 0.1~300 μm，随脉冲能量而异），如图 2‑5(c)所示。

实际上熔化和气化了的金属在抛离电极表面时，向四处飞溅，除绝大部分抛入工作液中收缩成小颗粒外，有一小部分飞溅、镀覆、吸附在对面的电极表面上。这种互相飞溅、镀覆以及吸附的现象，在某些条件下可以用来减少或补偿工具电极在加工过程中的损耗。

半裸在空气中电火花加工时，可以见到橘红色甚至蓝白色的火花四溅，它们就是被抛出的金属高温熔滴、小屑。

观察铜打钢电火花加工后的电极表面，可以看到钢上粘有铜，铜上粘有钢的痕迹。如

果进一步分析电加工后的产物,在显微镜下可以看到除了游离碳粒、大小不等的铜和钢的球状颗粒之外,还有一些钢包铜、铜包钢、互相飞溅包容的颗粒,此外还有少数由气态金属冷凝成的中心带有空泡的空心球状颗粒产物。

四、极间介质的消电离

随着脉冲电压的结束,脉冲电流也迅速降为零,图2-4中4~5段标志着一次脉冲放电结束。但此后应仍有一段间隔时间,使间隙介质消电离,即放电通道中的带电粒子复合为中性粒子,恢复本次放电通道处间隙介质的绝缘强度,以免总是重复在同一处发生放电而导致电弧放电,这样可以保证按两极相对最近处或电阻率最小处形成下一击穿放电通道,如图2-5(d)所示。

在加工过程中产生的电蚀产物(如金属微粒、碳粒子、气泡等)如果来不及排除、扩散出去,就会改变间隙介质的成分和降低绝缘强度。脉冲火花放电时产生的热量如不及时传出,带电粒子的自由能不易降低,将大大减少复合的几率,使消电离过程不充分,结果将使下一个脉冲放电通道不能顺利地转移到其他部位,而始终集中在某一部位,使该处介质局部过热而破坏消电离过程,脉冲火花放电将恶性循环地转变为有害的稳定电弧放电,同时工作液局部高温分解后可能积炭,在该处聚成焦粒而在两极间搭桥,使加工无法进行下去,并烧伤电极。

所谓消电离,是指在脉冲结束后,放电通道中的带电粒子复合为中性粒子,恢复间隙介质的绝缘强度。其目的是避免在同一处放电,保证放电在最近的地方或电阻率小的地方。

为了保证电火花加工过程正常地进行,在两次脉冲放电之间一般都应有足够的脉冲间隔时间 t_0,这一脉冲间隔时间的选择,不仅要考虑介质本身消电离所需的时间(与脉冲能量有关),还要考虑电蚀产物排离出放电区域的难易程度(与脉冲爆炸力大小、放电间隙大小、抬刀及加工面积有关)。

上述步骤在1 s内数千次甚至数万次地往复式进行,即单个脉冲放电结束,经过一段时间间隔(即脉冲间隔 t_0)使工作液恢复绝缘后,第二个脉冲又作用到工具电极和工件上,又会在当时极间距离相对最近或绝缘强度最弱处击穿放电,蚀出另一个小凹坑。这样以相当高的频率连续不断地放电,工件不断地被蚀除,故工件加工表面将由无数个相互重叠的小凹坑组成(见图2-3)。所以电火花加工是大量的微小放电痕迹逐渐累积而成的去除金属的加工方式。

到目前为止,人们对于电火花加工微观过程的了解还是很不够的,诸如工作液成分作用、间隙介质的击穿、放电间隙内的状况、正负电极间能量的转换与分配、材料的抛出,以及电火花加工过程中热场、流场、力场的变化,通道结构及其高频振荡等等,都还需要进一步研究。

2.2.3　电火花加工的基本规律

2.2.3.1　电火花加工参数及选择

电火花加工参数是指与电火花加工相关的一组参数,如电流、电压、脉宽、脉间等,电参数选择正确与否,将直接影响到加工工艺指标。

(1)放电间隙。放电间隙是放电时工具电极和工件之间的距离,它的大小一般应控制在 0.01~0.5 mm 之间。精加工时则较小,一般为 0.01~0.1 mm;粗加工时间隙较大,可达 0.5 mm。

(2) 脉冲宽度 t_i。脉冲宽度简称脉宽(也常用 ON、TON 等符号表示),是加到电极和工件上放电间隙两端的电压脉冲的持续时间(见图 2-6)。为了防止电弧烧伤,电火花加工只能用断断续续的脉冲电压波。一般粗加工时可用较大的脉宽 $t_i > 100\ \mu s$,而精加工时用较短的脉宽 $t_i < 50\ \mu s$。

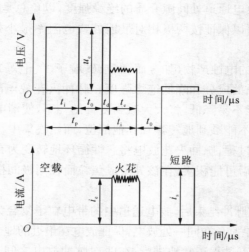

图 2-6   脉冲电源电压、电流波形图

(3) 脉冲间隔 t_o。脉冲间隔简称脉间或间隔(也常用 OFF、TOFF 表示),它是两个电压脉冲之间的间隔时间(见图 2-6)。间隔时间过短,放电间隙来不及消电离和恢复绝缘,容易产生电弧放电,烧伤电极和工件;间隔选得过长,将降低加工生产率。加工面积、加工深度较大时,间隔也应稍大。

(4) 放电时间(电流脉宽) t_e。放电时间是工作液介质击穿后放电间隙中流过放电电流的时间,即电流脉宽,它比电压脉宽稍小,二者相差一个击穿延时。t_i 和 t_e 对电火花加工的生产率、表面粗糙度和电极损耗有很大影响,但实际起作用的是电流脉宽 t_e。

(5) 脉冲周期 t_p。一个电压脉冲开始到下一个电压脉冲开始之间的时间称为脉冲周期,显然 $t_p = t_i + t_o$。

(6) 脉冲频率 f_p。脉冲频率是指单位时间内电源发出的脉冲个数。显然,它与脉冲周期 t_p 互为倒数,即

$$f_p = \frac{1}{t_p} \tag{2-1}$$

(7) 脉宽系数 τ。脉宽系数是脉冲宽度 t_i 与脉冲周期 t_p 之比,其计算公式为

$$\tau = \frac{t_i}{t_p} = \frac{t_i}{t_i + t_o} \tag{2-2}$$

(8) 占空比 ψ。占空比是脉冲宽度 t_i 与脉冲间隔 t_o 之比,$\psi = t_i/t_o$。粗加工时占空比一般

较大；精加工时占空比应较小，否则放电间隙来不及消电离恢复绝缘，容易引起电弧放电。

（9）开路电压或峰值电压 u_e。开路电压是间隙开路和间隙击穿之前时间内电极间的最高电压。一般晶体管方波脉冲电源的峰值电压为 80～100 V，高低压复合脉冲电源的高压峰值电压为 175～300 V。峰值电压高时，放电间隙大，生产率高，但成型精度及表面粗糙度略差。

（10）火花维持电压 u_e。火花维持电压是每次火花击穿后，在放电间隙上火花放电时的维持电压，一般在 20～25 V，但它实际是一个高频振荡的电压。

（11）加工电压或间隙平均电压 U。加工电压或间隙平均电压是指加工时电压表上指示的放电间隙两端的平均电压，它是开路电压、火花放电维持电压、短路和脉冲间隔等电压的平均值。

（12）加工电流 i。加工电流是加工时电流表上指示的流过放电间隙的平均电流。精加工时小，粗加工时大；间隙偏开路时小，间隙合理或偏短路时则大。

（13）峰值电流 i_e。峰值电流是间隙火花放电时脉冲电流的最大值（瞬时）。虽然峰值电流不易测量，但它是影响加工速度、表面质量等的重要参数。在设计制造脉冲电源时，每一功率放大管的峰值电流是预先计算好的，选择峰值电流实际是选择几个功率管进行加工。

（14）短路峰值电流 i_s。如图 2-6 所示，间隙短路时峰值电流 i_s 较大，但间隙两端的电压很小，没有蚀除加工作用。

（15）电规准。电规准是指电火花加工过程中选择的一组电参数，如电压、电流、脉宽、脉间等。电规准选择的正确与否，将直接影响工件加工工艺的效果。因此，应根据工件的设计要求、工具电极和工件的材料、加工工艺指标和经济效益等因素加以综合考虑，并在加工过程中进行必要的转换。

2.2.3.2　影响材料电蚀量的因素

1. 极性效应对电蚀量的影响

在电火花加工时，相同材料（如用钢电极加工钢）两电极的被腐蚀量是不同的。其中一个电极比另一个电极的蚀除量大，这种现象叫作极性效应。如果两电极材料不同，则极性效应更加明显。在生产中，将工件接脉冲电源正极（工具电极接脉冲电源负极）的加工称为正极性加工（图 2-7），反之称为负极性加工（图 2-8）。

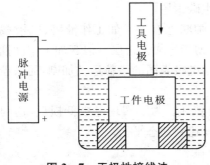

图 2-7　正极性接线法

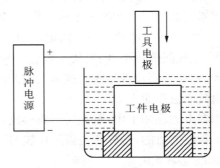

图 2-8　负极性接线法

在窄脉冲宽度加工时，由于电子惯性小、运动灵活，大量的电子奔向正极，并轰击正极表面，使正极表面迅速熔化和气化；而正离子惯性大、运动缓慢，只有一小部分能够到达负极表面，而大量的正离子不能到达，因此电子的轰击作用大于正离子的轰击作用。正极的电蚀量大于负极的电蚀量，这时应采用正极性加工。

在宽脉冲宽度加工时，因为质量和惯性都大的正离子将有足够的时间到达负极表面，由于正离子的质量大，它对负极表面的轰击破坏作用要比电子强，同时到达负极的正离子又会牵制电子的运动，故负极的电蚀量将大于正极，这时应采用负极性加工。

在实际加工中，要充分利用极性效应，正确选择极性，最大限度地提高工件的蚀除量，降低工具电极的损耗。

2. 覆盖效应对电蚀量的影响

在材料放电腐蚀过程中，一个电极的电蚀产物转移到另一个电极表面上，形成一定厚度的覆盖层，这种现象叫覆盖效应。合理利用覆盖效应，有利于降低电极损耗。

在油类介质中加工时，覆盖层主要是石墨化的碳素层（俗称炭黑），其次黏附在电极表面的金属微粒粘接层。碳素层的生成条件主要有以下几点。

（1）要有足够高的温度。电极上待覆盖部分的表面温度不低于碳素层生成温度，但要低于熔点，以使碳粒子烧结成石墨化的耐蚀层。

（2）要有足够多的电蚀产物，尤其是介质的热解产物——碳粒子。

（3）要有足够的时间，以便在这一表面上形成一定厚度的碳素层。

（4）一般采用负极性加工，因为碳素层易在阳极表面生成。

（5）必须在油类介质中加工。

影响覆盖效应的主要因素有如下几点。

（1）脉冲参数与波形的影响。增大脉冲放电能量有助于覆盖层的生长，但对中、精加工有相当大的局限性；减小脉冲间隔有利于在各种电参数下生成覆盖层，但若脉冲间隔过小，正常的火花放电有转变为破坏性电弧放电的危险。

此外，采用某些组合脉冲波加工，有助于覆盖层的生成，其作用类似于减小脉冲间隔，并且可大大减少转变为破坏性电弧放电的危险。

（2）电极对材料的影响。铜加工钢时覆盖效应较明显，但铜电极加工硬质合金工件则不容易生成覆盖层。

（3）工作液的影响。油类工作液在放电产生的高温作用下，生成大量的碳粒子，有助于碳素层的生成。如果用水做工作液，则不会产生碳素层。

（4）工艺条件的影响。覆盖层的形成还与间隙状态有关。如工作液脏、电极截面积较大、电极间隙较小、加工状态较稳定等情况均有助于生成覆盖层。但若加工中冲油压力太大，则覆盖层较难生成。这是因为冲油会使趋向电极表面的微粒运动加剧，而微粒无法黏附到电极表面上去。

在电火花加工中，覆盖层不断形成，又不断被破坏。为了实现电极低损耗，达到提高加工精度的目的，最好使覆盖层形成与破坏的程度达到动态平衡。

3. 电参数对电蚀量的影响

电火花加工过程中腐蚀金属均量与单个脉冲能量、脉冲效率等电参数密切相关。

　　单个脉冲能量与平均放电电压、平均放电电流和脉冲宽度成正比。在实际加工中,其中击穿后的放电电压与电极材料及工作液种类有关,而且在放电过程中变化很小,所以对单个脉冲能量的大小主要取决于平均放电电流和脉冲宽度的大小。

　　由此可见,要提高电蚀量,应增加平均放电电流、脉冲宽度及提高脉冲频率。但在实际生产中,这些因素往往是相互制约的,并影响到其他工艺指标,应根据具体情况综合考虑。例如,增加平均放电电流,加工表面粗糙度值也随之增大。

　　4. 金属材料对电蚀量的影响

　　正负电极表面电蚀量分配不均除了与电极极性有关外,还与电极的材料有很大关系。当脉冲放电能量相同时,金属工件的熔点、沸点、比热容、熔化热、汽化热等愈高,电蚀量将愈少,愈难加工;热导率愈大的金属,因能把较多的热量传导、散失到其他部位,故降低了本身的蚀除量。因此,电极的蚀除量与电极材料的热导率及其他热学常数等有密切的关系。

　　5. 工作液对电蚀量的影响

　　电火花加工一般在液体介质中进行。液体介质通常叫作工作液,其作用主要是有以下几点。

　　(1)压缩放电通道,并限制其扩展,使放电能量高度集中在极小的区域内,既加强了蚀除的效果,又提高了放电仿型的精确性。

　　(2)加速电极间隙的冷却和消电离过程,有助于防止出现破坏性电弧放电。

　　(3)加速电蚀产物的排除。

　　(4)加剧放电的流体动力过程,有助于金属的抛出。

　　目前,电火花成型加工多采用油类做工作液。机油黏度大、燃点高,用它做工作液有利于压缩放电通道,提高放电的能量密度,强化电蚀产物的抛出效果,但黏度大,不利于电蚀产物的排出,影响正常放电。煤油黏度低,流动性好,且排屑条件较好。

　　在粗加工时,要求速度快,放电能量大,放电间隙大,故常选用机油等黏度大的工作液;在中、精加工时,放电间隙小,往往采用煤油等黏度小的工作液。

　　采用水做工作液是值得注意的一个方向。用各种油类以及其他碳氢化合物做工作液时,在放电过程中不可避免地产生大量炭黑,严重影响电蚀产物的排除及加工速度,这种影响在精密加工中尤为明显。若采用酒精做工作液时,因为炭黑生成量减少,上述情况会有好转。所以,最好采用不含碳的介质,水是最方便的一种。此外,水还具有流动性好、散热性好、不易起弧、不燃、无味、价廉等特点。但普通水是弱导电液,会产生离子导电的电解过程,这是很不利的,目前还只在某些大能量粗加工中采用。

　　在精密加工中,可采用比较纯的蒸馏水、去离子水或乙醇水溶液来做工作液,其绝缘强度比普通水高。

2.2.3.3　影响加工速度的主要因素

　　电火花成型的加工速度,是指在一定电参数下,单位时间内工件被蚀除的体积 V 或质量 m。一般常用体积加工速度 $v_w = V/t$(单位为 mm^3/min)来表示,有时为了测量方便,也用质量加工速度 $v_m = m/t$(单位为 g/min)表示。

　　在规定的表面粗糙度、规定的相对电极损耗下的最大加工速度是电火花机床的重要工艺性能指标。一般电火花机床说明书上所指的最高加工速度是该机床在最佳状态下所达到的,在实际生产中的正常加工速度大大低于机床的最大加工速度。

　　影响加工速度的因素分为电参数和非电参数两大类。电参数主要是脉冲电源输出波形与参数;非电参数包括加工面积、深度、工作液、冲油方式、排屑条件及电极材料和加工极性等。

　　1. 电参数的影响

　　电火花加工时选用的电参数,主要有脉冲宽度 t_i、脉冲间隙 t_o 及峰值电流 i_e、峰值电压 u_e 等参数。

　　研究表明,电参数对电蚀量的影响可以用下式表示:

$$q = KW_M f\varphi t \tag{2-3}$$

或

$$v = q/t = KW_M f\varphi \tag{2-4}$$

式中, q —— 电蚀量;

v —— 加工速度;

K —— 工艺参数(与电极材料、电参数和工作液等有关);

f —— 脉冲频率;

t —— 加工时间;

φ —— 脉冲利用率;

W_M —— 单脉冲能量,可表示为

$$W_M = \int_0^{t_e} u(t)i(t) \tag{2-5}$$

式中, $u(t)$、$i(t)$ —— 电流和电压波形;

t_e —— 脉冲宽度。

　　根据图 2-6,近似把电流波形看成为矩形波,则

$$W_M = (20 \sim 25)i_e t_e \tag{2-6}$$

　　(1) 脉冲宽度的影响。单个脉冲能量的大小是影响加工速度的重要因素。对于矩形波脉冲电源,当峰值电流一定时,脉冲能量与脉冲宽度成正比。脉冲宽度增加,加工速度随之增加,因为随着脉冲宽度的增加,单个脉冲能量增大,使加工速度提高。但若脉冲宽度过大,加工速度反而下降(见图 2-9)。这是因为单个脉冲能量虽然增大,但转换的热能有较大部分散失在电极与工件之中,不起蚀除作用。同时,在其他加工条件相同时,随着脉冲能量过分增大,蚀除产物增多,排气排屑条件恶化,间隙消电离时间不足导致电弧放电,加工稳定性变差等,因此加工速度反而降低。

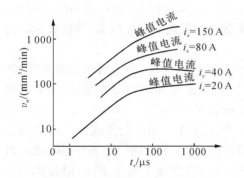

图 2-9　脉冲宽度与加工速度的关系　　　　图 2-10　脉冲间隔与加工速度的关系

（2）脉冲间隔的影响。在脉冲宽度一定的条件下，若脉冲间隔减小，则加工速度提高，如图 2-10 所示，为纯铜正极性加工钢的脉冲间隔与加工速度的关系图。这是因为脉冲间隔减小，导致单位时间内工作脉冲数目增多、加工电流增大，故加工速度提高；但若脉冲间隔过小，会因放电间隙来不及消电离引起加工稳定性变差，导致加工速度降低。

在脉冲宽度一定的条件下，为了最大限度地提高加工速度，应在保证稳定加工的同时，尽量缩短脉冲间隔时间。带有脉冲间隔自适应控制的脉冲电源，能够根据放电间隙的状态，在一定范围内调节脉冲间隔的大小，这样既能保证稳定加工，又可以获得较大的加工速度。

（3）峰值电流的影响。当脉冲宽度和脉冲间隔一定时，随着峰值电流的增加，加工速度也增加（见图 2-11）。因为加大峰值电流，等于加大单个脉冲能量，所以加工速度也就提高了。此外，峰值电流增大将降低工件表面粗糙度和增加电极损耗。在生产中，应根据不同的要求，选择合适的峰值电流。

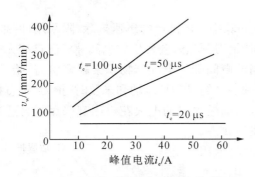
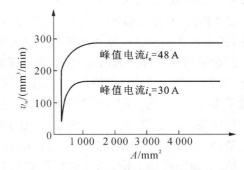

图 2-11　峰值电流与加工速度的关系　　　　图 2-12　加工面积与加工速度的关系

2. 非电参数的影响

（1）加工面积的影响。图 2-12 是用铜电极负极性加工 CrMoV 时加工面积与加工速度的关系曲线，脉冲宽度 $t_i = 1\ 200\ \mu s$。由图可知，加工面积较大时，它对加工速度没有多大影响。但若加工面积小到某一临界面积时，加工速度会显著降低，这种现象叫作"面积效应"。因为加工面积小，在单位面积上脉冲放电过分集中，致使放电间隙的电蚀产物排除不畅，同时会产生气体排出液体的现象，造成放电加工在气体介质中进行，因而大大降低加工速度。由图 2 - 12 可以看出,峰值电流不同,最小临界加工面积也不同。因此,确定一个具体加工对象的电参数时,首先必须根据加工面积确定工作电流,并估算所需的峰值电流。

(2) 排屑条件的影响。在电火花加工过程中会不断产生气体、金属屑末和炭黑等,如不及时排除,则加工很难稳定地进行。加工稳定性不好,会使脉冲利用率降低,加工速度降低。为便于排屑,一般都采用冲油(或抽油)和电极抬起的办法。

① 冲(抽)油压力影响度的关系曲线。在加工中,对于工件型腔较浅或易于排屑的型腔,可以不采取任何辅助排屑措施。但对于较难排屑的加工,不冲(抽)油或冲(抽)油压力过小,则因排屑不良产生二次放电的机会明显增多,从而导致加工速度下降;但若冲油压力过大,加工速度同样会降低。

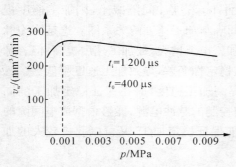

图 2 - 13　冲油压力与加工速度的关系

这是因为冲油压力过大,产生干扰,使加工稳定性变差,故加工速度反而会降低。图 2 - 13 是用铜电极负极性加工 T10A 时冲油压力与加工速度的关系曲线。

在加工中,对于工件型腔较浅或易于排屑的型腔,可以不采取任何辅助排屑措施;但对于较难排屑的加工,不冲(抽)油或冲(抽)油压力过小,则因排屑不良产生二次放电的机会明显增多,从而导致加工速度下降;但若冲油压力过大,加工速度同样会降低。这是因为冲油压力过大,产生干扰,使加工稳定性变差,故加工速度反而会降低(见图 2 - 13)。

冲(抽)油的方式与冲(抽)油压力大小应根据实际加工情况来定。若型腔较深或加工面积较大,冲(抽)油压力要相应增大。

② "抬刀"对加工速度的影响。为使放电间隙中的电蚀产物迅速排除,除采用冲(抽)油外,还需经常抬起电极以利于排屑。在定时"抬刀"状态,会发生放电间隙状况良好无须"抬刀"而电极却照样抬起的情况,也会出现当放电间隙的电蚀产物积聚较多急需"抬刀"时而"抬刀"时间未到却不"抬刀"的情况。这种多余的"抬刀"运动和未及时"抬刀"都直接降低了加工速度,为克服定时"抬刀"的缺点,目前较先进的电火花机床都采用了自适应"抬刀"功能。自适应"抬刀"是根据放电间隙的状态,决定是否"抬刀"。放电间隙状态不好,电蚀产物堆积多,"抬刀"频率自动加快;当放电间隙状态好,电极就少抬起或不抬,这使电蚀产物的产生与排除基本保持平衡,避免了不必要的电极抬起运动,提高了加工速度。

图 2 - 14 为抬刀方式对加工速度的影响。由图可知,加工深度相同时,采用自适应"抬刀"比定时"抬刀"需要的加工的时间短,即加工速度高。同时,采用自适应"抬刀",加工工件质量好,不易出现拉弧烧伤。

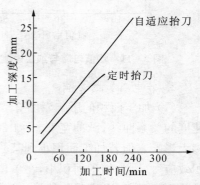

图 2 - 14　抬刀方式对加工速度的影响

（3）电极材料和加工极性的影响。在电参数选定的条件下，采用不同的电极材料与加工极性，加工速度也大不相同。由图 2-15 可知，采用石墨电极，在同样加工电流时，正极性比负极性加工速度高。

在加工中选择极性，不能只考虑加工速度，还必须考虑电极损耗。如用石墨作电极时，正极性加工比负极性加工速度高，但在粗加工中，电极损耗会很大。故在不计电极损耗的通孔加工情况下，用正极性加工；而在用石墨电极加工型腔的过程中，常采用负极性加工。

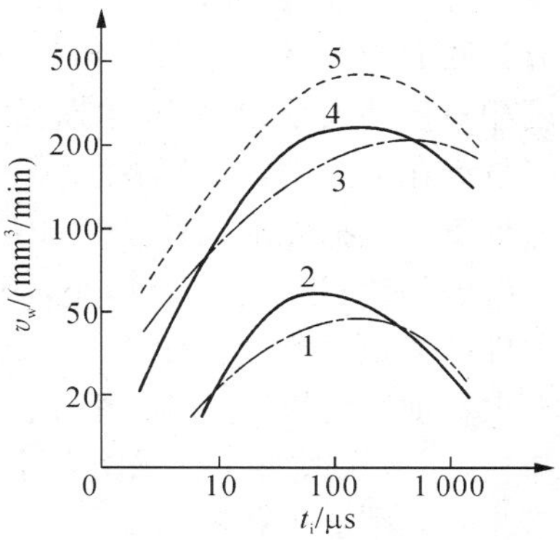

从图 2-15 还可看出，在同样加工条件和加工极性情况下，采用不同的电极材料，加工速度也不相同。例如，中等脉冲宽度、负极性加工时，石墨电极的加工速度高于铜电极的加工速度。在脉冲宽度较窄或很宽时，铜电极加工速度高于石墨电极。

1—石墨 负极性 14A；2—纯铜 负极性 14A；
3—纯铜 负极性 42A；4—石墨 负极性 42A；
5—石墨 正极性 42A。

图 2-15 电极材料和加工极性的影响

此外，采用石墨电极加工的最大加工速度，比用铜电极加工的最大加工速度的脉冲宽度要窄。

（4）工件材料的影响。在同样加工条件下，选用不同工件材料，加工速度也不同。这主要取决于工件材料的物理性能（熔点、沸点、比热容、热导率、熔化热和汽化热等）。

一般来说，工件材料的熔点、沸点越高，比热容、熔化热和汽化热越大，加工速度越低，即越难加工。如加工硬质合金钢比加工碳素钢的速度要低 40%～60%。对于热导率很高的工件，虽然熔点、沸点、熔化热和汽化热不高，但因热传导性好，热量散失快，加工速度也会降低。

（5）工作液的影响。在电火花加工中，工作液的种类、黏度、清洁度对加工速度有影响。就工作液的种类来说，大致顺序是：高压水＞（煤油＋机油）＞煤油＞酒精水溶液。在电火花成型加工中，应用最多的工作液是煤油。

2.2.3.4 影响电极损耗的主要因素

电极损耗是电火花成型加工中的重要工艺指标。在生产中，衡量某种工具电极是否耐损耗，不只是看工具电极损耗速度 v_E 的绝对值大小，还要看同时达到的加工速度 v_w，即每蚀除单位重量金属工件时，工具相对损耗多少。因此，常用相对损耗或损耗比作为衡量工具电极耐损耗的指标，即

$$\theta = \frac{v_E}{v_w} \times 100\% \qquad (2-7)$$

式中的加工速度和损耗速度若以 $\mathrm{mm^3/min}$ 为单位计算，则为体积相对损耗 θ_V；若以 g/min 为单位计算，则为重量相对损耗 θ_m；若以工具电极损耗长度与工件加工深度之比来表示，则为长度相对损耗 θ_L。在加工中采用长度相对损耗比较直观，测量较为方便（见图

2-16)，但由于电极部位不同、损耗不同，因此长度相对损耗
还分为底面损耗、侧面损耗、角损耗。在加工中，同一电极的
长度相对损耗大小顺序为：角损耗＞侧面损耗＞底面损耗。

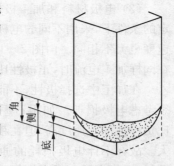

图 2-16　各部位电极损耗

　　电火花加工中，电极的相对损耗小于 1％，称为低损耗电
火花加工。低损耗电火花加工能最大限度地保持加工精度，
所需电极的数目也可减至最小，因而简化了电极的制造，加
工工件的表面粗糙度值 Ra 可达 3.2 μm 以下。除了充分利
用电火花加工的极性效应、覆盖效应及选择合适的工具电极
材料外，还可从改善工作液方面着手，实现电火花的低损耗
加工。若采用加入各种添加剂的水基工作液，还可实现对纯
铜或铸铁电极小于 1％ 的低损耗电火花加工。

　　1.　电参数的影响

　　（1）脉冲宽度的影响。在峰值电流一定的情况下，随着脉冲宽度的减小，电极损耗增
大。脉冲宽度越窄，电极损耗上升的趋势越明显（见图 2-17）。所以精加工时的电极损
耗比粗加工时的电极损耗大。

　　脉冲宽度增大，电极相对损耗降低的原因总结如下。

　　① 脉冲宽度增大，单位时间内脉冲放电次数减少，使放电击穿引起电极损耗的影响
减少。同时，负极（工件）承受正离子轰击的机会增多，正离子加速的时间也长，极性效应
比较明显。

　　② 脉冲宽度增大，电极"覆盖效应"增加，也减少了电极损耗。在加工中电蚀产物（包
括被熔化的金属和工作液受热分解的产物）不断沉积在电极表面，对电极的损耗起补偿作
用。但如果这种飞溅沉积的量大于电极本身损耗，就会破坏电极的形状和尺寸，影响加工
效果。如飞溅沉积的量恰好等于电极的损耗，两者达到动态平衡，则可得到无损耗加工。
由于电极底面、角部、侧面损耗的不均匀性，因此无损耗加工是难以实现的。

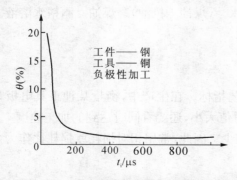
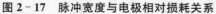
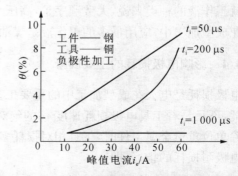

图 2-17　脉冲宽度与电极相对损耗关系　　　图 2-18　峰值电流与电极损耗的关系

　　（2）峰值电流的影响。对于一定的脉冲宽度，加工时的峰值电流不同，电极损耗也不
同。用纯铜电极加工钢时，随着峰值电流的增加，电极损耗也增加。图 2-18 是峰值电流
与电极损耗的关系，由图可知，要降低电极损耗，应减小峰值电流。因此，对一些不适宜用
长脉冲宽度粗加工而又要求损耗小的工件，应使用窄脉冲宽度、低峰值电流的方法。

由此可见,脉冲宽度和峰值电流对电极损耗的影响效果是综合性的。只有脉冲宽度和峰值电流保持一定关系,才能实现低损耗加工。

(3)脉冲间隔的影响。在脉冲宽度不变时,随着脉冲间隔的增加,电极损耗增大(见图2-19)。因为脉冲间隔加大,引起放电间隙中介质消电离状态的变化,使电极上的"覆盖效应"减少。

随着脉冲间隔的减小,电极损耗也随之减少,但超过一定限度,放电间隙将来不及消电离而造成拉弧烧伤,反而影响正常加工的进行。尤其是大电流加工时,更应注意。

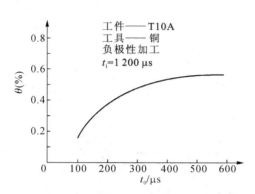

图 2-19 脉冲间隔对电极损耗的影响　　图 2-20 加工极性对电极损耗的影响

(4)加工极性的影响。在其他加工条件相同的情况下,加工极性不同对电极损耗影响很大(见图2-20)。当脉冲宽度 t_i 小于某一数值时,正极性损耗小于负极性损耗;反之,当脉冲宽度 t_i 大于某一数值时,负极性损耗小于正极性损耗。一般情况下,采用石墨电极和铜电极加工钢时,粗加工用负极性,精加工用正极性。但在钢电极加工钢时,无论粗加工或精加工都要用负极性,否则电极损耗将大大增加。

2. 非电参数的影响

(1)加工面积的影响。在脉冲宽度和峰值电流一定的条件下,加工面积对电极损耗影响不大,是非线性的(见图2-21)。当电极相对损耗小于1%,并随着加工面积的继续

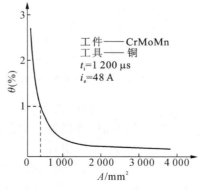

图 2-21 加工面积对电极损耗的影响

增大,电极损耗减小的趋势越来越慢。当加工面积过小时,则随着加工面积的减小而电极损耗急剧增加。

（2）冲油或抽油的影响。见图2-22,由前面所述,对形状复杂、深度较大的型孔或型腔进行加工时,若采用适当的冲油或抽油的方法进行排屑,有助于提高加工速度。但另一方面,冲油或抽油压力过大反而会加大电极的损耗。因为强迫冲油或抽油会使加工间隙的排屑和消电离速度加快,这样减弱了电极上的"覆盖效应"。当然,不同的工具电极材料对冲油、抽油的敏感性不同。如用石墨电极加工时,电极损耗受冲油压力的影响较小,而纯铜电极损耗受冲油压力的影响较大。

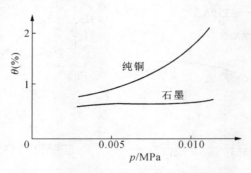

图 2‐22　冲油压力对电极损耗的影响

　　所以在电火花成型加工中,应谨慎使用冲、抽油。加工本身较易进行稳定的电火花加工,不宜采用冲、抽油。若非采用冲、抽油不可的电火花加工,也应注意冲、抽油压力维持在较小的范围内。

　　冲、抽油方式对电极损耗无明显影响,但对电极端面损耗的均匀性有较大区别。冲油时电极损耗呈凹形端面,抽油时则形成凸形端面(见图2-23)。这主要是因为冲油进口处所含各种杂质较少,温度比较低,流速较快,使进口处"覆盖效应"减弱。

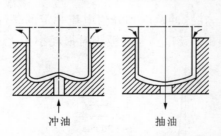

图 2‐23　冲油方式对电极端部损耗的影响

　　实践证明,当油孔的位置与电极的形状对称时用交替冲油和抽油的方法,可使冲油或抽油所造成的电极端面形状的缺陷互相抵消,得到较平整的端面。另外,采用脉动冲油(冲油不连续)或抽油会比连续的冲油或抽油的效果好。

　　（3）电极的形状和尺寸的影响。在电极材料、电参数和其他工艺条件完全相同的情况下,电极的形状和尺寸对电极损耗影响也很大(如电极的尖角、棱边、薄片等)。如图2-24(a)所示的型腔,用整体电极加工较困难。在实际中首先加工主型腔[见图2-24

（b）]，再用小电极加工副型腔[见图2-24（c）]。

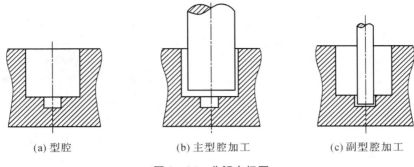

| (a) 型腔 | (b) 主型腔加工 | (c) 副型腔加工 |

图2-24　分解电极图

（4）工具电极材料的影响。工具电极损耗与其材料有关，损耗的大致顺序如下：银钨合金＜铜钨合金＜石墨（粗参数）＜纯铜＜钢＜铸铁＜黄铜＜铝。

影响电极损耗的因素较多，如表2-2所示。

表2-2　影响电极损耗的因素

影响因素	说　明	减少电极损耗的方法
脉冲宽度	脉宽愈大，损耗愈小，至一定数值后，损耗可降低至＜1％	增大脉冲宽度
峰值电流	峰值电流增大，电极损耗增加	减小峰值电流
加工面积	影响不大	大于最小加工面积
极性	影响很大。应根据不同电源、不同电参数、不同工作液、不同电极材料、不同工件材料，选择合适的极性	一般脉宽大时用正极性，小时用负极性，钢电极用负极性
电极材料	常用电极材料中黄铜的损耗最大，纯铜、铸铁和钢次之，石墨和铜钨、银钨合金较小。纯铜在一定的电参数和工艺条件下，也可以得到低损耗加工	石墨作粗加工电极，纯铜作精加工电极
工件材料	加工硬质合金工件时电极损耗比钢工件大	用高压脉冲加工或用水做工作液，在一定条件下可降低损耗
工作液	常用的煤油、机油获得低损耗加工需具备一定的工艺条件；水和水溶液比煤油容易实现低损耗加工（在一定条件下），如硬质合金工件的低损耗加工，黄铜和钢电极的低损耗加工	在许可条件下，最好不采用强迫冲（抽）油
排屑条件和二次放电	在损耗较小的加工时，排屑条件愈好则损耗愈大，如纯铜，有些电极材料则对此不敏感，如石墨。损耗较大的参数加工时，二次放电会使损耗增加	

2.2.3.5　影响加工精度的主要因素

电加工精度包括尺寸精度和仿型精度（或形状精度）。影响精度的因素很多，这里重点探讨与电火花加工工艺有关的因素。

（1）放电间隙。电火花加工中，工具电极与工件间存在着放电间隙，因此工件的尺寸、形状，与工具并不一致。如果加工过程中放电间隙是常数，根据工件加工表面的尺寸、形状，可以预先对工具尺寸、形状进行修正。但放电间隙是随电参数、电极材料、工作液的绝缘性能等因素变化而变化的，从而影响了加工精度。

间隙大小对形状精度也有影响。间隙越大，则复制精度越差，特别是对复杂形状的加工表面。如电极为尖角时，而由于放电间隙的等距离，工件则为圆角。因此，为了减少加工尺寸误差，应该采用较弱小的加工参数，缩小放电间隙，另外还必须尽可能使加工过程稳定。放电间隙在精加工时一般为 0.01～0.1 mm，粗加工时可达 0.5 mm 以上（单边）。

（2）加工斜度。电火花加工时，产生斜度的情况如图 2－25 所示。由于工具电极下面部分加工时间长，损耗大，因此电极变小，而入口处由于电蚀产物的存在，易发生因电蚀产物的介入而再次进行的非正常放电，即"二次放电"，因而产生加工斜度。

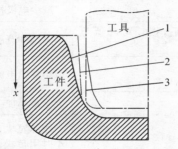

1—电极有损耗时且有二次放电加工时工件；
2—电极有损耗时工件；3—电极无损耗时形状。

图 2－25　电火花加工时产生的斜度

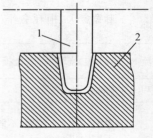

1—工具；2—工件。

图 2－26　工具损耗锥度（加工斜度）

（3）工具电极的损耗。电火花加工中，随着加工深度的不断增加，工具电极进入放电区域的时间是从端部向上逐渐减少的。实际上，工件侧壁主要是靠工具电极底部端面的周边加工出来的。因此，电极的损耗也必然从端面底部向上逐渐减少，从而形成了损耗锥度（见图 2－26），工具电极的损耗锥度反映到工件上是加工斜度。

2.2.3.6　影响表面质量的因素

1. 影响表面粗糙度的主要因素

表面粗糙度是指加工表面上的微观几何形状误差。电火花加工表面粗糙度的形成与切削加工不同，它是由若干电蚀小凹坑组成的，能存留润滑油，其耐磨性比同样表面粗糙度的机加工件表面要好。在相同表面粗糙度的情况下，电加工表面比机加工表面亮度低。

工件的电火花加工表面粗糙度直接影响其使用性能，如耐磨性、配合性质、接触刚度、疲劳强度和抗腐蚀性等。尤其对于高速、高压条件下工作的模具和零件，其表面粗糙度往往决定其使用性能和使用寿命。

电火花加工工件表面的凹坑大小与单个脉冲放电能量有关,单个脉冲能量越大,则凹坑越大。若把表面粗糙度值大小简单地看成与电蚀凹坑的深度成正比,则电火花加工表面粗糙度随单个脉冲能量的增加而增大。

当峰值电流一定时,脉冲宽度越大,单个脉冲的能量就大,放电腐蚀的凹坑也越大、越深,所以表面粗糙度就越差。在脉冲宽度一定的条件下,随着峰值电流的增加,单个脉冲能量也增加,表面粗糙度就变差。在一定的脉冲能量下,不同的工件电极材料表面粗糙度值大小不同,熔点高的材料表面粗糙度值要比熔点低的材料小。

工具电极表面的表面粗糙度值大小也影响工件加工表面的表面粗糙度值。例如,石墨电极表面比较粗糙,因此它加工出的工件表面粗糙度值也大。

由于电极的相对运动,工件侧边的表面粗糙度值比端面小。

干净的工作液有利于得到理想的表面粗糙度。因为工作液中含蚀除产物等杂质越多,越容易发生积炭等不利状况,从而影响表面粗糙度。

2. 电火花加工表面变化层和力学性能

(1)表面变化层。在电火花加工过程中,工件在放电瞬时的高温和工作液迅速冷却的作用下,表面层发生了很大变化。这种表面变化层的厚度大约在 0.01~0.5 mm 之间,一般将其分为熔化层和热影响层。

① 熔化层。熔化层位于电火花加工后工件表面的最上层,它被电火花脉冲放电产生的瞬时高温所熔化,又受到周围工作液介质的快速冷却作用而凝固。对于碳钢来说,熔化层在金相照片上呈现白色,故又称为白层。白层与基体金属完全不同,是一种树枝状的淬火铸造组织,与内层的结合不牢固。熔化层中有渗碳、渗金属、气孔及其他夹杂物。熔化层厚度随脉冲能量增大而变厚,一般为 0.01~0.1 mm。

② 热影响层。热影响层位于熔化层和基体之间,热影响层的金属被熔化,只是受热的影响而没有发生金相组织变化,它与基体没有明显的界线。由于加工材料及加工前热处理状态及加工脉冲参数的不同,热影响层的变化也不同。对淬火钢将产生二次淬火区、高温回火区和低温回火区,对未淬火钢而言主要是产生淬火区。

③ 显微裂纹。电火花加工中,加工表面层受高温作用后又迅速冷却而产生残余拉应力。在脉冲能量较大时,表面层甚至出现细微裂纹,裂纹主要产生在熔化层,只有脉冲能量很大时才扩展到热影响层。不同材料对裂纹的敏感性也不同,硬脆材料容易产生裂纹。由于淬火钢表面残余拉应力比未淬火钢大,故淬火钢的热处理质量不高时,更容易产生裂纹。脉冲能量对显微裂纹的影响是非常明显的。脉冲能量愈大,显微裂纹愈宽愈深;脉冲能量很小时,一般不会出现显微裂纹。

(2)表面变化层的力学性能。

① 显微硬度及耐磨性。工件在加工前由于热处理状态及加工中脉冲参数不同,加工后的表面层显微硬度变化也不同。加工后表面层的显微硬度一般比较高,但由于加工电参数、冷却条件及工件材料热处理状况不同,有时显微硬度会降低。一般来说,电火花加工表面外层的硬度比较高、耐磨性好,但对于滚动摩擦,由于是交变载荷,尤其是干摩擦,因熔化层和基体结合不牢固,容易剥落而磨损,因此,有些要求较高的模具需把电火花加

工后的表面变化层预先研磨掉。

② 残余应力。电火花表面存在着由于瞬时先热后冷作用而形成的残余应力,而且大部分表现为拉应力。残余应力的大小和分布主要与材料在加工前热处理的状态及加工时的脉冲能量有关。因此对表面质量要求较高的工件,应尽量避免使用较大的加工标准,同时在加工中一定要注意工件热处理的质量,以减少工件表面的残余应力。

③ 疲劳性能。电火花加工后,工件表面变化层金相组织的变化会使其耐疲劳性能比机械加工表面低许多倍。采用回火处理、喷丸处理甚至去掉表面变化层,将有助于降低残余应力或使残余拉应力转变为压应力,从而提高其耐疲劳性能。采用小的加工标准是减小残余拉应力的有力措施。

2.2.3.7　电火花加工稳定性和加工工艺

1. 电火花加工的稳定性

在电火花加工中,加工的稳定性是一个很重要的概念。加工的稳定性不仅关系到加工的速度,而且关系到加工的质量。

(1) 电参数。一般对于加工稳定性来说,单个脉冲能量较大的参数,容易达到稳定加工。但是,当加工面积很小时,不能用很大的参数加工。另外,加工硬质合金不能用太大的参数加工。

脉冲间隔太小易引起加工不稳定。在微细加工、排屑条件很差、电极与工件材料不太合适时,可通过增加间隔来改善加工的不稳定性,但这样会引起生产率下降。脉宽系数 $\tau = t_i/t_p$ 很大时加工稳定性差。当脉宽系数 $\tau = t_i/t_p$ 大到一定数值后,加工很难进行。对每种电极材料,必须有合适的加工波形和适当的击穿电压,才能实现稳定加工。

当平均加工电流超过最大允许加工电流密度时,将出现不稳定现象。

(2) 电极进给速度。电极的进给速度与工件的蚀除速度应相适应,这样才能使加工稳定进行。进给速度大于蚀除速度时,加工不易稳定。

(3) 蚀除物的排除情况。良好的排屑是保证加工稳定的重要条件。单个脉冲能量大则放电爆炸力强,电火花间隙大,蚀除物容易从加工区域排出,加工就稳定。在用弱参数加工工件时必须采取各种方法保证排屑良好,实现稳定加工。冲油压力不合适也会造成加工不稳定。

(4) 电极材料及工件材料。对于钢工件,各种电极材料的加工稳定性好坏次序如下:纯铜(铜钨合金、银钨合金)>铜合金(包括黄铜)>石墨>铸铁>不相同的钢>相同的钢;淬火钢比不淬火钢工件加工时稳定性好;硬质合金、铸铁、铁合金、磁钢等工件的加工稳定性差。

(5) 极性。不合适的极性可能导致加工极不稳定。

(6) 加工形状。复杂(具有内外尖角、窄缝、深孔等)的工件加工不易稳定,其他如电极或工件松动、烧弧痕迹未清除、工件或电极带磁性等均会引起加工不稳定。

另外,随着加工深度的增加,加工变得不稳定。工作液中混入易燃微粒也会使加工难以进行。

2. 合理选择电火花加工工艺

前面我们详细阐述了电火花加工的工艺规律,不难看到,加工速度、电极损耗、表面粗糙度、加工精度往往相互矛盾。表2-3简单列举了一些常用参数对工艺的影响。

表2-3　常用参数对工艺的影响

	加工速度	电极损耗	表面粗糙度值	备　注
峰值电流↑	↑	↑	↑	加工间隙↑,形腔加工锥度↑
脉冲宽度↑	↑	↑	↑	加工间隙↑,加工稳定性↑
脉冲间隙↑	↓	↑	0	加工稳定性↑
介质清洁度↑	中、粗加工↓ 精加工↑	0	0	稳定性↑

注:0表示影响较小,↓表示降低或减小,↑表示增大

在电火花加工中,如何合理地制定电火花加工工艺呢? 如何用最快的速度加工出最佳质量的产品呢? 一般来说,主要采用两种方法来处理:第一,先主后次,如在用电火花加工去除断在工件中的钻头、丝锥时,应优先保证速度,因为此时工件的表面粗糙度、电极损耗已经不重要了;第二,采用各种手段,兼顾各方面。其中主要常见的方法如下。

(1) 粗、中、精逐档过渡式加工方法。粗加工用以蚀除大部分加工余量,使型腔按预留量接近尺寸要求;中加工用以提高工件表面粗糙度等级,并使型腔基本达到要求,一般加工量不大;精加工主要保证最后加工出的工件达到要求的尺寸与表面粗糙度。在加工时,首先通过粗加工高速去除大量金属,这是通过大功率、低损耗的粗加工参数解决的;其次,通过中、精加工保证加工的精度和表面质量。中、精加工虽然工具电极相对损耗大,但在一般情况下,中、精加工余量仅占全部加工量的极小部分,故工具电极的绝对损耗极小。在粗、中、精加工中,注意转换加工参数。

(2) 先用机械加工去除大量的材料,再用电火花加工保证加工精度和加工质量。电火花成型加工的材料去除率还不能与机械加工相比。因此,在工件型腔电火花加工中,有必要先用机械加工方法去除大部分加工量,使各部分余量均匀,从而大幅度提高工件的加工效率。

(3) 采用多电极。在加工中及时更换电极,当电极绝对损耗量达到一定程度时,及时更换,以保证良好的加工质量。

2.2.4　电火花加工机床

2.2.4.1　电火花加工机床的型号

我国国标规定,电火花成型机床均用D71加上机床工作台面宽度的1/10表示。例如,D7132中,D表示电加工成型机床(若该机床为数控电加工机床,则在D后加K,即DK),71表示电火花成型机床,32表示机床工作台的宽度为320 mm,其型号表示方法如下。

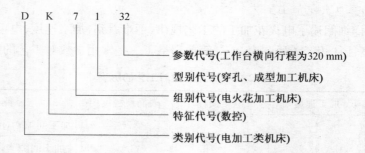

参数代号(工作台横向行程为320 mm)
型别代号(穿孔、成型加工机床)
组别代号(电火花加工机床)
特征代号(数控)
类别代号(电加工类机床)

2. 2. 4. 2　电火花加工机床的分类

　　电火花加工机床按其大小可分为小型(D7125 以下)、中型(D7125～D7163)和大型(D7163 以上);按数控程度分为非数控、单轴数控和三轴数控。随着科学技术的进步,国外已经大批量生产三坐标数控电火花机床,以及带有工具电极库、能按程序自动更换电极的电火花加工中心,我国的大部分电加工机床厂现在也正开始研制生产三坐标数控电火花加工机床。

　　电火花成型加工机床已形成系列产品,按不同的定义其分类方法也不同,大致分类如表 2‑4 所示。

表 2‑4　电火花成型加工机床的分类

分类方式	机床种类
按国家标准	(1) 单立柱机床(十字工作台型和固定工作台型) (2) 双立柱机床(移动主轴头型和十字工作台型)
按机床主要参数	(1) 小型机床——工作台宽度不大于 250 mm(D7125 以下) (2) 中型机床——工作台宽度为 250～630 mm(D7125～D7163) (3) 大型机床——工作台宽度为 630～1 250 mm(D7163～D71125) (4) 特大型机床——工作台宽度大于 1 250 mm(D71125 以上)
按数控程度	(1) 普通手动机床 (2) 单轴数控机床 (3) 多轴数控机床
按精度等级	(1) 标准精度机床 (2) 高精度机床 (3) 超精度机床
按应用范围	(1) 通用机床 (2) 专用机床(螺纹加工机床、轮胎橡胶模加工机床、航空叶片零件加工机床)

　　如图 2‑27 所示为电火花成型加工机床 D7132,它主要用于各种型腔模和型腔零件的加工。图 2‑28 所示为高速电火花穿孔机床 D703,它主要用于快速加工冷冲模、挤压模、型孔零件及各种微孔、深孔和异形孔等。

图 2‐27　电火花成型加工机床 D7132

图 2‐28　高速电火花穿孔机床 D703

2.2.4.3　电火花加工机床的结构

电火花加工机床的可由机床本体、控制部分和工作液循环系统等部分组成,如图2‐29所示。

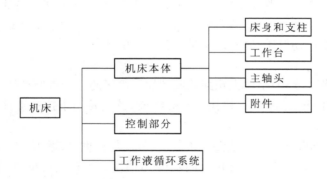

图 2‐29　电火花机床结构

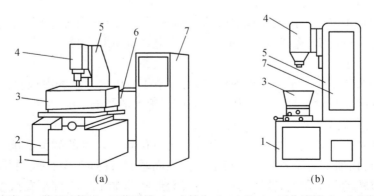

（a）　　　　　　　　　　　　（b）

1—床身;2—液压油箱;3—工作液槽;4—主轴头;5—立柱;6—工作液箱;7—电源箱。

图 2‐30　电火花穿孔成型机床

1. 机床本体

机床本体主要由床身、立柱、主轴头及附件、工作台等部分组成(如图 2-30 所示),是用以实现工件和工具电极的装夹固定和运动的机械系统。床身、支柱、坐标工作台是电火花机床的骨架,起着支承、定位和便于操作的作用。因为电火花加工宏观作用力极小,所以对机械系统的强度无严格要求,但为了避免变形和保证精度,要求具有必要的刚度。

(1)床身、立柱

如图 2-30 所示,床身 1、立柱 5 是基础结构件,其作用是保证电极与工作台、工件之间的相互位置。立柱与纵横拖板安装于床身上,变速箱位于立柱顶部,主轴头安装在立柱的导轨上。由于主轴挂上具有一定重量的电极后将引起立柱的倾斜,且在放电加工时电极频繁地抬起而使立柱发生强迫振动,因此床身和立柱要有很好的刚度和抗震性以尽可能减少床身和立柱的变形,才能保证电极和工件在加工过程中的相对位置,保证加工精度。

(2)工作台

工作台主要用来支承和装夹工具。在实际加工中,通过转动纵横向丝杆来改变电极与工作台的相对位置。工作台上身还装有工作液槽 3(见图 2-30),用以容纳工作液,使电极和被加工零件浸泡在工作液中,起冷却排屑作用。工作台是操作者在装夹找正时经常移动的部件,通过两个手轮来移动上下拖板(全数控型电火花加工机床的工作台则用相应的按钮来移动工作台),改变纵横位置,达到电极与被加工工件间需要的相对位置。工作台的种类可分为普通工作台和精密工作台。目前国内已应用精密滚珠丝杆、滚动直线导轨和高性能伺服电动机等结构,以满足精密模具的加工。

(3)主轴头

主轴头 4(见图 2-30)是电火花穿孔成型加工机床的一个重要部件,其结构是由伺服进给机构、导向和防扭机构、辅助机构三部分组成,其主要用于控制工件和工具电极之间的间隙。

主轴头性能影响着加工工艺指标,如生产率、几何精度和表面粗糙度,因此主轴头应具备以下条件:① 有一定的轴向和径向刚度和精度;② 有足够的进给和回退的速度;③ 主轴运动的直线性和防扭性能好;④ 灵敏度高,无低速爬行现象;⑤ 具有合理的承载电极重量的能力。

前期的主轴头广泛采用液压伺服进给主轴头,如 DYT-1 型、DYT-2 型等,而目前已大部分被步进电动机、直线电动机或交流伺服电动机所取代。

(4)主要附件

机床主轴头和工作台常有一些附件,如可调节工具电极角度的电极装夹夹头、平动头等。这些附件的质量对主轴头和工作台的使用有很大的影响。

① 电极装夹夹头

电极装夹夹头是装夹电极的装置,同时需要有位置和角度的调节功能。装夹在主轴下的工具电极,在加工前需要调节到与工件基准面垂直,在加工型孔或型腔时,还需要在水平面内调节转动一个角度,使工具电极的截面形状与加工出工件型孔或型腔预定位置一致。前一垂直度调节功能,常用球面铰链来实现,后一调节功能,靠主轴与工件电极安装面的相对转动机构来调节,垂直度和水平转角调节正确后,都应用螺钉固定(见图

2-31)。此外,机床主轴、床身连成一体接地,而装工具电极的夹持调节部分应单独绝缘,以防止操作人员触电,图 2-32 是一种带绝缘层的主轴锥孔。

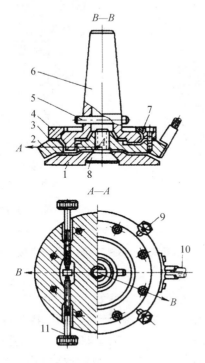

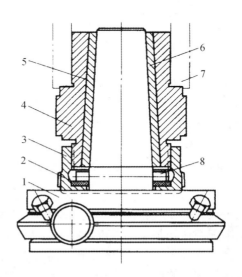

1—摆动法兰盘;2—调角校正架;3—调整垫;
4—上压板;5—销钉;6—锥柄座;7—滚珠;
8—球面螺钉;9—垂直度调节螺钉;10—电源线;
11—调节螺钉。

图 2-31 带调节装置的装夹夹头

1—夹头;2—绝缘垫圈;3—紧固螺母;
4—主轴端盖;5—绝缘层;6—锥套;
7—主轴;8—固定螺钉。

图 2-32 带绝缘层的主轴锥孔

此外,还有几种机床配备的装夹夹头,都是通过锥柄夹具与机床主轴连接,图 2-33 所示的电极夹具,通过 4 个螺钉和球面,校正电极与工作台面垂直。锥柄处用环氧树脂胶合,使其与主轴绝缘。图 2-34 是钻卡式电极夹头,能夹住 0.5~10 mm 的圆形或圆柄电极。图 2-35 为钻卡式空心电极夹头,可提供空心电极进行冲油加工。图 2-36 为异形电极夹头,除了装夹异形电极外,还可以做短电极接长加工用。异形电极夹头由电极夹具、方形夹头和电极构成。

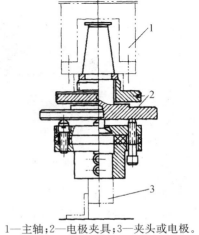

1—主轴;2—电极夹具;3—夹头或电极。

图 2-33 电极夹具

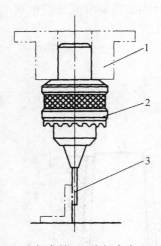
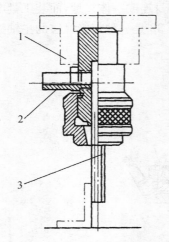
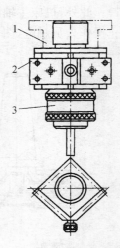

1—电极夹具；2—电极夹头；　　　1—电极夹具；2—冲油管接头；　　　1—电极夹具；2—方形

3—圆电极 0.5～10 mm。　　　　　3—空心电极。　　　　　　　　　夹头；3—夹头或电极。

图 2-34　钻卡式电极夹头　　图 2-35　钻卡式空心电极夹头　　图 2-36　异形电极夹头

② 平动头

电火花加工时粗加工的电火花放电间隙比中加工的放电间隙要大,而中加工的电火花放电间隙比精加工的放电间隙又要大一些。当用一个电极进行粗加工时,将工件的大部分余量蚀除掉后,其底面和侧壁四周表面的表面粗糙度很差,为了将其修光,就得转换参数逐挡进行修整。但由于中、精加工参数的放电间隙比粗加工参数的放电间隙小,若不采取措施,四周侧壁就无法修光了。平动头就是为解决修光侧壁和提高其尺寸精度而设计的。

目前,机床上安装的平动头有机械式平动头和数控平动头,其外形如图 2-37 所示。机械式平动头由于有平动轨迹半径的存在,它无法加工有清角要求的型腔;而数控平动头可以两轴联动,能加工出清棱、清角的型孔和型腔。

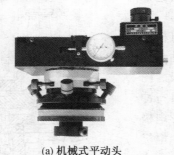

(a) 机械式平动头　　　　　　　　　　　　(b) 数控式平动头

图 2-37　平动头外形

平动头的动作原理是:利用偏心机构将伺服电动机的旋转运动通过平动轨迹保持机构,转化成电极上每一个质点都能围绕其原始位置在水平面内作平面小圆周运动,许多小圆的外包络线面积就形成加工横截面积,如图 2-38 所示,其中每个质点运动轨迹的半径就称为平动量,其大小可以由零逐渐调大,以补偿粗、中、精加工的电火花放电间隙之差,从而达到修光型腔的目的。

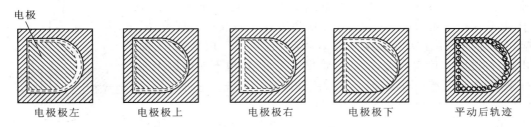

图 2-38　平动扩大间隙原理图

与一般电火花加工工艺相比较,采用平动头电火花加工有如下特点。

A. 可以通过改变轨迹半径来调整电极的作用尺寸,因此尺寸加工不再受放电间隙的限制。

B. 用同一尺寸的工具电极,通过轨迹半径的改变,可以实现转换电参数的修整,即采用一个电极就能由粗至精直接加工出一副型腔。

C. 在加工过程中,工具电极的轴线与工件的轴线相偏移,除了电极处于放电区域的部分外,工具电极与工件的间隙都大于放电间隙,实际上减小了同时放电的面积,这有利于电蚀产物的排除,提高加工稳定性。

D. 工具电极移动方式的改变,可使加工的表面粗糙度大有改善,特别是底平面处。

2. 控制部分

控制部分主要由电源、数控系统和伺服进给系统组成,它主要负责电火花加工机床的控制及加工操作。

（1）电源

电火花成型机床的脉冲电源是整个设备的重要组成部分。脉冲电源输出的两端分别与电极和工件连接。在加工过程中向间隙不断输出脉冲,当电极和工件达到一定间隙时,工作液被击穿而形成脉冲火花放电。由于极性效应,每次放电使工件材料被蚀除。电极向工件不断进给,使工件被加工至要求的尺寸和形状。

脉冲电源必须满足以下要求:① 能够输出一系列的脉冲;② 每一个脉冲都具有一定的能量,脉冲电压幅值、电流峰值、脉宽和间隔都要满足加工要求;③ 工作稳定可靠,而且不受外界干扰。

常用的脉冲电源有 RC 线路脉冲电源、晶体管式脉冲电源和派生脉冲电源等,高档的电火花机床则配置了微机数字化控制的脉冲电源。

（2）数控系统

电火花机床数控系统是用于操作电火花加工的设备,通过输入指令进行加工。数控电火花成型机的数控系统配有电脑屏幕,通过键盘输入指令,还配有手动操作盒,用于进行机床加工轴的选择、加工轴速度的调节、加工开始、暂停、工作液箱的升降、工作电极的夹紧放松等。

（3）伺服进给系统

如图 2-39 所示，S 为工具电极与工件之间的火花放电的间隙，v_d 为电极进给速度，v_w 为工件蚀除速度。在电火花加工过程中，必须保持一定放电的间隙 S，否则会出现开路或短路现象，影响正常加工。由于火花放电间隙 S 很小，且与加工规准、加工面积、工件蚀除速度等有关，因此很难靠人工进给，也不能像机床那样采用"自动"、等速进给，而必须采用伺服进给系统。这种不等速的伺服进给系统也称为自动进给调节系统。

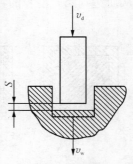

图 2-39　放电间隙

电火花加工机床的伺服进给系统的功能就是在加工过程中始终保持合适的火花放电间隙。自动进给调节系统的任务在于通过改变、调节电极进给速度 v_d，使进给速度接近并等于工件蚀除速度 v_w，以维持一定的"平均"放电间隙 S，保证电火花加工正常而稳定地进行，获得较好的加工效果。常见的伺服进给系统有：电-液自动进给调节系统和电-机械式自动调节系统等。

3. 工作液循环过滤系统

工作液循环过滤系统包括工作液（煤油）箱、电动机、泵、过滤装置、工作液槽、油杯、管道、阀门以及测量仪表等。放电间隙中的电蚀产物除了靠自然扩散、定期抬刀以及使工具电极附加振动等排除外，常采用强迫循环的办法加以消除，以免间隙中电蚀产物过多，引起已加工过的侧表面间"二次放电"，影响加工精度。此外，循环还可带走一部分热量。图 2-40 所示为工作液强迫循环的两种方式。图 2-40(a)、(b) 为冲油式，较易实现，排屑冲覆能力强，一般常采用，但电蚀产物仍通过已加工区，稍影响加工精度；图 2-40(c)、(d) 为抽油式，在加工过程中，分解出来的气体（H_2、C_2H_2 等）易积聚在抽油回路的死角处，遇电火花引燃会爆炸"放炮"，因此一般用得较少，仅在要求小间隙、精加工时使用。

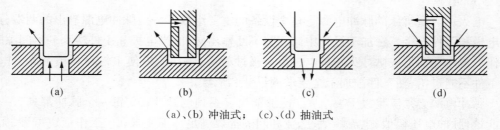

(a)　　　　　　(b)　　　　　　(c)　　　　　　(d)

（a）、（b）冲油式；　（c）、（d）抽油式

图 2-40　工作液强迫循环方式

为了不使工作液越用越脏，影响加工性能，必须加以净化、过滤。具体方法有以下几点。

（1）自然沉淀法。这种方法速度太慢周期太长，只用于单件小用量或精加工。

（2）介质过滤法。此法常用黄沙、木屑、棉纱头、过滤纸、硅藻土、活性炭等为过滤介质，各有优缺点，但对中小型工件及加工用量不大时，一般都能满足过滤要求，可就地取材、因地制宜。其中，以过滤纸效率较高，性能较好，已有专用纸过滤装置生产。

（3）高压静电过滤、离心过滤法等。这些方法比较复杂，采用较少。

目前生产上应用的循环系统形式很多，常用的工作液循环过滤系统应可以冲油，也可采取抽油。目前国内已有多家专业工厂生产工作液过滤循环装置。

2.2.5　电火花加工数控编程系统

数控电火花机床能实现工具电极和工件之间的多种相对运动,可以用来加工多种较复杂的型腔。目前,绝大部分电火花数控机床采用国际上通用的 ISO 代码进行编程、程序控制、数控摇动加工等,具体内容如下。

1. ISO 代码编程

ISO 代码是国际标准化机构制定的用于数控编码和程序控制的一种标准代码。代码主要有 G 指令(即准备功能指令)和 M 指令(即辅助功能指令)。

其编程格式是:

$$N \quad G \quad X \quad Y \quad Z$$

其中:N——程序的行号,一般由 2～4 位数字组成;

　　　G——指令代码,机床将按其指令代码要求进行移动;

　　　X——X 轴移动距离;

　　　Y——Y 轴移动距离;

　　　Z——Z 轴移动距离。

例如:G00 X100 Y200 表示快速定位,工具电极快速定位至 $X=100~\mu m$,$Y=200~\mu m$ 处。X 轴工件向右为＋,Y 轴工件向前为＋,Z 轴(工具电极)向上为＋。＋号可以省略不写,负向运动则必须在数字前加"－"号。

又如:M00 表示程序暂停;M02 表示程序结束。

表 2-5 所示为电火花加工中最常用的 G 指令和 M 指令代码。不同厂家的电规准代码含义上稍有差异,例如,沙迪克公司用 C 作为加工规范条件的代码,而三菱公司则用 E 表示。编程所需要的电规准参数应参照电火花加工机床说明书。

表 2-5　常用电火花数控指令

代码	功　能	代码	功　能
G00	快速移动、定位指令	G40	取消电极补偿
G01	直线插补	G41	电极左补偿
G02	顺时针圆弧插补指令	G42	电极右补偿
G03	逆时针圆弧插补指令	G54	选择工作坐标系 1
G04	暂停指令	G55	选择工作坐标系 2
G17	XOY 平面选择	G56	选择工作坐标系 3
G18	XOZ 平面选择	G80	移动轴直到接触感知
G19	YOZ 平面选择	G81	移动到机床的极限
G20	英制	G82	回到当前位置与零点的一半处
G21	米制	G90	绝对坐标指令

续表

代码	功 能	代码	功 能
G91	增量坐标指令	M80	冲油、工作液流动
G92	制定坐标原点	M84	接通脉冲电源
M00	暂停指令	M85	切断脉冲电源
M02	程序结束指令	M89	工作液排除
M05	忽略接触感知	M98	子程序调用
M08	旋转头开	M99	子程序结束
M09	旋转头关		

以上代码,绝大部分与数控铣床、车床的代码相同,只有 G54、C80、G82、M05 等是以前接触较少的指令,其具体用法如下。

(1) G54 指令

G54 指令一般用于电火花线切割。一般的慢走丝线切割机床和部分快走丝线切割机床都有几个或几十个工作坐标系,可以用 G54、C55、G56 等指令进行切换。在加工或找正过程中定义工作坐标系的主要目的是为了使坐标的数值更简洁。这些定义工作坐标系指令可以和 G92 一起使用,C92 代码只能把当前点的坐标系中定义为某一个值,但不能把这点的坐标在所有的坐标系中都定义成该值。

如图 2-41 所示,可以通过如下指令切换工作坐标系:

G92　G54　X0　Y0;

G00　X20　Y30;

G92　G55　X0　Y0;

这样通过指令,首先把当前的 O 点定义为工作坐标系 0 的零点,然后分别把 X、Y 轴分别快速移动 20 mm、30 mm 到达点 O',并把该点定义为工作坐标系 1 的零点。

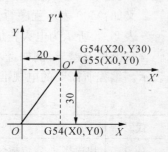

图 2-41　工作坐标系切换

(2) G80、G82 指令

G80 含义:接触感知

G80 格式:C80 轴+方向

如:G80　X—;　　　　/电极将沿 X 轴的负方向前进,直到接触到工件,然后停在那里

G82 含义:移动到原点和当前位置一半处

G80 格式:C82 轴

如:C82　X100;　　/将当前点的 X 坐标定义为 100

C82 X;　　　　　　/将电极移到当前坐标系 X=50 的地方

(3) M05 指令

含义:忽略接触感知,只在本段程序起作用。具体用法是:当电极与工件接触感知并停在此处后,若要移走电极,请用此代码。

如:G80 X_;　　　　　/X 轴负方向接触感知

G90　G92　X0　Y0；　/设置当前点坐标为(0,0)
M05　G00　X10；　　　/忽略接触感知且把电极向 X 轴正方向移动 10 mm

若去掉上面代码中的 M05,则电极往往不动作,G00 不执行。

以上代码通常用在加工前电极的定位上,具体实例如下。

如图 2-42 所示,ABCD 为矩形工件,AB、BC 边为设计基准,现欲用电火花加工一圆形图案,图案的中心为 O 点,D 到 AB 边、BC 边的距离如图中所标。已知圆形电极的直径为 20 mm,请写出电极定位于 D 点的具体过程。具体过程如下。

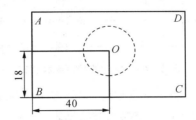

图 2-42　电极相对工件的定位

首先将电极移到工件 AB 的左边,Y 轴坐标大致与 D 点相同,然后执行如下指令。

G80　X+；
C90　G92　X0；
M05　G00　X-10；
G91　G00　Y38；　　　/38 为一估计值,主要目的是保证电极在 BC 边下方
G90　G00　X50；
G80　Y+；
G92　Y0；
M05　C00　Y-2；　　　/电极与工件分开,2 mm 表示为一小段距离
C91　G00　Z10；　　　　/将电极底面移到工件上面
C90　C00　X50　Y28；

2. 平动和摇动

如前面所述,普通电火花加工机床为了修光侧壁和提高其尺寸精度而添加平动头,使工具电极轨迹向外可以逐步扩张,即可以平动。对数控电火花机床,由于工作台是数控的,可以实现工件加工轨迹逐步向外扩张,即摇动,故数控电火花机床不需要平动头。具体来说,摇动加工的作用如下。

(1)可以精确控制加工尺寸精度。

(2)可以加工出复杂的形状,如螺纹。

(3)可以提高工件侧面和底面的表面粗糙度。

(4)可以加工出清棱、清角的侧壁和底边。

(5)变全面加工为局部加工,有利于排屑和加工稳定。

(6)对电极尺寸精度要求不高。

摇动的轨迹除了可以像平动头的小圆形轨迹外,数控摇动的轨迹还有方形、菱形、叉

形和十字形,且摇动的半径可为 0～9.9 mm 以内任一数值。摇动的数控编程格式如图 2-43所示。

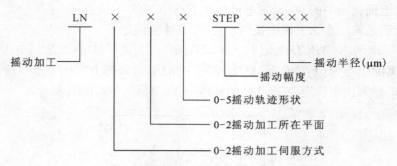

图 2-43　摇动的数控编程格式

摇动加工的编程代码由各公司自己规定,具体参考机床的操作说明书。以汉川机床厂和日本沙迪克公司为例,电火花数控摇动类型见表 2-6。

表 2-6　电火花数控摇动类型

类型	摇动轨迹 所在平面	无摇动	○	□	◇	✕	＋
自由摇动	X—Y 平面	000	001	002	003	004	005
	X—Z 平面	010	011	012	013	014	015
	Y—Z 平面	020	021	022	023	024	025
步进摇动	X—Y 平面	100	101	102	103	104	105
	X—Z 平面	110	111	112	113	114	115
	Y—Z 平面	120	121	122	123	124	125
锁定摇动	X—Y 平面	200	201	202	203	204	205
	X—Z 平面	210	211	212	213	214	215
	Y—Z 平面	220	221	222	223	224	225

数控摇动的伺服方式共有以下三种。(见图 2-44)

(1) 自由摇动。选定某一轴向(例如 Z 轴)作为伺服进给轴,其他两轴进行摇动运动(见图 2-44a)。例如:

$$G01 \quad LN001 \quad STEP30 \quad Z-10$$

G01 表示沿 Z 轴方向进行伺服进给。LN001 中的 00 表示在 X-Y 平面内自由摇动,1 表示工具电极各点绕各原始点做圆形轨迹摇动,STEP30 表示摇动半径为 30 μm,Z-10表示伺服进给至 Z 轴向下 10 mm 为止。其实际放电点的轨迹见图 2-44(a),沿各轴方向可能出现不规则的进进退退。

(2) 步进摇动。在选定的某轴向做步进伺服进给,每进一步的步距为 20 μm,其他两

轴做摇动运动(见图2-44b)。例如:

$$G01\quad LN101\quad STEP20\quad Z-10$$

C01表示沿Z轴方向进行伺服进给。LN101中的10表示在向下X-Y平面内步进摇动,1表示工具电极各点绕各原始点作圆形轨迹摇动,STEP20表示摇动半径为20 μm,Z-10表示伺服进给至Z轴向下10 mm为止。其实际放电点的轨迹见图2-44(b)。步进摇动限制了主轴的进给动作,使摇动动作的循环成为优先动作。步进摇动用在深孔排屑比较困难的加工中。它较自由摇动的加工速度稍慢,但更稳定,没有频繁的进给、回退现象。

(3)锁定摇动。在选定的轴向停止进给运动并锁定轴向位置,其他两轴进行摇动运动。在摇动中,摇动半径幅度逐步扩大,主要用于精密修扩内孔或内腔[见图2-44(c)]。例如:

$$G01\quad LN202\quad STEP20\quad Z-5$$

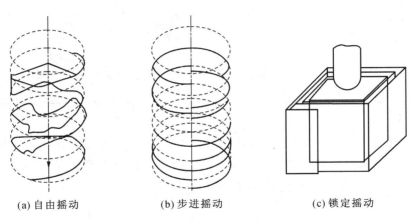

(a) 自由摇动　　　　　(b) 步进摇动　　　　　(c) 锁定摇动

图2-44　数控摇动伺服方式

G01表示沿Z轴方向进行伺服进给。LN202中的20表示在X-Y平面内锁定摇动,2表示工具电极各点绕各原始点作方形轨迹摇动,Z-5表示Z轴向下加工至5 mm处停止进给并锁定,X、Y轴进行摇动运动。其实际放电点的轨迹见图2-44(c)。锁定摇动能迅速除去粗加工留下的侧面波纹,是达到尺寸精度最快的加工方法。它主要用于通孔、不通孔或有底面的型腔模加工中。如果锁定后作圆轨迹摇动,则还能在孔内滚花、加工出内花纹等。

3. 电火花机床常见功能

(1)回原点操作功能。数控电火花在加工前首先要回到机械坐标的零点,即X、Y、Z轴回到其轴的正极限处。这样,机床的控制系统才能复位,后续操作机床运动不会出现紊乱。

(2)置零功能。将当前点的坐标设置为零。

(3)接触感知功能。让电极与工件接触,以便定位。

(4)其他常见功能(见表2-7)。

表 2-7　数控电火花机床其他常见功能

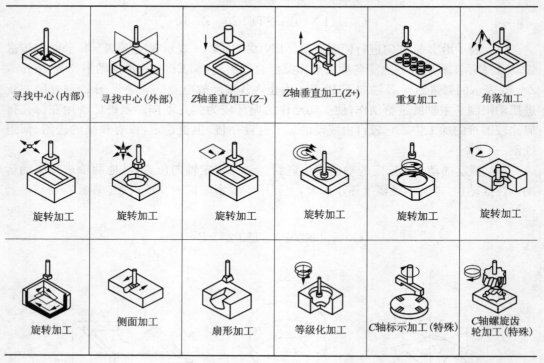

寻找中心(内部)	寻找中心(外部)	Z轴垂直加工(Z-)	Z轴垂直加工(Z+)	重复加工	角落加工
旋转加工	旋转加工	旋转加工	旋转加工	旋转加工	旋转加工
旋转加工	侧面加工	扇形加工	等级化加工	C轴标示加工(特殊)	C轴螺旋齿轮加工(特殊)

4. 编程实例

【例 2-1】　编程加工如图所示零件,加工条件为:① 电极/工件材料:Cu/St(45 钢)。② 加工表面的表面粗糙度值:$R_{a\max}=6\ \mu m$。③ 电极减寸量(即减小量)为 0.3 mm/单侧。④ 加工深度:(5.0+0.01)mm。⑤ 加工位置:工件中心。

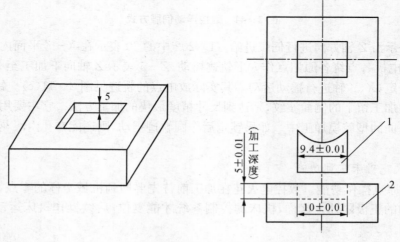

1—工具;2—工件。

图 2-45　型腔模加工图形

解：加工程序如下：

  H0000＝＋0000 5000；   /加工深度

  N0000；

  C00 G90 G54 X Y Z1.0；   /加工开始位置，Z 轴距工件表面距离为 1.0 mm

  G24；   /高速跃动

  G01 C170 LN002 STEP10 2330－H000 M04； /以 C170 条件加工至距离底面 0.33 mm，M04 然后返回加工开始位置

  G01 C140 LN002 STEP134 2156－H000 M04； /以 C140 条件加工至距离底面 0.156 mm

  G01 C220 LN002 STEP196 2096－H000 M04； /以 C220 条件加工至距离底面 0.096 mm

  COI C210 LN002 STEP224 2066－H000 M04； /以 C210 条件加工至距离底面 0.066 mm

  G01 C320 LN002 STEP256 2040－H000 M04； /以 C320 条件加工至距离底面 0.040 mm

  G01 C300 LN002 STEP280 2020－H000 M04； /以 C300 条件加工至距离底面 0.02 mm

  M02；   /加工完毕

  注：本实例所用机床为 Sodick A3R，其控制电源为 Excellence XI

2.2.6　电火花穿孔加工

  电火花穿孔加工是利用火花放电腐蚀金属的原理，用工具电极对工件进行加工的工艺方法。主要用于冲孔模、硬质合金粉末冶金模、拉丝模、铝型材挤压模等模具，也用于加工异型孔、小孔、深孔、微孔等特殊零件。

2.2.6.1　冲孔模的电火花加工

  冲孔模加工是电火花穿孔加工的典型应用。冲孔模加工主要是指冲头和凹模加工，它是生产上应用较多的一种模具，由于形状复杂和尺寸精度要求高，所以它的制造已成为生产上的关键技术之一。冲头可以用机械加工，而凹模应用机械加工比较困难，工作量很大，质量也不易保证，有些情况甚至不可能应用机械加工，而采用电火花加工就能较好的解决这些问题。

  冲孔模加工应用电火花加工工艺比机械加工工艺多具备如下优点。

  (1) 可以淬火后加工，减少变形、残余应力和裂纹的产生。

  (2) 冲孔模的配合间隙均匀，间隙大小可根据冲压要求选择电参数而确定，且刃口质量好，较耐磨。

  (3) 二次放电所引起的加工斜度恰可作为刃口斜度和落料角。

（4）不受模具材料的限制，如硬质合金模具的加工，不仅加工速度高，加工质量也很好。

（5）对于形状复杂的模具，可以不用镶拼结构，而采用整体式，简化模具结构，提高模具强度。

（6）凸模和凹模加工的工具电极同时加工，利用电参数控制模具的间隙。

凹模的尺寸精度主要靠工具电极来保证，因此，对工具电极的精度和表面粗糙度都应有一定的要求。如凹模的尺寸为 L_2，工具电极相应的尺寸为 L_1，单边火花间隙值为 S_L，见图 2-46，则

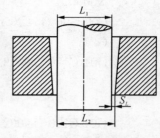

图 2-46 凹模的电火花加工

$$L_2 = L_1 + 2S_L \qquad (2-8)$$

其中，火花间隙值 S_L 主要取决于脉冲参数与机床的精度。只要加工参数选择恰当，加工稳定，火花间隙值 S_L 的波动范围会很小。因此，只要工具电极的尺寸精确，用它加工出的凹模的尺寸也是比较精确的。

对于冲孔模而言，凹、凸模的配合间隙是一个很重要的质量指标，它的大小和均匀性都将直接影响加工零件的质量和使用寿命。在电火花穿孔加工中，常采用"钢打钢"直接配合的方法。电火花加工时，应将凹模刃口端朝下，形成向上的"喇叭口"，加工后将凹模翻过来使用，这就是冲孔模的"正装反打"工艺，如图 2-46 所示。

用电火花穿孔加工凹模有较多的工艺方法，实际中应根据加工对象、技术要求等因素灵活地选择。穿孔加工的具体方法简介如下。

1. 直接法

直接法是指将凸模长度适当增加，先作为电极加工凹模，然后将端部损耗的部分去除直接成为凸模（具体过程如图 2-47 所示）。直接法加工的凹模与凸模的配合间隙靠调节脉冲参数、控制火花放电间隙来保证，如果电参数能控制的范围小于加长工具的公差时，采用侵蚀法（减小工具尺寸，适合于最小电火花加工间隙大于凹凸模配合间隙情况）和电镀法（增大工具尺寸，适合于最大电火花加工间隙小于凹凸模配合间隙情况）。

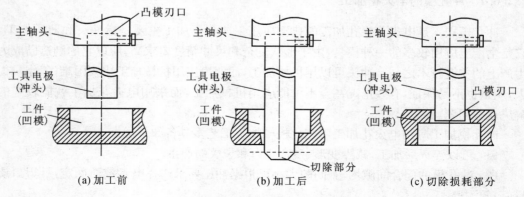

图 2-47 直接法原理示意图

直接法的优点如下。

（1）可以获得均匀的配合间隙、模具质量高。

（2）无须另外制作电极。

（3）无须修配工作，生产率较高。

直接法的缺点如下。

（1）电极材料不能自由选择，工具电极和工件都是磁性材料，易产生磁性，电蚀下来的金属屑可能被吸附在电极放电间隙的磁场中而形成不稳定的二次放电，使加工过程很不稳定，故电火花加工性能较差。

（2）电极和冲头连在一起，尺寸较长，磨削时较困难。

2. 间接法

间接法是指在模具电火花加工中，凸模与加工凹模用的电极分开制造，首先根据凹模尺寸设计电极，然后制造电极，进行凹模加工，再根据间隙要求来配制凸模（具体过程如图2-48所示）。

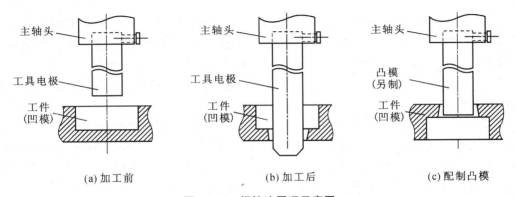

(a) 加工前　　　　　　　　(b) 加工后　　　　　　　　(c) 配制凸模

图 2-48　间接法原理示意图

这种方法可以合理地选择工具电极材料及调节电规准，提高电火花加工工艺的指标，从而可达到各种不同大小的配合间隙。

3. 混合法

混合法也适用于加工冲孔模，是指将电火花加工性能良好的电极材料与冲头材料粘接在一起，共同用线切割或磨削成型，然后用电火花性能好的一端作为加工端，将工件反置固定，用"反打正用"的方法实行加工。这种方法不仅可以充分发挥加工端材料好的电火花加工工艺性能，还可以达到与直接法相同的加工效果，如图2-49所示。

混合法的特点如下。

（1）可以自由选择电极材料，电加工性能好。

（2）无须另外制作电极。

（3）无须修配工作，生产率较高。

（4）电极一定要粘接在冲头的非刃口端（见图2-49）。

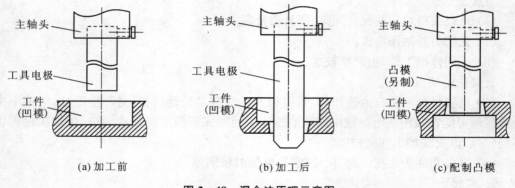

(a) 加工前　　　　　　　　(b) 加工后　　　　　　　(c) 配制凸模

图 2 - 49　混合法原理示意图

4. 阶梯工具电极加工法

阶梯工具电极加工法在冷冲模具电火花成型加工中极为普遍,在其应用方面有以下两种。

(1) 在无预孔或加工余量较大时,可以将工具电极制作为阶梯状,将工具电极分为两段,即缩小了尺寸的粗加工段和保持凸模尺寸的精加工段。粗加工时,采用工具电极相对损耗小、加工速度高的电参数加工,粗加工段加工完成后只剩下较小的加工余量[见图 2-50(a)]。精加工段即凸模段,可采用类似于直接法的方法进行加工,以达到凸、凹模配合的技术要求[见图 2-50(b)]。

(2) 在加工小间隙、无间隙的冷冲模具时,配合间隙小于最小的电火花加工放电间隙,用凸模作为精加工段是不能实现加工的,则可将凸模加长后,再加工或腐蚀成阶梯状,使阶梯的精加工段与凸模有均匀的尺寸差,通过加工参数对放电间隙尺寸的控制,使加工后符合凸、凹模配合的技术要求[见图 2-50(c)]。

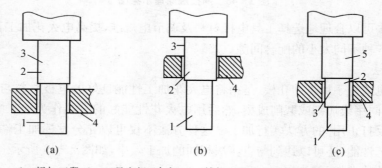

(a)　　　　　　　　　(b)　　　　　　　　　(c)

1—粗加工段;2—工具电极(冲头);3—精加工段;4—工件;5—冲头。

图 2 - 50　用阶梯工具电极加工冲孔模

除此以外,可根据模具或工件不同的尺寸和特点,要求采用双阶梯或多阶梯工具电极。阶梯形的工具电极可以由直柄形的工具电极用"王水"酸洗、腐蚀而成。机床操作人员应根据模具工件的技术要求和电火花加工的工艺常识,灵活运用阶梯工具电极的技术,充分发挥穿孔电火花加工工艺的潜力,完善其工艺技术。

2.2.6.2　小孔的电火花加工

小孔加工也是电火花穿孔加工的一种应用。小孔加工的特点是：① 加工面积小，直径一般为 0.05～2 mm，深度大，深径比达 20 以上；② 小孔加工的过程大多为不通孔，加工排屑困难。

小孔加工由于工具电极截面积小、容易变形，所以工具电极应选择刚性好、容易矫直的材料；由于小孔加工时排屑困难，因此选择电极材料还应注意选择加工稳定性好和损耗小的材料，如铜钨合金丝、钨丝、钼丝、铜丝等。为了避免电极弯曲变形，还需设置工具电极的导向装置。

为了改善小孔加工时的排屑条件，使加工过程稳定，常采用电磁振动头，使工具电极沿轴向振动；或采用超声波振动头，使工具电极端面有轴向高频振动，即电火花超声波复合加工，可以大大提高生产率。

小孔电火花加工规准的选择，主要根据孔径、精度、深度、机床条件等因素综合考虑。一般采用一档规准加工到底，只有在孔径发生变化时才转换规准。

2.2.6.3　小深孔的高速电火花加工

高速电火花小孔加工工艺是近年来新发展起来的。其原理如图 2-51 所示。

它采用管状电极，加工时电极作回转和轴向进给运动，管电极中通入 1～5 MPa 的高压工作液（自来水、去离子水、乳化液、蒸馏水或煤油），使电蚀产物能顺利排出。因此这种加工最大特点是加工速度高，一般小孔加工速度可达 60 mm/min 左右，比普通钻孔速度快。这种加工方法最适合加工 0.3～3 mm 左右的小孔，而且最大深径比可达 200∶1。

图 2-52 是苏州中特机电科技有限公司生产的 D703F 型高速电火花小孔加工机床，由电气柜、坐标工作台、主轴头、旋转头、高压工作液系统、光栅数显装置六部分组成。

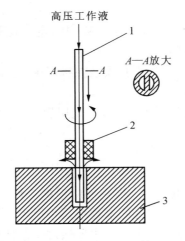

1—管状电极；2—导向器；3—工件。

图 2-51　电火花高速小孔加工原理示意图

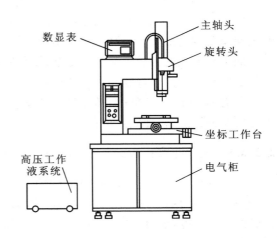

图 2-52　高速电火花小孔加工机床

该机床主要用途是在淬火钢、不锈钢、硬质合金、铜、铝等各种难加工导电材料上加工深小孔。如电火花线切割工件的穿丝孔、发动机叶片、液压、气动阀体的油路、气路孔、筛板上的群孔等,并能方便地从工件的斜面和曲面上直接打孔,而且范围还会日益扩大。

2.2.6.4　异形小孔的高速电火花加工

电火花不但能加工圆形小孔,还能加工多种异形孔。异形孔是指形状复杂、尺寸比较微细的小孔。图 2-53 是异形孔的几种实例。

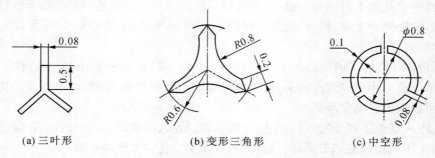

|(a) 三叶形|(b) 变形三角形|(c) 中空形|

图 2-53　喷丝板异形孔的几种孔形

异形孔的加工与圆孔加工类似,关键是异形电极的制造和异形电极的装夹和找正。异形小孔电极的制造方法主要有下面三种。

1. 冷拔整体电极法

采用电火花线切割加工工艺,并配合钳工修磨制成异形电极的硬质合金拉丝模,然后用该模具拉制 Y 形、十字形等异形截面电极。这种方法效率高,用于较大批量生产。

2. 电火花线切割加工整体电极法

利用精密电火花线切割加工制成具有复杂截面的异形电极。这种方法的制造周期短、精度和刚度较好,适用于单件、小批试制。

3. 电火花反拷加工整体电极法

以二次加工法加工异形电极,所加工出的电极与夹持部分连成一体,定位装夹比较方便且误差小,但生产效率较低,只适用于单件小批试制。

加工异形孔的工具电极结构复杂,须采用专用夹具,夹具安装在机床主轴后,还要调整好电极与工件的垂直度和对中性。

孔类加工还包括窄缝型槽、多孔、微孔等,很难甚至无法采用常规切削,这时用电火花加工可做到经济、合理而且可行。

2.2.6.5　电火花穿孔加工中电规准的选择与转换

电火花加工中所选用的一组电脉冲参数称为电规准。电规准应根据工件的加工要求、电极和工件材料、加工的工艺指标等因素来选择。选择的电规准是否恰当,不仅影响模具的加工精度,还直接影响加工的生产率和经济性,在生产中主要通过工艺试验确定。通常要用几个规准才能完成凹模型孔加工的全过程。电规准分为粗、中、精 3 种。从一个规准调整到另一个规准,称为电规准的转换。

(1) 粗规准的选择。粗规准主要用于粗加工,对它的要求是生产率高,工具电极损耗小。被加工表面的粗糙度 Ra<12.5 μm。所以粗规准一般采用较大的电流峰值,较长的脉冲宽度,采用钢电极时,电极相对损耗应低于 10%。

（2）中规准的选择。中规准是粗、精加工间过渡性加工所采用的电规准,用以减小精加工余量,促进加工稳定性和提高加工速度。中规准一般采用较短的脉冲宽度,被加工表面粗糙度 R_a 为 6.3～3.2 μm。

（3）精规准的选择。精规准用来进行精加工,要求在保证冲模各项技术要求（如配合间隙、表面粗糙度和刃口斜度）的前提下尽可能提高生产率。故多采用小的电流峰值、高频率和短的脉冲宽度。被加工表面粗糙度 Ra 可达 1.6～0.8 μm。

（4）电规准的转换。在规准转换时,其他工艺条件也要适当配合,粗规准加工时,排屑容易,冲油压力应小些;转入精规准后加工深度增加,放电间隙小,排屑困难,冲油压力应逐渐增大;当穿透工件时,冲油压力适当降低。对加工斜度、表面粗糙度要求较小和精度要求较高的冲模加工,要将上部冲油改为下端抽油,以减小二次放电的影响。

2.2.7　电火花成型加工

电火花成型加工也称为电火花型腔模加工,广泛应用于模具制造行业,可以加工各种复杂形状的型腔。型腔模包括锻模、压铸模、胶木膜、塑料模、挤压模等。它的加工比较困难,主要原因是:① 属于盲孔加工,工作液循环和电蚀产物排除条件差,工具电极损耗后无法靠主轴进给补偿精度,金属蚀除量大;② 需电蚀的量大,加工面积变化大,加工过程中电规准的变化范围也较大;③ 型腔复杂,电极损耗不均匀,对加工精度影响很大。因此,对型腔模的电火花加工,既要求蚀除量大,加工速度高,又要求电极损耗低,并保证所要求的精度和表面粗糙度。

2.2.7.1　电火花成型加工特点

电火花成型加工和穿孔加工相比有下列特点。

（1）电火花成型加工为不通孔加工,工作液循环困难,电蚀产物排除条件差。

（2）型腔多由球面、锥面、曲面组成,且在一个型腔内常有各种圆角、凸台或凹槽,有深有浅,还有各种形状的曲面相接,轮廓形状不同,结构复杂。这就使得加工中电极的长度和型面损耗不一,故损耗规律复杂,且电极的损耗不可能由进给实现补偿,因此型腔加工的电极损耗较难进行补偿。

（3）材料去除量大,表面粗糙度要求严格。

（4）加工面积变化大,要求电参数的调节范围相应也大。

2.2.7.2　电火花成型加工方法

1. 单工具电极直接成型法

单电极直接成型法是指采用同一个工具电极完成模具型腔的粗、中及精加工。单工具电极直接成型法主要用于加工深度很浅的浅型腔模,如各种纪念章、证章的花纹模,在模具表面加工商标、厂标、中文外文字母,以及工艺美术图案、浮雕等。除此以外,也可用于加工无直壁的型腔模具或成型表面。因为浅型腔花纹模要求精细的花纹清晰,所以不能采用平动或摇动加工;而无直壁的型腔表面都与水平面有一倾斜角,工具电极在向下垂直进给时,对倾斜的型腔表面有一定的修整、修光作用。

2. 单电极平动法

单电极平动法在型腔模电火花加工中应用最广泛。它是采用一个电极完成型腔的粗、中、精加工的。如图 2-54 所示,首先采用低损耗($\theta < 1\%$)、高生产率的粗规准进行加工,然后利用平动头做平面小圆运动,按照粗、中、精的顺序逐级改变电规准。与此同时,依次加大电极的平动量,以补偿前面两个加工规准之间型腔侧面放电间隙差和表面微观不平度差,实现型腔侧面仿型修光,完成整个型腔模的加工。

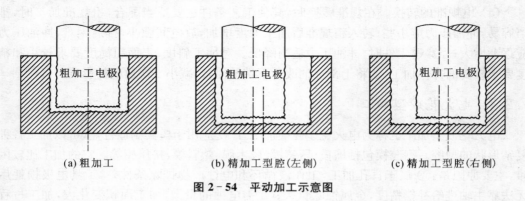

(a) 粗加工　　　　　　　(b) 精加工型腔(左侧)　　　　　　　(c) 精加工型腔(右侧)

图 2-54　平动加工示意图

单电极平动法的最大优点是只需一个电极、一次装夹定位,便可达到 ±0.05 mm 的加工精度,并方便了排除电蚀产物。

它的缺点是难以获得高精度的型腔模,特别是难以加工出清棱、清角的型腔。因为平动时,电极上的每一个点都按平动头的偏心半径做圆周运动,清角半径由偏心半径决定。此外,电极在粗加工中容易引起不平的表面龟裂状的积炭层,影响型腔表面粗糙度。为弥补这一缺点,可采用精度较高的重复定位夹具,将粗加工后的电极取下,经均匀修光后,再重复定位装夹,再用平动头完成型腔的终加工,可消除上述缺陷。

3. 多电极更换法

图 2-55 多电极更换法是采用多个电极依次更换加工同一个型腔,每个电极加工时必须把上一规准的放电痕迹去掉。一般用两个电极进行粗、精加工就可满足要求;当型腔

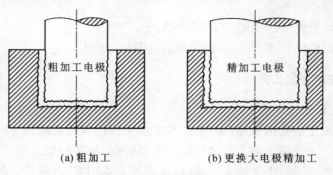

(a) 粗加工　　　　　　(b) 更换大电极精加工

图 2-55　多电极更换法示意

模的精度和表面质量要求很高时,才采用三个或更多个电极进行加工,但要求多个电极的一致性好、制造精度高;另外,更换电极时要求定位装夹精度高,因此一般只用于精密型腔的加工,例如盒式磁带、收录机、电视机等机壳的模具,都是用多个电极加工出来的。

4. 分解电极法

图 2-56 分解电极法是单电极平动加工法和多电极更换加工法的综合应用。它工艺灵活性强、仿形精度高,适用于尖角窄缝、沉孔、深槽多的复杂型腔模具加工。根据型腔的几何形状,把电极分解成主型腔和副型腔电极分别制造。先加工出主型腔,后用副型腔电极加工尖角、窄缝等部位的副型腔。此方法的优点是可以根据主、副型腔不同的加工条件,选择不同的加工规准,有利于提高加工速度和改善加工表面质量,同时还可以简化电极制造,便于修整电极。缺点是更换电极时主型腔和副型腔电极之间要求有精确的定位。

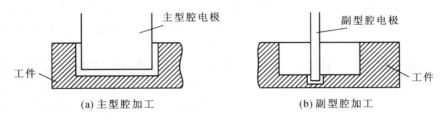

(a) 主型腔加工　　　　　　　　　　　(b) 副型腔加工

图 2-56　分解电极法加工示意图工件

5. 手动侧壁修光法

这种方法主要应用于没有平动头的非数控电火花加工机床。具体方法是利用移动工作台的 X 和 Y 坐标,配合转换加工参数,轮流修光各方向的侧壁。如图 2-57 所示,在某型腔粗加工完毕后,采用中加工参数先将底面修出;然后将工作台沿 X 坐标方向右移一个尺寸 d,修光型腔左侧壁[见图 2-57(a)];然后将电极上移,修光型腔后壁[见图 2-57(b)];再将电极右移,修光型腔右壁[见图 2-57(c)];然后将电极下移,修光型腔前壁[见图 2-57(d)];最后将电极左移,修去缺角[见图 2-57(e)]。完成这样一个周期后,型腔的面积扩大。若尺寸达不到规定的要求,则如上所述再进行一个周期。这样,经过多个周期,型腔可完全修光。

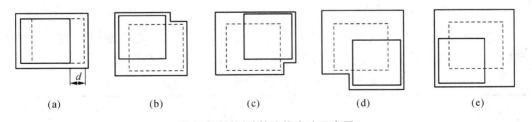

(a)　　　　　　(b)　　　　　　(c)　　　　　　(d)　　　　　　(e)

图 2-57　侧壁轮流修光法示意图

在使用手动侧壁修光法时必须注意如下方面。

(1) 各方向侧壁的修整必须同时依次进行,不可先将一个侧壁完全修光后,再修光另一个侧壁,避免二次放电将已修好的侧壁损伤。

(2) 在修光一个周期后,应仔细测量型腔尺寸,观察型腔表面粗糙度,然后决定是否更换电加工参数,进行下一周期的修光。

这种加工方法的优点是可以采用单电极完成一个型腔的全部加工过程;缺点是操作烦琐,尤其在单面修光侧壁时,加工很难稳定,不易采取冲油措施,延长了中、精加工的周期,而且无法修整圆形轮廓的型腔。

2.2.7.3 电火花型腔加工中电规准的选择与转换

正确选择和转换电规准,实现低损耗、高生产率加工,对保证型腔的加工精度和经济效益是很重要的。

(1)粗规准的选择。在选择粗规准时,要求粗规准以高的蚀除速度加工出型腔的基本轮廓,电极损耗要小,电蚀表面不能太粗糙,以免增大精加工的工作量。为此,一般选用宽脉冲($>400~\mu s$)、大峰值电流,用负极性进行粗加工。但应注意加工电流与加工面积之间的配合关系,一般选用石墨电极加工钢的电流密度为 $3\sim5~A/cm^2$,用紫铜电极加工钢的电流密度可稍大些。

(2)中规准的选择。中规准的作用是减小被加工表面的粗糙度(一般中规准加工时 $Ra=6.3\sim3.2~\mu m$),为精加工作准备。要求在保持一定加工速度的条件下,电极损耗尽可能小。一般选用脉冲宽度 $t_i=20\sim400~\mu s$,峰值电流 $10\sim25~A$,用较粗加工小的电流密度进行加工。

(3)精规准的选择。精规准是用来使型腔达到加工的最终要求,所去除的余量一般不超过 $0.1\sim0.2~mm$。因此,常采用窄的脉冲宽度($t_i<20~\mu s$)和小的峰值电流($i_e<10~A$)进行加工。由于脉冲宽度小,电极损耗大(约 25%)。但因精加工余量小,故电极的绝对损耗并不大。

(4)电规准的转换。电规准转换的挡数,应根据加工对象确定。加工尺寸小、形状简单的浅型腔,电规准转换挡数可少些;加工尺寸大、深度大、形状复杂的型腔,电规准转换挡数应多些。粗规准一般选择 1 挡;中规准和精规准选择 2~4 挡。开始加工时,应选粗规准参数进行加工,当型腔轮廓接近加工深度(大约留 1 mm 的余量)时,减小电规准,依次转换成中、精规准各挡参数加工,直至达到所需的尺寸精度和表面粗糙度。

2.2.8 其他电火花加工

随着生产的发展,电火花加工领域不断扩大,除了电火花穿孔成型加工、电火花线切割加工外,还出现了许多其他方式的电火花加工方法,如表 2-8 所示。

表 2-8 其他电火花加工方法的图示及说明

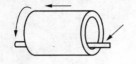	内圆磨削 工件旋转、轴向运动并作径向进给运动		刃磨 工具电极旋转运动,刀具横向往复运动,纵向直线进给运动

续表

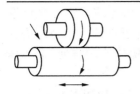 外圆磨削 工具电极旋转和直线进给运动,工件旋转和往复运动	成形刀具的刃磨 工具电极旋转和直线运动,工件直线进给运动
平面磨削 工具电极旋转运动,工件三个互相垂直方向直线进给运动	电火花展成铣削 工具电极旋转和垂直方向直线运动,工件在水平面内两个互相垂直方向直线进给运动
共轭回转齿轮加工 工具电极与工件作共轭展成运动,工具电极作径向进给运动	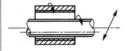 同步回转螺纹加工 工具电极与工件同步旋转运动,工件作径向进给运动
金属表面强化 电极振动,并沿金属表面作进给运动	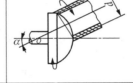 双轴回转展成式电火花磨削 工具电极和工件成一夹角反向旋转和沿轴向直线进给运动

主要包括以下几种。

（1）工具电极相对工件采用不同组合运动方式的电火花加工方法,如电火花磨削、电火花共轭回转加工、电火花展成铣削加工和双轴回转电火花磨削等。随着计算机技术和数控技术的发展,出现了微机控制的五坐标数控电火花机床,把上述各种运动方式和成型、穿孔加工组合在一起。

（2）工具电极和工件在气体介质中进行放电的电火花加工方法。如金属电火花表面强化、电火花刻字等。

（3）工件为非金属材料的加工方法。如半导体与高阻抗材料聚晶金刚石、立方氮化硼的加工等。

一、电火花小孔磨削

在生产中往往遇到一些较深、较小的孔,而且精度和表面粗糙度要求较高,工件材料（如磁钢、硬质合金、耐热合金等）的机械加工性能很差。这些小孔采用研磨方法加工时,生产率太低,采用内圆磨床磨削也很困难,因为内圆磨削小孔时砂轮轴很细,刚度很差,砂轮转速也很难达到要求,因而磨削效率下降,表面粗糙度变大。例如 $\phi 1.5$ mm 的内孔,砂轮外径为 1 mm,取线速度为 15 m/s,则砂轮的转速为 3×10^5 r/min 左右,制造和采用这样高速的磨头比较昂贵。采用电火花磨削或镗磨能较好地解决这些问题。

电火花磨削可在穿孔、成型机床上附加一套磨头来实现,使工具电极做旋转运动,如工件也附加一旋转运动,则磨得的孔更圆。也有设计成专用电火花磨床或电火花坐标磨孔机床的,也可用磨床、铣床、钻床改装,工具电极作往复运动,同时还自转。在坐标磨孔机床中,工具还作公转,工件的孔距靠坐标系统来保证。这种办法操作比较方便,但机床结构复杂,制造精度要求高。

电火花镗磨与磨削不同之点是只有工件的旋转运动、电极的往复运动和进给运动,而电极工具没有转动运动。图 2-58 所示为加工示意图,工件 5 装夹在三爪自定心卡盘 6 上,由电动机带动旋转,电极丝 2 由螺钉 3 拉紧,并保证与孔的旋转中心线相平行,固定在弓形架上。为了保证被加工孔的直线度和表面粗糙度,工件(或电极丝)还作往复运动,这是由工作台 9 作往复运动来实现的。加工用的工作液由工作液管 1 供给。

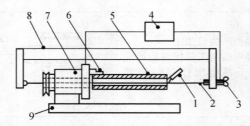

1—工作液管;2—电极丝(工具电极);3—螺钉;4—脉冲电源;5—工件;
6—三爪自定心卡盘;7—电动机;8—弓形架;9—工作台。

图 2-58　电火花镗磨示意图

电火花镗磨虽然生产率较低,但比较容易实现,而且加工精度高、表面粗糙度小,小孔的圆度可达 0.003～0.005 mm,表面粗糙度小于 Ra0.32 μm,故生产中应用较多。目前已经用来加工小孔径的弹簧夹头,可以先淬火,后开缝,再磨孔,特别是镶有硬质合金的小型弹簧夹头(图 2-59)和内径在 1 mm 以下、圆度在 0.01 mm 以内的钻套及偏心钻套,还用来加工粉末冶金用压模,这类压模材料多为硬质合金。图 2-60 所示的硬质合金压模,其圆度小于 0.003 mm。另外,如微型轴承的内环、冷挤压模的深孔、液压件深孔等等,采用电火花磨削镗磨,均取得了较好的效果。

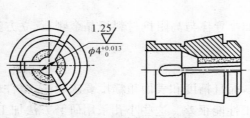

图 2-59　硬质合金弹簧夹头

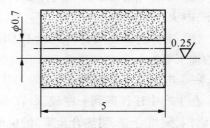

图 2-60　粉末冶金压模

二、电火花铲磨硬质合金小模数齿轮滚刀

采用电火花铲磨硬质合金小模数齿轮滚刀的齿形,相似于成型刀具的刃磨,已开始用于齿形的粗加工和半精加工,提高生产率 3～5 倍,成本降低 75%。

电火花铲磨时,工作液是浇注到加工间隙中的,所以要考虑油雾所引起的燃烧问题。因此一般采用黏度较大、燃点较高的 5 号锭子油。与煤油相比,加工表面粗糙度略好而生产率稍低,但能避免油雾所引起的燃烧问题,所以比较安全。

三、电火花共轭同步回转加工螺纹

过去在淬火钢或硬质合金上电火花加工内螺纹,是按图 2-61 所示的方法,利用导向螺母使工具电极在旋转的同时作轴向进给。这种方法生产效率极低,而且只能加工出带锥度的粗糙螺纹孔。南京江南光学仪器厂创造了新的螺纹加工方法,并研制出了 JN-2 型、JN-8 型内、外螺纹加工机床等,获得了国家发明二等奖,已用于精密内、外螺纹环规,内锥螺纹,内变模数齿轮等的制造。

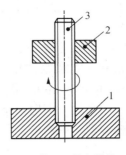

1—工件;2—导向螺母;
3—工具。

图 2-61　旧法电火花加工螺纹

电火花加工内螺纹的新方法如图 2-62 所示,综合了电火花加工和机械加工方面的经验,采用工件与电极同向同步旋转,工件作径向进给来实现(和用滚压法加工螺纹的方法有些类似)。工件预孔按螺纹内径制作,工具电极的螺纹尺寸及其精度按工件图样的要求制作,但电极外径应小于工件预孔 0.3~2 mm。加工时,电极穿过工件预孔,保持两者轴线平行,然后使电极和工件以相同的方向和相同的转速旋转[图 2-62(a)],同时工件向工具电极径向切入进给[图 2-62(b)],从而复制出所要求的内螺纹,其原理是基于图 2-62(c)的工具外表面和工件内表面上 1、1′、2、2′、3、3′、4、4′逐点对应的原理。为了补偿电极的损耗,在精加工规准转换前,电极轴向移动一个相当于工件厚度的螺距整倍数值。

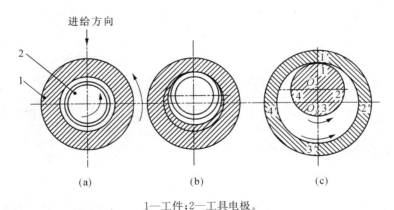

1—工件;2—工具电极。

图 2-62　电火花共轭同步回转加工内螺纹逐点对应原理的示意图

这种加工方法的优点如下。

(1) 由于电极贯穿工件,且两轴线始终保持平行,因此加工出来的内螺纹没有通常用电火花攻螺纹(如前述方法)所产生的喇叭口。

(2) 因为电极外径小于工件内径,而且放电加工一直只在局部区域进行,加上电极与工件同步旋转时对工作液的搅拌作用,非常有利于电蚀产物的排除,所以能得到好的几何精度和表面粗糙度,维持高的稳定性。

（3）可降低对电极设计和制造的要求,对电极中径和外径尺寸精度无严格要求。另外,由于电极外径小于工件内径,使得在同向同步回转中电极与工件电蚀加工区域的线速度不等,存在微量差动,对电极螺纹表面局部的微量缺损有均匀化的作用,故减轻了对加工质量的影响。

用上述工艺方法设计和制造的电火花精密内螺纹机床,可加工 M6～M55 mm 的多种牙形和不同螺距的精密内螺纹,螺纹中径误差小于 0.004 mm,也可精加工 $\phi14$～$\phi55$ mm 的圆柱通孔。圆度小于 0.002 mm,其表面粗糙度可达 Ra0.05 μm。

由于采用了同向同步旋转加工法,对螺纹的中径尺寸没有什么高的要求,但在整个工具电极有效长度内的螺距精度、中径圆度、锥度和牙形精度都应给予保证,工具电极螺纹表面粗糙度小于 $R_a2.5$ μm,螺纹外径对两端中心孔的径向圆跳动不超过 0.005 mm。一般电极外径比工件内径小 0.3～2 mm,这个差值愈小愈好。差值愈小,齿形误差就愈小,电极的相对损耗也愈小,但必须保证装夹后电极与工件不短路,而且在加工过程中作自动控制和调节时进给和退回有足够的活动余地。

工具电极材料使用纯铜或黄铜比较合适,纯铜电极比黄铜电极损耗小,但在相同电规准下,黄铜电极可得到较好的表面粗糙度。

一般情况下,电规准的选择应采用正极性加工,峰值电压 70～75 V,脉冲宽度 16～20 μs。加工接近完成前改用精规准,此时可将脉冲宽度减小至 2～8 μs,同时逐步降低电压,最后采用 RC 线路张弛式电源加工,以获得较好的表面粗糙度。

电火花共轭回转加工的应用范围日益扩大,目前主要应用于以下几方面。

（1）各类螺纹环规及塞规,特别适用于硬质合金材料及内螺纹的加工。

（2）精密的内、外齿轮加工,特别适用于非标准内齿轮加工,见图 2-63(a)、(b)。

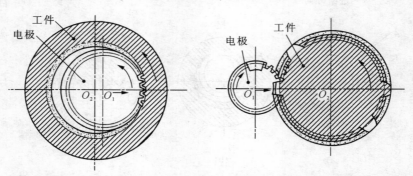

(a) 两轴平行、同向同步共轭回转,
用外齿轮电极加工内齿轮

(b) 两轴平行、反向倍角共轭加转,用变模
数小齿轮加工齿数加倍的变模数大齿轮

图 2-63　电火花共轭回转加工精密内齿轮和变模数非标齿轮

（3）精密的内外锥螺纹、内锥面油槽等的加工,见图 2-64(a)、(b)、(c)。

（4）静压轴承油腔、回转泵体的高精度成型加工等见图 2-65(a)、(b)、(c)。

（5）梳刀、精密斜齿条的加工见图 2-66。

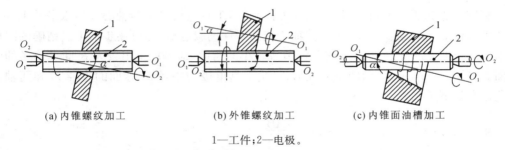

(a) 内锥螺纹加工　　　　(b) 外锥螺纹加工　　　　(c) 内锥面油槽加工

1—工件；2—电极。

图 2－64　用圆柱螺纹工具电极电火花同步回转共轭式加工内、外锥螺纹或油槽

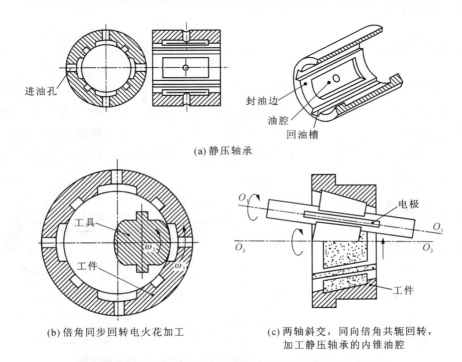

(a) 静压轴承

(b) 倍角同步回转电火花加工　　　(c) 两轴斜交，同向倍角共轭回转，
　　　　　　　　　　　　　　　　　　加工静压轴承的内锥油腔

图 2－65　静压轴承和电火花共轭倍角同步回转加工原理

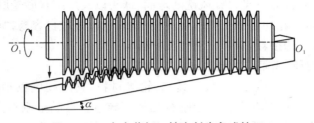

图 2－66　电火花加工精密斜齿条或梳刀

四、电火花双轴回转展成法磨削凹凸球面、球头

光学透镜、眼镜等用的凹凸球面注塑模，近年来常用于压注聚碳酸酯等透明塑料成为凹凸球面透镜，广泛用于放大镜、玩具望远镜、低档照相机、低档眼镜中。这类凹凸球面和球夹等很容易用双轴回转展成法电火花磨削来加工。图 2－67 为其加工原理示意图。工

件 1 和空心管状工具电极 2 各作正、反方向旋转,工具电极的旋转轴心线与水平的工件轴心线调节成 α 角,工具电极沿其回转轴心线向工件伺服进给,即可逐步加工出精确的凹球面来[图 2-67(a)]。如果将 α 夹角调节成较小的角度,即可加工出较大 R 曲率半径的凹球面。在图 2-67 中,球面曲率半径 R、管状工具电极的中径 d、球面的直径 D 和两轴的夹角 α 有如下关系。

在直角三角形 OAB 中:
$$\sin\alpha = \frac{AB}{OA} = \frac{d/2}{R} = \frac{d}{2R}$$

在直角三角形 ACD 中:
$$\sin\alpha = \frac{CD}{AC} = \frac{D/2}{d} = \frac{D}{2d}$$

所以得球面圆曲率半径:
$$R = \frac{d}{2\sin\alpha} \tag{2-9}$$

球面直径:
$$D = 2d\cos\alpha \tag{2-10}$$

由式(2-9)可知,如果 α 角调节得很小,则可以加工出很大曲率半径的球面;如果 α=0,则两回转轴平行,可加工出光洁平整的平面,见图 2-67(b);如果轴转向相反的方向,就可以加工出凸球面[见图 2-67(c)];如果 α 角更大,则可以加工出球头[图 2-67(d)]。

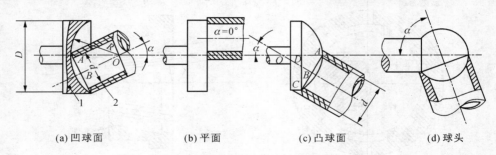

|(a)凹球面|(b)平面|(c)凸球面|(d)球头|

1—工件;2—空心管状工具电极

R—球面曲率半径;D—球面直径;d—管状工具电极中径;α—工件与工具电极轴心线夹角。

图 2-67　电火花双轴回转展成法加工凹凸球面、球头和平面

上述加工原理和铣刀盘飞刀旋风铣削球面、球头以及用碗状砂轮磨削球面、球头的原理是一样的,但是电火花加工的工艺适应性很强,管状电极取材容易,"柔性"很高,而且可以自动补偿工具电极的损耗,对加工精度没有影响。

五、聚晶金刚石等高阻抗材料的电火花加工

聚晶金刚石被广泛用作拉丝模、刀具、磨轮等材料,它的硬度仅稍次于天然金刚石。金刚石虽是碳的同素异构体,但天然金刚石几乎不导电。聚晶金刚石是将人造金刚石微粉用铜、铁粉等导电材料作为黏结剂,搅拌、混合后加压烧结而成,因此整体仍有一定的导电性能,可以用电火花加工。

电火花加工聚晶金刚石的要点如下。

(1)要采用 400~500 V 较高的峰值电压,以适应电阻率较大的材料,并使用较大的放电间隙,易于排屑。

（2）要用较大的峰值电流，一般瞬时电流需在50 A以上。为此可以采用RC线路脉冲电源，电容放电时可输出较大的峰值电流，增加爆炸抛出力。

电火花加工聚晶金刚石的原理是靠火花放电时的高温将导电的黏结剂熔化、气化蚀除掉，同时电火花高温使金刚石微粉"碳化"成为可加工的石墨，也可能因黏结剂被蚀除掉后整个金刚石微粒自行脱落下来。有些导电的工程陶瓷及立方氮化硼材料等也可用类似的原理进行电火花加工。

六、金属电火花表面强化和刻字

1. 电火花强化工艺

电火花表面强化也称电火花表面合金化。图2-68是金属电火花表面强化器的加工原理示意图。在工具电极和工件之间接上RC电源，由于振动器L的作用，使电极与工件之间的放电间隙开路、短路频繁变化，工具电极与工件间不断产生火花放电，从而实现对金属表面的强化。

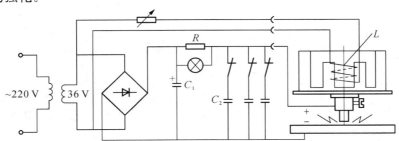

图2-68　金属电火花表面强化器加工原理图

电火花强化过程如图2-69所示。当电极与工件之间距离较大时，如图2-69(a)所示，电源经过电阻R对电容C_2充电，同时工具电极在振动器的驱动下向工件运动。当间隙接近到某一距离时，间隙中的空气被击穿，产生火花放电[图2-69(b)]，使电极和工件材料局部熔化，甚至气化。当电极继续接近工件并与工件接触时[图2-69(c)]，在接触点处流过短路电流，使该处继续加热，并以适当压力压向工件，使熔化了的材料相互黏结、扩散形成熔渗层。图2-69(d)为电极在振动作用下离开工件，由于工件的热容比电极大，使靠近工件的熔化层首先急剧冷凝，从而使工具电极的材料被黏结，覆盖在工件上。

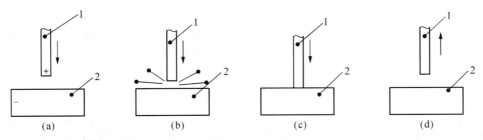

1—工具电极；2—工件。

图2-69　电火花表面强化过程原理示意图

电火花表面强化层具有如下特性。

(1) 当采用硬质合金作电极材料时,硬度可达 1 100～1 400 HV(约 70HRC 以上)或更高。

(2) 当使用铬锰、钨铬钴合金、硬质合金作工具电极强化 45 钢时,其耐磨性比原表层提高 2～5 倍。

(3) 当用石墨作电极材料强化 45 钢,用食盐水作腐蚀性试验时,其耐腐蚀性提高 90%。用 WC、CrMn 作电极强化不锈钢时,耐蚀性提高 3～5 倍。

(4) 耐热性大大提高,提高了工件使用寿命。

(5) 疲劳强度提高 2 倍左右。

(6) 硬化层厚度约为 0.01～0.3 mm。

电火花强化工艺方法简单、经济、效果好,因此广泛应用于模具、刃具、量具、凸轮、导轨、水轮机和涡轮机叶片的表面强化。

2. 电火花刻字工艺及装置

电火花表面强化的原理也可用于在产品上刻字、打印记。过去有些产品上的规格、商标等印记都是靠涂蜡及仿形铣刻字,然后用硫酸等酸洗腐蚀,有的靠用钢印打字,工序多、生产率低、劳动条件差。国内外在刃具、量具、轴承等产品上用电火花刻字、打印记取得很好的效果。一般有两种办法,一种是把产品商标、图案、规格、型号、出厂年月日等用铜片或铁片做成字头图形,作为工具电极,如图 2-70 那样,工具一边振动,一边与工件间火花放电,电蚀产物镀覆在工件表面形成印记,每打一个印记约 0.5～1 s;另一种不用现成字头而用钼丝或钨丝电极,按缩放尺或靠模仿形刻字,每件时间稍长,约 2～5 s。如果不需字形美观整齐,可以不用缩放尺而成为手刻字的电笔。图 2-70 中用钨丝接负极,工件接正极,可刻出黑色字迹。若工件是经镀黑或表面发蓝处理过的,则可把工件接负极,钨丝接正极,可以刻出银白色的字迹。

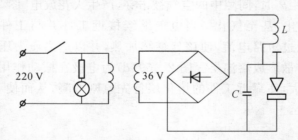

L—振动器线圈 0.5 mm 漆包线 350 匝铁心截面约 0.5 cm² ;C—纸质电容 0.1 μF 200 V。

图 2-70 电火花刻字打印装置线路

2.2.9 电极的设计、制造与使用

电极作为电火花加工中的"刀具",是非常重要的一个环节,它不同于机加工的刀具或者线切割用的电极丝,它不是通用的,而是专用的工具,需要按照工件的材料、形状及加工要求进行电极结构选择、形状设计、加工制造并安装到机床主轴上。在电火花加工中,工具电极是一项非常重要的因素,电极的性能将影响电火花加工性能(材料去除率、工具损

耗率、工件表面质量等），因此，正确设计、制造与使用电极对于电火花加工至关重要。

2.2.9.1　电极材料的选择

1. 常用的电极材料

电火花加工工具电极材料应满足高熔点、低热胀系数、良好的导电导热性能和力学性能等基本要求，从而在使用过程中具有较低的损耗率和抵抗变形的能力。电极具有微细结晶的组织结构对于降低电极损耗也比较有利，一般认为减小晶粒尺寸可降低电极损耗率。此外，工具电极材料应使电火花加工过程稳定、生产率高、工件表面质量好，且电极材料本身应易于加工、来源丰富及价格低廉。

由于电火花加工的应用范围不断扩展，对与之相适应的电极材料（包括相应的电极制造方法）也不断提出新的要求。随着材料科学的发展，人们对电火花加工工具电极材料不断进行着探索和创新，目前在研究和生产中已经使用的工具电极材料有紫铜、黄铜、钢、石墨、铸铁、银钨合金、铜钨合金等。这些材料的性能如表 2-9 所示。

表 2-9　电火花加工常用电极材料的性能

电极材料	电加工性能		机加工性能	说　明
	稳定性	电极损耗		
紫铜	好	较大	较差	磨削困难，难与凸模连接后同时加工
石墨	较好	小	好	机械强度较差，易崩角
钢	较差	一般	好	在选择电参数时注意加工稳定性
铸铁	一般	一般	好	为加工冷冲模时常用的电极材料
黄铜	好	大	较好	电极损耗太大
铜钨合金	好	小	较好	价格贵，在深孔、直壁孔、硬质合金模具加工中使用
银钨合金	好	小	较好	价格贵，一般少用

（1）紫铜

紫铜是目前在电加工领域应用最多的电极材料。

紫铜材料塑性好，可机械加工成型、锻造成型、电铸成型及电火花线切割成型。材料须是无杂质的电解铜，最好经过锻打。

紫铜加工稳定性好，在电火花加工过程中，其物理性能稳定，能比较容易获得稳定的加工状态，不容易产生电弧等不良现象，在较困难的条件下也能稳定加工。精加工中采用低损规准，可获得轮廓清晰的型腔，因组织结构致密，加工表面光洁，配合一定的工艺手段和电源后，加工表面粗糙度 R_a 可达 0.025 μm。但因材料本身熔点低（1 083℃），不宜承受较大的电流密度，一般的加工不能超过 30 A 电流，否则会使电极表面严重受损、龟裂，影响加工效果。紫铜热胀系数较大,在加工深窄筋位部分,较大电流下产生的局部高温很容易使电极发生变形。紫铜电极通常采用低损耗的加工条件,由于低损耗加工的平均电流较小,其生产率不高,故常对工件进行预加工。

紫铜电极适合较高精度模具的电火花加工,像加工中小型型腔、花纹图案、细微部位等均非常合适。

（2）石墨

石墨具有良好的导电性、导热性和可加工性,是电火花加工中广泛使用的工具电极材料。石墨有不同的种类,可按石墨粒子的大小、材料的密度和机械与电性能进行分级。其中,细级石墨的粒子和孔隙较小,机械强度较高,价格也较贵,用于电火花加工时通常电极损耗率较低,但材料去除率相应也要低一些。市场上供应的石墨等级平均粒子大小在 $20~\mu m$ 以下,选用时主要取决于电极的工作条件(粗加工、半精加工或精加工)及电极的几何形状。工件加工表面粗糙度与石墨粒子的大小有直接关系,通常粒子平均尺寸在 $1~\mu m$ 以下的石墨等级专门用于精加工。用两种不同等级的石墨电极加工难加工材料上的深窄槽,比较它们的材料去除率和电极损耗率。研究结果表明,石墨种类的选择主要取决于具体的电火花加工对材料去除率和电极损耗率哪方面的要求更高。

与其他电极材料相比,石墨电极可采用大的放电电流进行电火花加工,因而生产率较高;粗加工时电极的损耗率较小,但精加工时电极损耗率增大,加工表面粗糙度较差。石墨电极重量轻、价格低,由于石墨具有高脆性,通常难以用机械加工方法做成薄而细的形状,因此在精细复杂形状电火花加工中的应用受到限制,而采用高速铣削可以较好地解决这一问题。为了改善石墨电极的电火花加工性能,将石墨粉烧结电极浸入熔化的金属(Cu 或 Al)中,并对液态金属施加高压,使金属 Cu 或 Al 填充到石墨电极的孔隙中,以改善其强度和导热性。注入金属后,石墨电极的密度、热导率和弯曲强度增大,电阻率大幅度降低,电极表面粗糙度得到改善。实验研究结果表明,这种新材料电极与常规石墨电极相比,电极损耗率和材料去除率无明显差别,但加工表面粗糙度更小,尤其是注入 Cu 的石墨电极可获得小得多的加工表面粗糙度。

石墨的机械加工性能优良,其切削阻力小,容易磨削,很容易制造成型;无加工毛刺;密度小,只有铜的 $1/5$;电极制作和准备作业容易。在石墨的切削加工中,刀具很容易磨损,一般建议用硬质合金或金刚石涂层的刀具。在粗加工时,刀具可直接在工件上下刀;精加工时,易发生崩角、碎裂的现象,所以常采用轻刀快进的方式加工,背吃刀量可小于 $0.2~mm$。石墨电极在加工时产生灰尘比较大,粉尘有毒性,这就要求机床有相应的处理装置,机床密封性要好。在加工前,将石墨在煤油中浸泡一段时间可防止崩角、减少粉尘。

石墨加工稳定性较好,在粗加工或窄脉宽的精加工时,电极损耗很小。石墨的导电性能好、加工速度快,能节省大量的放电时间,在粗加工中越显优良;其缺点是在精加工中放电稳定性较差,容易过波到电弧放电,只能选取损耗较大的加工条件来加工。

（3）钢

在冲模加工时,可以用"钢电极加工钢"的方法,用加长的上冲头钢作为电极,直接加工凹模,此时凸模作为工具电极,要注意的是,凸模不能选用与凹模同一型号的钢材,否则电火花加工时将很不稳定。用钢作为电极时,一般采用成型磨削加工或者采用线切割直接加工凸模。为了提高加工速度,常将电极工具的下端用化学腐蚀(酸洗)的方法均匀腐蚀掉一点厚度,使电极工具成为阶梯形,这样刚开始加工时可用较小的截面、较大规准进行粗加工,等到大部分余量被蚀除、型孔基本穿透时,再用上部较大截面的电极工具进行精加工,从而保证所需的模具配合间隙。

（4）铸铁

铸铁来源充足,价格低廉,机械加工性能好,便于采用成型磨削,因此电极的尺寸精度、几何形状精度及表面粗糙度等都容易保证。铸铁电极的电极损耗和加工稳定性一般,容易起弧,生产率不及铜电极。铸铁是一种较常用的电极材料,多用于穿孔加工。

（5）黄铜

黄铜电极在加工过程中稳定性好,生产率高。黄铜的机械加工性能尚好,它可用仿型刨加工,也可用成型磨削加工,但其磨削性能不如钢和铸铁;黄铜电极损耗最大。

2.电极材料的选择

（1）电极材料的选择原则

合理选择电极材料,可以从以下几方面进行考虑:电极是否容易加工成型;电极的放电加工性能如何;加工精度、表面质量如何;电极材料的成本是否合理;电极的重量如何。在很多情况下,选择不同的电极材料各有其优劣之处,这就要求抓住加工的关键要素。如果进行高精度加工,就要抛弃电极材料成本的考虑;如果要求进行高速加工,就要将加工精度要求放低。很多企业在选择电极材料上,根本就不作考虑,大小电极一律习惯选用紫铜,这种做法在通常加工中不会发现其弊端,但在精细加工中就明显存在问题,影响加工效果,在精细加工中就往往会埋怨电极损耗太大,需要采用很多个电极进行加工,大型电极也选用紫铜,致使加工所耗时间很多。

（2）电极材料选择的优化方案

即使是同一工件的加工,不同加工部位的精度要求也是不一样的。选择电极材料在保证加工精度的前提下,应以大幅提高加工效率为目的。高精度部位的加工可选用铜作为粗加工电极材料,选用铜钨合金作为精加工材料;较高精度部位的粗精加工均可选用铜材料;一般加工可用石墨作为粗加工材料,精加工选用铜材料或者石墨也可以;精度要求不高的情况下,粗精加工均选用石墨。这里的优化方案还是强调充分利用了石墨电极加工速度快的特点。

2.2.9.2　电极设计

一、电极结构设计

电极的结构形式可根据型孔或型腔的尺寸大小、复杂程度及电极的加工工艺性等因素综合确定。常用的电极结构形式如下。

（1）整体电极。整体式电极由一整块材料制成,见图2-71(a)。若电极尺寸较大,则在内部设置减轻孔及多个冲油孔[见图2-71(b)]。

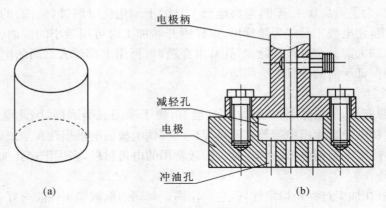

图 2－71　整体电极

对于穿孔加工,有时为了提高生产率和加工精度及降低表面粗糙度,常采用阶梯式整体电极,即在原有的电极上适当增长,而增长部分的截面尺寸均匀减小,呈阶梯形。如图 2－72 所示,L_1 为原有电极的长度,L_2 为增长部分的长度。阶梯电极在电火花加工中的加工原理是先用电极增长部分 L_2 进行粗加工,来蚀除掉大部分金属,只留下很少余量,然后再用原有的电极进行精加工。阶梯电极的优点是:粗加工快速蚀除金属,将精加工的加工余量降低到最小值,提高了生产率;可减少电极更换的次数,以简化操作。

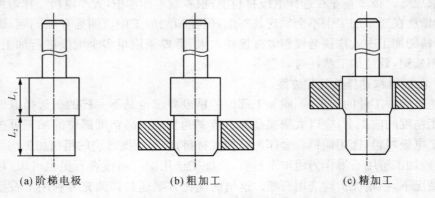

(a) 阶梯电极　　　　(b) 粗加工　　　　(c) 精加工

图 2－72　阶梯式整体电极

(2) 组合电极。组合电极是将若干个小电极组装在电极固定板上,可一次性同时完成多个成型表面电火花加工的电极。图 2－73 所示的加工叶轮的工具电极是由多个小电极组装而构成的。

采用组合电极加工时,生产率高,各型孔之间的位置精度也较准确。但是对组合电极来说,一定要保证各电极间的定位精度,并且每个电极的轴线都要垂直于安装表面。

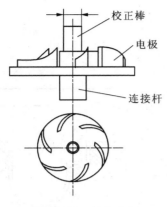

图 2-73　组合电极

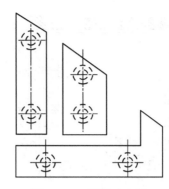

图 2-74　镶拼式电极

（3）镶拼式电极。镶拼式电极是将形状复杂而制造困难的电极分成几块来加工，然后再镶拼成整体的电极。如将 E 字形硅钢片冲模所用的电极分成三块，加工完毕后再镶拼成整体。这样既可保证电极的制造精度，得到尖锐的凹角，而且简化了电极的加工，节约了材料，降低了制造成本。

二、电极尺寸设计

加工型腔模时的工具电极尺寸，一方面与模具的大小、形状、复杂程度有关，另一方面与电极材料、加工电流、深度、余量及间隙等因素有关。当采用平动法加工时，还应考虑所选用的平动量。

1. 水平尺寸的确定

与主轴头进给方向垂直的电极尺寸称为水平尺寸（见图 2-75），计算时应加入放电间隙和平动量。任何有内、外直角及圆弧的型腔，可用下式确定

$$a = A \pm Kb \qquad (2-11)$$

式中，a —— 电极水平方向尺寸；

　　A —— 型腔图样上名义尺寸；

　　K —— 与型腔尺寸注法有关的系数，直径方向（双边）$K=2$，半径方向（单边）$K=1$；

　　b —— 电极单边缩放量（包括平动头偏心量，一般取 $0.5 \sim 0.9$ mm）。

$$b = S_L + H_{max} + h_{max} \qquad (2-12)$$

式中，S_L——电火花加工时单面加工间隙；

　　H_{max}——前一规准加工时表画微观不平度最大值；

　　h_{max}——本规准加工时表面微观不平度最大值。

式（2-11）中的"±"号按缩放原则确定，如图 2-75 中计算 a_1 时用"一"号，计算 a_2 时用"＋"号。

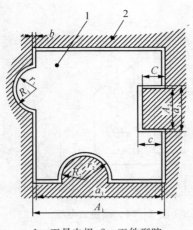

1—工具电极;2—工件型腔。

图 2 - 75　电极水平截面尺寸缩放示意图

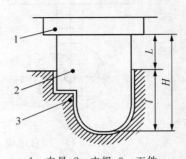

1—夹具;2—电极;3—工件。

图 2 - 76　电极总高度确定说明图

2. 高度尺寸的确定

电极总高度 H 的确定如图 2 - 76 所示,可按下式计算

$$H = l + L \qquad\qquad (2 - 13)$$

式中, H ——除装夹部分外的电极总高度;

l ——电极每加工一个型腔,在垂直方向的有效高度,包括型腔深度和电极端面损耗量,并扣除端面加工间隙值;

L ——考虑到加工结束时,电极夹具不和夹具模块或压板发生接触,以及同一电极需重复使用而增加的高度。

三、排气孔与冲油孔设计

型腔加工一般为不通孔加工。电蚀产物的排除比较困难,电火花加工时产生的大量气体如果不能及时排除,积累起来就会产生"放炮"现象。采用排气孔,使电蚀产物及气体从孔中排出,当型腔较浅时尚可满足工艺要求,但当型腔小而较深时,光靠电极上的排气孔不足以使电蚀产物、气体及时排出,往往需要采用强迫冲油,这时电极上应开有冲油孔。

在设计排气孔与冲油孔时应注意以下几点。

(1) 为便于排气,经常将冲油孔或排气孔上端直径加大[见图 2 - 77(a)]。

(2) 气孔尽量开在蚀除面积较大以及电极端部凹入的位置[见图 2 - 77(b)]。

(3) 冲油孔要尽量开在不易排屑的拐角、窄缝处[图 2 - 77(c)不好,图 2 - 77(d)好]。

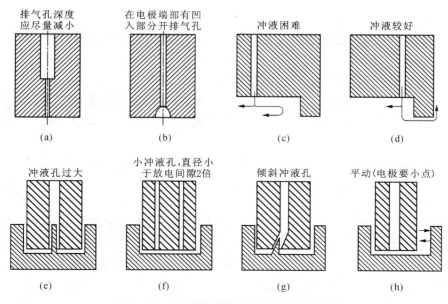

图 2-77　电极上开排气也与冲油孔示意图

（4）排气孔和冲油孔的直径约为平动量的 1～2 倍，一般取 1～1.5 mm。为便于排气排屑，常把排气孔、冲油孔的上端孔径加大到 5～8 mm，孔距在 20～40 mm，位置相对错开，以避免加工表面出现"波纹"。

（5）尽可能避免冲液孔在加工后留下的柱芯[图 2-77(f)、(g)、(h)较好，图 2-77(e)不好]。

（6）冲油孔的布置需注意冲油要流畅，不可出现无工作液流经的"死区"。

【例 2-2】　已知某零件的零件图与毛坯图如图 2-78(a)所示，请设计加工该零件的精加工电极。

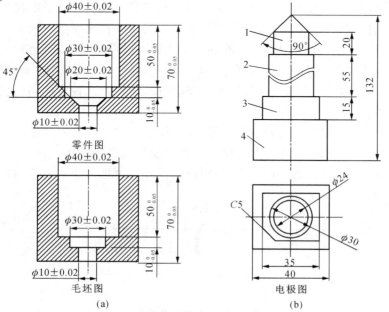

图 2-78　电极设计

解:(1) 结构设计

该电极共分为四个都分,各个部分的作用如下(见图 2-78 中的 1～4)。

1——该部分为直接加工部分。

2——电极细长,为了提高强度,适当增加电极的直径。

3——因为电极为细长的圆柱,在实际加工中很难校正电极的垂直度,故增加 3 部分,其目的是方便电极的校正。另外,由于该电极形状对称,为了方便识别方向,特意在本电极的第 3 部分设计了 5 mm 的倒角。

4——电极与机床主轴的装夹部分。该部分的结构形式应根据电极装夹的夹具形式确定。

(2) 尺寸分析

长度方向尺寸分析:该电极实际加工长度只有 5 mm,但由于加工部分的位置在型腔的底部,故增加了尺寸,如图 2-78(b)所示。

横截面尺寸分析:该电极加工部分是一锥面,故对电极的横截面尺寸要求不高;为了保证电极在放电过程中排屑较好,电极的长为 55 mm 的部分直径不能太大。

(3) 材料选择:由于加工余量少,采用紫铜作电极。

2.2.9.3　电极的制造

电极制造方法有很多,主要根据选用的材料、电极与型腔的精度,以及电极的数量等来选择,常用的电极制造方法有以下几种。

(1) 机械切削加工

过去常见的切削加工有铣削、车削、平面磨削和圆柱磨削等。随着数控技术的发展,目前经常采用数控铣床(加工中心)制造电极。数控铣削加工电极不仅能加工精度高、形状复杂的电极,而且速度快。石墨材料加工时容易碎裂、粉末飞扬,所以在加工前需将石墨放在工作液中浸泡 2～3 天,这样可以有效减少崩角及粉末飞扬。纯铜材料切削较困难,为了达到较好的表面粗糙度,经常在切削加工后进行研磨抛光加工。

在用混合法穿孔加工冲模的凹模时,为了缩短电极和凸模的制造周期,保证电极与凸模的轮廓一致,通常采用电极与凸模联合成型磨削的方法。这种方法的电极材料大多数选用铸铁或钢。

当电极材料为铸铁时,电极与凸模常用环氧树脂等材料胶合在一起。对于截面积较小的工件,由于不易粘牢,为了防止在磨削过程中发生电极或凸模脱落,可采用锡焊或机械方法使电极与凸模连接在一起。当电极材料为钢时,可把凸模加长些,将其作为电极,即把电极和凸模做成一个整体。

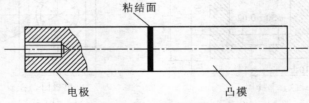

图 2-79　电极与凸模黏结

电极与凸模联合成型磨削,其共同截面的公称尺寸应直接按凸模的公称尺寸进行磨削,公差取凸模公差的 1/2～2/3。

当凸、凹模的配合间隙等于放电间隙时,磨削后电极的轮廓尺寸与凸模完全相同;当凸、凹模的配合间隙小于放电间隙时,电极的轮廓尺寸应小于凸模的轮廓尺寸,在生产中可用化学腐蚀法将电极尺寸缩小至设计尺寸;当凸、凹模的配合间隙大于放电间隙时,电极的轮廓尺寸应大于凸模的轮廓尺寸,在生产中可用电镀法将电极尺寸扩大到设计尺寸。

（2）线切割加工

除用机械方法制造电极以外,在比较特殊需要的场合下也可用线切割加工电极,即适用于形状特别复杂,用机械加工方法无法胜任或很难保证精度的情况。

图 2-80 所示的电极,在用机械加工方法制造时,通常是把电极分成四部分来加工,然后再镶拼成一个整体,如图 2-80(a)所示。由于分块加工中产生的误差及拼合时的接缝间隙和位置精度的影响,电极产生一定的形状误差。如果使用线切割加工机床对电极进行加工,则很容易地制作出来,并能很好地保证其精度,如图 2-80(b)所示。

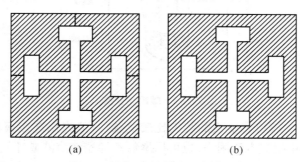

(a)　　　　　　　(b)

图 2-80　电极的机械加工与线切割加工

（3）电铸加工

电铸方法主要用来制作大尺寸电极,特别是在板材冲模领域。使用电铸制作出来的电极的放电性能特别好。

用电铸法制造电极,复制精度高,可制作出用机械加工方法难以完成的细微形状的电极。它特别适合于有复杂形状和图案的浅型腔的电火花加工。电铸法制造电极的缺点是加工周期长,成本较高,电极质地比较疏松,电加工时的电极损耗较大。

2.2.9.4　电极装夹、校正与定位

电极装夹的目的是将电极安装在机床的主轴头上。电极校正的目的是使电极的轴线平行于主轴头的轴线,即保证电极与工作台台面垂直,必要时还应保证电极的横截面基准与机床的 X、Y 轴平行。

1. 电极的装夹

电极在安装时,一般使用通用夹具或专用夹具直接将电极装夹在机床主轴的下端。常用装夹方法有下面几种。

（1）标准件装夹。小型的整体式电极多数采用通用夹具直接装夹在机床主轴下端,采用标准套筒、钻夹头装夹,如图 2-81 和 2-82 所示。

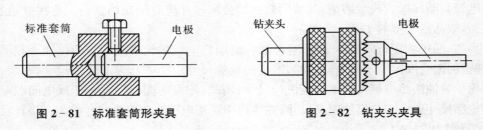

图 2-81 标准套筒形夹具　　　　图 2-82 钻夹头夹具

对于尺寸较大的电极,常将电极通过螺纹连接直接装夹在夹具上,如图 2-83 所示。

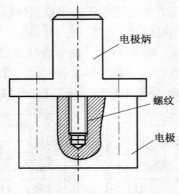

图 2-83 螺纹夹头夹具

(2) 镶拼式装夹。镶拼式电极的装夹比较复杂,一般先用连接板将几块电极拼接成所需的整体,然后再用机械方法固定;也可用聚氯乙烯醋酸溶液或环氧树脂黏合。在拼接时各结合面需平整密合,然后再将连接板连同电极一起装夹在电极柄上,如图 2-84 所示。

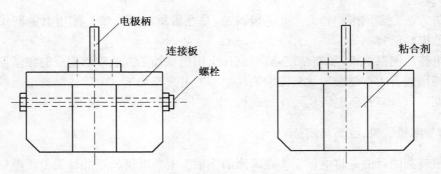

图 2-84 镶拼式电极的装夹

当电极采用石墨材料时,应注意以下几点。

① 由于石墨较脆,故不宜攻螺纹,因此可用螺栓或压板将电极固定于连接板上,如图 2-85 所示。图(a)为螺纹连接,不合理;图(b)为压板连接,合理。

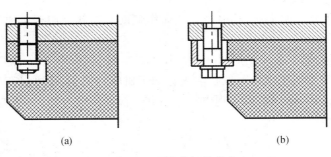

(a) (b)

图 2 - 85　石墨电极的装夹

② 不论是整体的还是拼合的电极,都应使石墨压制时的施压方向与电火花加工时的进给方向垂直。如图 2 - 86 所示,图(a)箭头所示为石墨压制时的施压方向,图(b)为不合理的拼合,图(c)为合理的拼合。

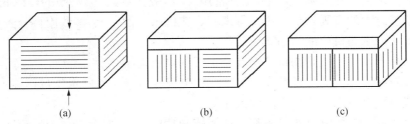

(a) (b) (c)

图 2 - 86　石墨电极的方向性与拼合法

2. 电极的校正

电极装夹好后,必须进行校正才能加工,不仅要调节电极与工件基准面垂直,而且需在水平面内调节、转动一个角度,使工具电极的截面形状与将要加工的工件型孔或型腔定位的位置一致。电极与工件基准面垂直常用球面铰链来实现,工具电极的截面形状与型孔或型腔的定位靠主轴与工具电极安装面相对转动机构来调节,垂直度与水平转角调节正确后,都应用螺钉夹紧。

电极装夹到主轴上后,必须进行校正,一般的校正方法如下几种。

(1) 根据电极的侧基准面,采用百分表校正电极的垂直度,如图 2 - 87 所示。

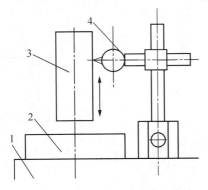

1—工作台;2—凹模;3—电极;4—千分表。

图 2 - 87　用百分表校正电极的垂直度

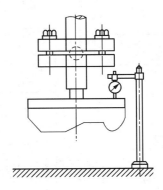

图 2 - 88　型腔加工用电极校正

（2）电极上无侧面基准时,将电极上端面作辅助基准找正电极的垂直度,如图2-88所示。

目前瑞士EROWA公司生产出一种高精度电极夹具,可以有效地实现电极快速装夹与校正。这种高精度电极夹具不仅在电火花加工机床上使用,还可以在车床、铣床、磨床、线切割等机床上使用,因而可以实现电极制造和电极使用的一体化,使电极在不同机床之间转换时不必再费时去找正。

3. 电极的定位

在电火花加工中,电极与加工工件之间相对定位的准确程度直接决定加工的精度。做好电极的精确定位主要有三方面内容:电极的装夹与校正、工件的装夹与校正、电极相对于工件的定位。

电火花加工工件的装夹与机械切削机床相似,但由于电火花加工中的作用力很小,因此工件更容易装夹。在实际生产中,工件常用压板、磁性吸盘(吸盘中的内六角孔中插入扳手可以调节磁力的有无)、机用虎钳等来固定在机床工作台上,多数用百分表来校正,使工件的基准面分别与机床的X、Y轴平行。

电极相对于工件定位是指将已安装校正好的电极对准工件上的加工位置,以保证加工的孔或型腔在凹模上的位置精度。习惯上将电极相对于工件的定位过程称为找正。电极找正与其他数控机床的定位方法大致相似。

目前生产的大多数电火花机床都有接触感知功能,通过接触感知功能可较精确地实现电极相对工件的定位。

2.2.10　电火花加工工艺及注意事项

2.2.10.1　电火花加工的工艺步骤

电火花加工一般按图2-89所示步骤进行。

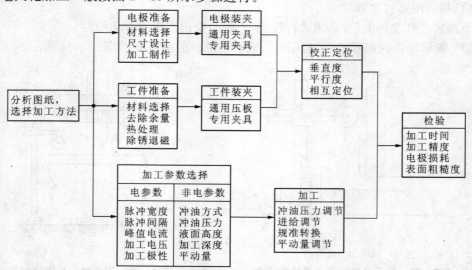

图2-89　电火花加工的步骤

由图 2-89 可以看出,电火花加工主要由三部分组成:电火花加工的准备工作、电火花加工和电火花加工检验工作。其中,电火花加工可以加工通孔和盲孔,前者习惯上称为电火花穿孔加工,后者习惯上称为电火花成型加工。它们不仅是名称不同,而且加工工艺有着较大的区别。电火花加工的准备工作有电极准备、电极装夹、工件准备、工件装夹、电极工件的校正定位等。

2.2.10.2　电火花加工工艺参数关系曲线图

不管是电火花穿孔或型腔加工,都可应用电火花加工工艺参数关系曲线图来正确选择各档的加工规准。因为穿孔和型腔加工的主要工艺指标均为表面粗糙度、精度(侧面放电间隙)、生产率(蚀除速度)和电极损耗率。其主要脉冲参数均为极性、脉宽、脉间、峰值电流、峰值电压。对加工过程起重大影响的主要因素还有电极工具、工件材料、冲抽油、抬刀、平动等情况。虽然它们相互影响,关系错综复杂,但还是有很强的内在规律的。

图 2-90～图 2-93 所示为铜电极加工钢时脉宽、峰值电流等主要参数对表面粗糙度、放电间隙、蚀除速度和电极损耗率的影响,对于用石墨电极加工钢,同样也有类似曲线图可供选择参考,详见参考文献[7]和[8]。

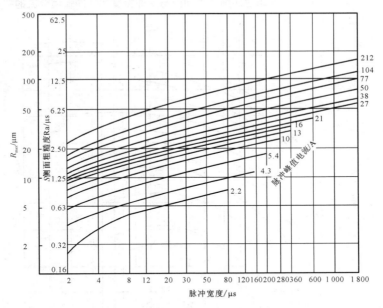

图 2-90　铜"十"、钢"一"时表面粗糙度与脉冲宽度和脉冲峰值电流的关系曲线

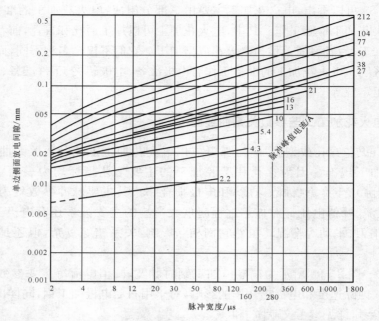

图2-91 铜"十"、钢"一"时单边侧面放电间隙与脉冲宽度和脉冲峰值电流的关系曲线

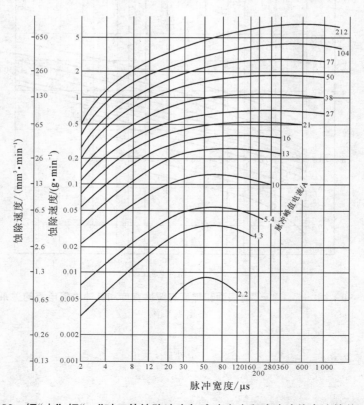

图2-92 铜"十"、钢"一"时工件蚀除速度与脉冲宽度和脉冲峰值电流的关系曲线

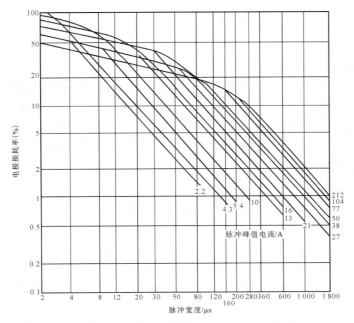

图 2 - 93　铜"十"、钢"一"时电极损耗率与脉冲宽度和脉冲峰值电流的关系曲线

选择电规准的顺序应根据主要矛盾来决定。例如粗加工型腔模具,电极损耗率必须要低于1%,则应按图 2 - 93 根据要求的电极损耗率来选择粗加工时的脉宽 t_i 和峰值电流 i_e,这时把生产率、表面粗糙度等放在次要地位来考虑。型腔精加工时,则又需要按表面粗糙度(图 2 - 91 的曲线)来选择 t_i 及 i_e。

又如,加工精密小模数齿轮冲模,除了侧面粗糙度外,主要还应考虑选择合适的放电间隙,以保证所规定的冲模配合间隙,这样就需根据图 2 - 90 和图 2 - 91 来选择 t_i 及 i_e。

如果是加工预孔或去除断丝锥等精度要求不高的工件,则可按图 2 - 92 选取最高生产率的脉冲参数 t_i 及 i_e。

脉冲间隔时间 t_0 的选择,粗加工长脉宽时取脉宽的 1/10 ～1/5;精加工时取脉宽的 2～5 倍。脉间大,生产率低;但过小则加工不稳定,易拉弧。

加工面积小时不宜选择过大的峰值电流,否则放电集中,易拉弧。一般小面积时保持 3～5 A/cm² 的峰值电流密度为宜。为此在粗加工刚开始时可能实际加工面积很小,应暂时减少峰值电流或加大脉冲间隔。

2.2.10.3　电火花加工中应注意的一些问题

1. 加工精度问题

加工精度主要包括"仿形"精度和尺寸两个方面。所谓"仿形"精度,是指电加工后的型腔与加工前工具电极几何形状的相似程度。

影响"仿形"精度的因素有如下几点。

(1) 使用平动头造成几何形状失真,如很难加工出清角、尖角变圆等。

（2）工具电极损耗及"反粘"现象的影响。

（3）电极装夹校正装置的精度和平动头、主轴头的精度以及刚性影响。

（4）规准选择转换不当，造成电极损耗增大。

影响尺寸精度的因素如下。

（1）操作者选用的电规准与电极缩小量不匹配，以致加工完成以后尺寸精度超差。

（2）在加工深型腔时，二次放电机会较多，使加工间隙增大，以致侧面不能修光，或者即使能修光，也超出了图纸尺寸。

（3）冲油管的放置和导线的架设存在问题，导线与油管产生阻力，使平动头不能正常进行平面圆周运动。

（4）电极存在制造误差。

（5）主轴头、平动头、深度测量装置等存在机械误差。

2. 表面粗糙度问题

电火花加工型腔模时，有时型腔表面会出现尺寸到位但修不光的现象。造成这种现象的原因有以下几方面。

（1）电极对工作台的垂直度没校正好，使电极的一个侧面成了倒斜度，这样相对应模具侧面的上部分就会修不光。

（2）主轴进给时，出现扭曲现象，影响了模具侧表面的修光。

（3）在加工开始前，平动头没有调到零位，以致到了预定的偏心量时，有一面无法修出。

（4）各档规准转换过快，或者跳规准进行修整，使端面或侧面留下粗加工的麻点痕迹，无法再修光。

（5）电极或工件没有装夹牢固，在加工过程中出现错位移动，影响模具侧面粗糙度的修整。

（6）平动量调节过大，加工过程出现大量碰撞短路，使主轴不断上下往返，造成有的面能修出，有的面修不出。

3. 影响模具表面质量的"波纹"问题

用平动头修光侧面的型腔，在底部圆弧或斜面处易出现"细丝"及鱼鳞状的凸起，这就是"波纹"。"波纹"问题将严重影响模具加工的表面质量。一般"波纹"产生的原因如下。

（1）电极材料的影响。如在用石墨作电极时，由于石墨材料颗粒粗、组织疏松、强度差，会引起粗加工后电极表面产生严重剥落现象（包括疏松性剥落、压层不均匀性剥落、热疲劳破坏剥落、机械性破坏剥落等），因为电火花加工是精确"仿形"加工，故在电火花加工中石墨电极表面剥落现象经过平动修整后会反映到工件上，即产生了"波纹"。

（2）中、粗加工电极损耗大。由于粗加工后电极表面粗糙度值很大，中、精加工时电极损耗较大，故在加工过程中工件上粗加工的表面不平度会反拷到电极上，电极表面产生的高低不平又反映到工件上，最终就产生了所谓的"波纹"。

（3）冲油、排屑的影响。电加工时，若冲油孔开设得不合理，排屑情况不良，则蚀除物会堆积在底部转角处，这样也会助长"波纹"的产生。

（4）电极运动方式的影响。"波纹"的产生并不是平动加工引起的，相反，平动运动能有利于底面"波纹"的消除,但它对不同角度的斜度或曲面"波纹"有不同程度的减少,却无法消除。这是因为平动加工时,电极与工件有一个相对错开位置,加工底面错位量大,加工斜面或圆弧错位量小,因而导致两种不同的加工效果。

"波纹"的产生既影响工件表面粗糙度,又降低了加工精度,为此,在实际加工中应尽量设法减小或消除"波纹"。

2.3　项目实施

采用电火花机床进行注塑模镶块的加工。

图 2-94 所示为注塑模镶块,材料为 40Cr,硬度为 38~40 HRC,加工表面粗糙度 Ra 为 0.8 μm,要求型腔侧面棱角清晰,圆角半径 $R<0.25$ mm。

1. 方法选择

选用单电极平动法进行电火花成型加工,为保证侧面棱角清晰($R<0.3$ mm),其平动量应小,取 $\delta \leqslant 0.25$ mm。

2. 工具电极

(1)电极材料选用锻造过的紫铜,以保证电极加工质量及加工表面粗糙度。

(2)电极结构与尺寸如图 2-94(b)所示。

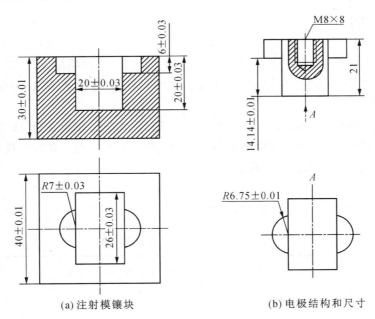

(a)注射模镶块　　　　　　　　(b)电极结构和尺寸

图 2-94　注射模镶块加工

电极水平尺寸单边缩放量取 $b=0.25$ mm。根据相关计算式可知,平动量 $\delta_0 = 0.25 - \delta_{精} < 0.25$ mm。

由于电极尺寸缩放量较小,用于基本成型的粗加工电规准参数不宜太大。根据工艺数据库所存资料(或经验)可知,实际使用的粗加工参数会产生 1% 的电极损耗。因此,对应的型腔主体 20 mm 深度与半圆搭子的型腔 6 mm 深度的电极长度之差不是14 mm,而是$(20-6) \times (1+1\%) = 14.14$ mm。尽管精修时也有损耗,但由于两部分精修量一样,故不会影响二者深度之差。图 2-94(b)所示电极结构,其总长度无严格要求。

3. 电极制造

电极可以用机械加工的方法制造,但因有两个半圆的搭子,一般都用线切割加工,主要工序如下。

(1) 备料。

(2) 刨削上、下面。

(3) 画线。

(4) 加工 M8×8 的螺孔。

(5) 按水平尺寸用线切割加工。

(6) 按图示方向前后转动 90°,用线切割加工两个半圆及主体部分长度。

(7) 钳工修整。

4. 镶块坯料加工

(1) 按尺寸需要备料。

(2) 刨削六面体。

(3) 热处理(调质)达 38~40 HRC。

(4) 磨削镶块 6 个面。

5. 电极与镶块的装夹与定位

(1) 用 M8 的螺钉固定电极,并装夹在主轴头的夹具上,然后用千分表(或百分表)以电极上端面和侧面为基准,校正电极与工件表面的垂直度,并使其 X、Y 轴与工作台 X、Y 移动方向一致。

(2) 镶块一般用平口钳夹紧,并校正其 X、Y 轴,使其与工作台 X、Y 移动方向一致。

(3) 定位,即保证电极与镶块的中心线完全重合。用数控电火花成型机床加工时,可利用机床自动找中心功能准确定位。

6. 电火花成型加工

所选用的电规准和平动量及其转换过程如表 2-10 所示。

表 2-10　电规准转换与平动量分配

序号	脉冲宽度/μs	脉冲电流幅值/A	平均加工电流/A	表面粗糙度 Ra/μm	单边平动量/mm	端面进给量/mm	备注
1	350	30	14	10	0	19.90	1. 型腔深度为 20 mm,
2	210	18	8	7	0.1	0.12	考虑 1% 损耗,端面总
3	130	12	6	5	0.17	0.07	进给量为 20.2 mm
4	70	9	4	3	0.21	0.05	2. 型腔加工表面粗糙
5	20	6	2	2	0.23	0.03	度 Ra 为 0.6 μm
6	6	3	1.5	1.3	0.245	0.02	3. 用 Z 轴数控电火花
7	2	1	0.5	0.6	0.25	0.01	成型机床加工

2.4 电火花加工实训

本节以 D7140 电火花成形加工机床为例,说明电火花加工机床操作及零件加工的具体方法及步骤。

2.4.1 基本技能

【技能应用一】机床操作

1. 机床按键功能

D7140 电火花成形加工机床的按键集中在手操器和电器控制柜上。

(1)电器控制面板按键功能。

电器控制面板如图 2-95 所示。

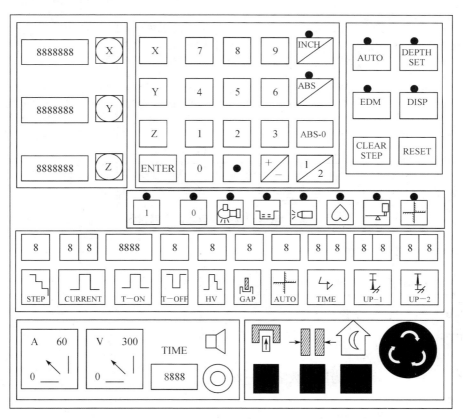

图 2-95 D7140 型电火花成形机床电器控制柜面板图

① 显示功能区。图 2 - 96 所示为电器控制柜面板的显示功能区域及其功能。显示功能区有两种显示情况：一种是在 DISP 状态下，显示 X、Y 和 Z 轴的坐标位置；另一种是在 EDM 状态下，显示目标加工深度、当前加工深度和瞬时加工深度。

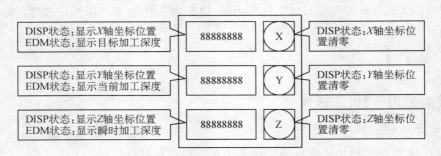

图 2 - 96 电器控制柜面板之显示功能区

② 数字键盘区。图 2 - 97 所示是电器控制柜面板的数字键盘区，各按键功能如下：

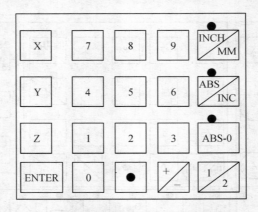

图 2 - 97 电器控制柜面板之数字键盘区

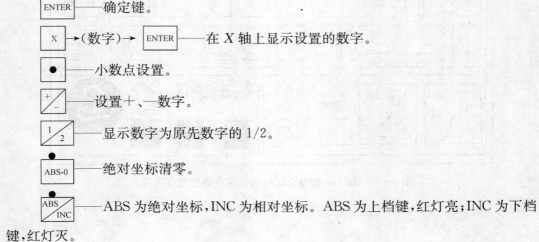

ENTER——确定键。

X →（数字）→ ENTER——在 X 轴上显示设置的数字。

●——小数点设置。

+/−——设置＋、−数字。

1/2——显示数字为原先数字的 1/2。

ABS-0——绝对坐标清零。

ABS/INC——ABS 为绝对坐标，INC 为相对坐标。ABS 为上档键，红灯亮；INC 为下档键，红灯灭。

INCH/MM ——INCH 英寸,MM 为毫米。INCH 为上档键,红灯亮;MM 为下档键,红灯灭。

③ 状态功能区。电器控制柜的状态功能区及其各按键功能如图 2-98 所示。

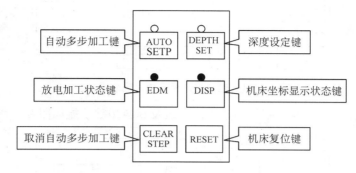

图 2-98 电器控制柜面板之状态功能区

④ 加工功能区。电器控制柜的加工功能区及其各按键功能如图 2-99 所示。

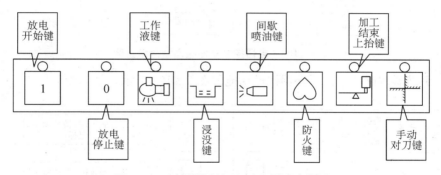

图 2-99 电器控制柜面板之加工功能区

⑤ 电规准设置区。电器控制柜的电规准设置区及其各按键功能如图 2-100 所示。

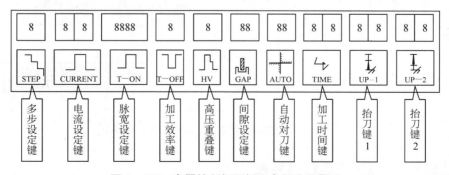

图 2-100 电器控制柜面板之电规准设置区

⑥ 电表显示区。电器控制柜的电表显示区及其各按键功能如图 2－101 所示。

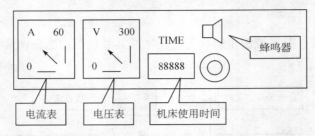

图 2－101　电器控制柜面板之电表显示区

⑦ 紧急停止区。电器控制柜的紧急停止区及其各按键功能如图 2－102 所示。

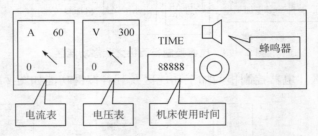

图 2－102　电器控制柜面板之紧急停止区

（2）手操器按键功能。手操器按键功能如图 2－103 所示。

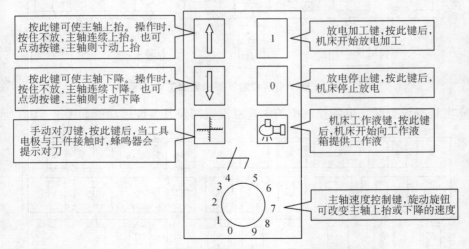

图 2－103　D7140 型电火花成形机床手操器

【技能应用二】工具电极的装夹

1. 用标准套筒和钻夹头装夹工具电极

如图 2－81 和图 2－82 所示，先将工具电极装夹在标准套筒或钻夹头上，然后用内六角扳手将装在主轴夹具上的内六角螺钉旋松，再将装夹有工具电极的套筒或钻夹头固定在主轴夹具上。主轴夹具的装夹部分为90°靠山的结构,可将夹具稳固地贴在靠山上,最后再用内六角扳手将主轴夹具上的内六角螺钉旋紧,完成工具电极的装夹,如图2-104所示。

2. 用自制夹具装夹工具电极

对于尺寸较大不便于装夹的工具电极,可采用如图2-83所示的螺纹夹头夹具,在工具电极中后面加工一螺纹孔,并攻螺纹,然后旋入带螺杆的夹具中,从而实现工具电极的装夹。对于更大型的工具电极,可用连接板式夹具实现装夹。如图2-84所示,用螺栓将电极固定在夹具上,然后装入主轴夹具。

3. 用专用夹具装夹工具电极

目前,国内的诸多模具企业大多使用瑞典的3R夹具或是EROWA夹具,国内上海大量精密电子有限公司也自行设计并生产了专用的电火花成形加工专用夹具。

使用专用夹具,给工具电极的装夹和找正带来方便。工具电极在制造和使用上的装夹重复定位精度相当高,这样可以有效地减少由于工具电极制造过程的装夹和工具电极在电火花成形加工机床上的装夹及找正方面的因素而导致的加工精度问题。

【技能应用三】工具电极的找正

工具电极装夹完毕后,必须对工具电极进行找正,确保工具电极的轴线与工件保持垂直且旋转位置正确。

图2-104 主轴夹具头

为找正电极,机床的主轴夹具必须能在 X、Y 方向及旋转方向调节,如图2-104所示。

1. 用百分表找正工具电极

图2-87所示为用百分表找正工具电极。找正步骤如下:

(1) 沿 X 轴方向工具电极找正。将磁性表座吸附在机床的工作台上电极的左右方向,然后把百分表装夹在表座的杠杆上。将百分表的测量杆沿 X 轴方向轻触工具电极,并使百分表有一定的读数,然后用手操器使主轴沿 Z 轴上下移动,观察百分表的指针变化。根据指针变化就可判断出工具电极沿 X 轴方向上的倾斜情况,调节主轴夹头球形面上方的 X 轴方向上的两个调节螺钉,使工具电极沿 X 轴方向保持与工件垂直。

(2) 沿 Y 轴方向工具电极找正。将磁性表座吸附在机床的工作台上电极的前后方向,然后把百分表装夹在表座的杠杆上。将百分表的测量杆沿 X 轴方向轻触工具电极,并使百分表有一定的读数,找正步骤同 X 轴方向。

(3)工具电极旋转方向的找正。对于非圆柱形工具电极,除保证工具电极与工件垂直外,还要保证工具电极在水平面上的旋转位置正确,这样才能加工出正确的工件。首先选择一加工精度较高的面作为测量面,然后将磁性表座吸附在机床的工作台上靠近测量面的方向。将百分表的测量杆轻触工具电极,并使百分表有一定的读数,X 方向或 Y 方向移动工作台,观察百分表的指针变化。根据指针变化就可判断出工具电极的位置情况,调节主轴夹头球形面上方的旋转调节螺钉,使工具电极保持正确的旋转位置。

对于上下表面较大而垂直面较小的工具电极,可控制上下表面的水平来控制电极的垂直度,如图 2 - 88 所示。

2. 用精密刀口角尺找正工具电极

图 2 - 105 所示为用精密刀口角尺找正工具电极,具体方法如下。

(1)按下手操器的"下降"按钮,将工具电极缓缓放下,使工具电极慢慢靠近工件,再与工件之间保持一段间隙后,停止下降工具电极。

(2)沿 X 轴方向工具电极找正。沿 X 轴方向将精密刀口角尺放置在工件(凹模)上,使精密刀口角尺刀口轻轻与工具电极接触,移动照明灯置于精密刀口角尺的后方,通过观察透光情况来判断工具电极是否垂直。若不垂直,可调节主轴夹头球形面上方的 X 轴方向的调节螺钉。

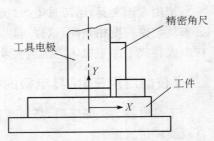

图 2 - 105　用精密刀口角尺找正电极

(3)沿 Y 轴方向工具电极找正。沿 Y 轴方向将精密刀口角尺轻轻与工具电极接触,找正方法同 X 轴方向。

(4)工具电极旋转方向的找正。工具电极装夹完成后,工具电极形状与工件的型腔之间常常存在不完全对准的情况,此时需要对工具电极进行旋转找正。找正方法是轻轻转动主轴夹头上的调节电极旋转的螺钉,确保工具电极与工件型腔对准。

3. 用火花法找正工具电极

操作时,先按手操器上的"下降"键,使主轴缓缓下降,当快要接触工件时,松开手操器的"下降"键。再按电器控制柜上的"自动对刀键"(Auto),主轴自动下降,直到与工件接触,机床的蜂鸣器叫。按电器控制柜上的"Z 轴清零"键,将 Z 轴数值清零。设定加工深度为 999,加工电流为 1 A,然后按手操器的"加工"键(或是电器控制柜上的"加工"键),工具电极与工件将产生放电火花。通过观察电极四周的火花放电情况来调整主轴上的 X 轴和 Y 轴方向的垂直调节螺钉,使工具电极四周的放电火花均匀。同时也可观察工件表面的放电痕迹,若放电痕迹均匀,则工具电极找正完成。

4. 用工件模板找正工具电极

找正前,操作者可选择一块薄钢板,用电火花线切割机床在薄钢板上加工出与工件型腔水平尺寸相同的孔(留一定的放电间隙),制作出一块工件模板。随后将此模板置于工件之上,模板也与型腔孔对齐,待主轴上的工具电极装夹后,操作主轴下行。若工具电极能均匀穿过模板孔,则找正完成。否则,就需调整工具电极的位置。此法在目前的生产实践中常被采用,主要是它可快速准确地对工具电极所要加工的位置进行找正。

【技能应用四】工件的装夹与找正

1. 使用压板装夹工件及找正

将一工件放置在工作台上,将压板螺钉头部穿入工作台的 T 形槽中,把压板穿入压板螺钉中,压板的一端压在工件上,另一端压在三角垫铁上,使压板保持水平或压板靠近三角垫铁处稍高些,旋动螺母压紧工件。

将百分表的磁性表座吸附在主轴夹具上,再把百分表的测量杆靠住工件的 X 轴方向的基准面上,使百分表有一定的读数,然后转动 X 轴力一向的手轮,观察百分表的指针变化。轻轻敲击工件,调整百分表指针变化,应使百分表指针在整个行程上微微抖动,再把压板螺母旋紧,工件得以固定。同样的操作,也可适用于 Y 轴方向的找正。

2. 使用磁性吸盘装夹工件及找正

在电火花成形机床的工作台上安装磁性吸盘,并对磁性吸盘进行校准:在磁性吸盘上放置两个相互垂直的块规和一把精密的刀口角尺(如图 2 - 106),一块沿 X 轴方向放置,另一块沿 Y 轴方向放置,块规的一端靠在工件上,另一端靠在精密刀口角尺上,这样工件得以校准;再用内六角扳手旋动磁性吸盘上的内六角螺母,使磁性吸盘带上磁性,工件会牢牢地吸附在工作台上。

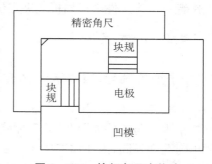

图 2 - 106　块规角尺定位法

3. 使用三爪卡盘装夹工件

若工件为圆柱(筒)类零件时,可采用安装于工作台上的精校准过的三爪卡盘装夹工件。装夹过程中,可以用百分表找正工件轴心,具体做法是将百分表座吸附在主轴夹具上,百分表的测头一端顶在工件的外圆上,按动手操器上的主轴上行或下行键,观察百分表指针偏转的情况,从而调整工件的轴心,最终固定工件。

【技能应用五】工件的定位

按下电器控制柜上的"DISP"键,电器控制柜上的 X,Y,Z 的数码管将显示电火花机床工作台的坐标位置。

1. 工件电极的中心定位

(1)转动 X 轴方向的手轮,将工具电极移动到工件的外部,按下手操器上的"下降"键,使工具电极缓缓下降,下降至工具电极稍低于工件的上表面。

(2)按下手操器上的"手动对刀"键,转动 X 轴方向上的手轮,使工具电极与工件侧面轻轻接触,此时蜂鸣器叫,按下电器控制柜上的"X 方向清零"键,X 数值为零。然后,按手操器上的"上升"键,使工具电极缓缓上抬离开工件,再次转动 X 轴方向上的手轮,移动工具电极至工件的另一侧,按下手操器上的"下降"键,使工具电极缓缓下降,下降至工具电极稍低于工件的上表面,蜂鸣器叫,依次按下电器控制柜上的"X"键和"1/2"键,X 数码管上将显示 X 轴方向数值的一半。按下手操器上的"上升"键,使工具电极缓缓上抬离开工件,再次反方向转动 X 轴方向的手轮,使 X 轴方向的数值归零(注意此时为增量操作模式)。再依次按"X"键和"ABS-0"键,按"ABS/NC"键,红灯亮(此时为绝对操作模式),X 数值也为零。此时,工件 X 轴方向的中心位置将是唯一确定的。

绝对操作模式和增量操作模式的切换只需按"ABS/INC"键,按此键后,红灯亮为绝对操作模式,红灯灭则为增量操作模式。在增量操作模式下,工作台移动到任何位置上均可进行操作;在绝对操作模式下,工作台的零点位置是唯一固定的,"X 清零"键将无法使用。机床开机时,默认的是增量操作模式。

(3) Y 轴方向中心位置的确定方法同 X 轴。

2. 工件的边定位

电火花成形加工机床的工件台上常常使用磁性吸盘作为定位夹具。此法是利用在磁性吸盘的 X 方向和 Y 方向的端面加装两块平面精度较高的挡板,以此作为定位基准。操作者只需将工件紧靠挡板装夹定位即可。

2.4.2　加工案例

【加工项目 1】内定六角套筒的电火花成形加工

1. 项目任务

内六角工件如图 2-107 所示,材料为 45 钢,毛坯尺寸为 $\phi34\times80$ mm,在车床上加工出内孔和外圆,内孔加工尺寸为 $\phi19\times18$ mm,并为电火花成形加工留出加工余量。再在铣床上加工出 $\phi15\times15$ mm 的正方形台阶。

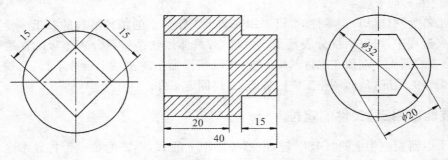

图 2-107　内六角套筒工件图

2. 项目实施步骤

(1) 工具电极的设计与制作。根据内六角套筒工件要求,工具电极的水平形状为正六边形,内接圆直径为 $\phi20$ mm,高度尺寸为 80 mm,工具电极材料为紫铜。另外,考虑到内六角套筒在使用过程中是间隙配合的,因此,适当加大平动量或稍稍放大工具电极的尺寸。

工具电极的制作可利用电火花线切割直接切割出工具电极。

(2) 工具电极的装夹与找正。由于工具电极为六边形,直接装夹存在问题。因此,一般在工具电极的端面中心位置上钻孔攻丝,加装一个螺钉作为吊杆,将制作好的工具电极固定在钻夹头上,再装夹在主轴夹头上,然后采用百分表将工具电极找正。

（3）内六角套筒工件的装夹与定位。因内六角套筒工件为圆柱体,所以采用三爪卡盘进行装夹和轴心定位,三爪卡盘可以吸附在磁性吸盘上或是用压板固定在工作台上。

（4）选择电规准和平动量。电规准和平动量的选择如表 2-11 所示。

表 2-11　电规准和平动量的选择

加工步骤	脉冲宽度/μs	峰值电流/A	脉冲间隔/μs	加工深度/mm	平动量/mm
粗加工	600	20	200	19	0.6
中加工	200	10	100	19.8	0.3
精加工	20	5	30	20	0.1

（5）加工。

① 开启机床电源。

② 对刀,设定工件加工深度及零点。

③ 利用自动多步加工方式,设置电规准。

④ 开启工作液泵,向工作液槽内加注工作液,加工液应高出工件 30～50mm,并保证工作液循环流动。

⑤ 放电加工。

⑥ 加工完成,取下工具电极和工件,清理机床工作台。

【加工项目 2】工件套料的电火花成形加工

1. 项目任务

要求在 100 mm×100 mm×15 mm 的板料上,加工一直径为 ϕ12 mm 的通孔。

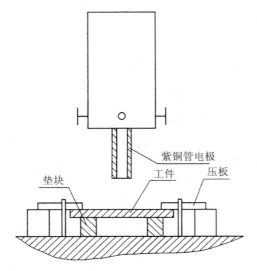

紫铜管电极

垫块　　　工件　　　压板

图 2-108　套料加工示意图

工件套料的电火花成形加工主要是用于淬硬工件的套料孔下料。电火花套孔用紫铜管做工具电极,电极损耗比较小,且加工速度快,生产效率高。如图 2-108 所示,工件装夹时,为了下料,应在工件下料处适当悬空。电火花套料加工为了排屑和排气,常将紫铜管做成空心且通入工作液。另外,加工过程中始终使平动头工作,平动量控制在 0.1 mm 以内。

2. 项目实施步骤

(1) 工具电极的设计与制作。工具电极采用外径 $\phi12$ mm,壁厚 2 mm 的紫铜管。紫铜管可在车床上精车一刀,要求其平直,没有毛刺。

(2) 工具电极的装夹与找正。将紫铜管固定在钻夹头上,再通过钻夹头上部的连接杆与机床主轴的夹具相连接。工具电极可使用精密刀口角尺和百分表来找正。

(3) 工件电极的装夹与定位。工件装夹如图 2-108 所示,采用垫块将工件悬空,一方面可套孔落料,另一方面也为了排屑和排气。

(4) 选择电规准。电规准的选择见表 2-12 所示。

表 2-12 电规准和平动量的选择

加工步骤	脉冲宽度/μs	峰值电流/A	脉冲间隔/μs	加工深度/mm	平动量/mm
粗加工	300	10	200	4.5	
中加工	80	6	100	4.8	<0.1 始终平动
精加工	10	2	30	5	

(5) 自动多步加工参数设置。根据表 2-12 中的电规准参数,在电火花成形加工机床上进行设置。

(6) 放电加工。放电加工的步骤可见加工项目 1,需注意放电加工采用了管状电极,可将加工液通入中间的管孔中,增强加工液的冷却、绝缘、排屑和排气的能力。

习　题

2-1　请说明电火花加工的工作原理。

2-2　影响电火花加工生产率的因素有哪些?

2-3　影响电火花加工精度和表面质量的因素有哪些?

2-4　有关单工具电极直接成形法的叙述中,不正确的是(　　)。

(A) 需要重复装夹

(B) 不需要平动头

(C) 加工精度不高

(D) 表面质量很好

2-5　下列各项中对电火花加工精度影响最小的是(　　)。

(A) 放电间隙

(B) 加工斜度

(C) 工具电极损耗

(D) 工具电极直径

2-6 有一孔形状及尺寸如图 2-109 所示,请设计电火花加工此孔的电极尺寸。已知电火花机床精加工的单边放电间隙为 0.03 mm。

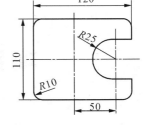

图 2-109 题 2-6 图

2-7 在电火花加工中,怎样实现电极在加工工件上的精确定位?

2-8 试比较常用电极(如纯铜、黄铜、石墨)的优缺点及使用场合。

2-9 电火花穿孔加工中常采用哪些加工方法?

2-10 电火花成形加工中常采用哪些加工方法?

2-11 两种金属在真空中、空气中、纯水(去离子水)中、乳化液中、煤油中火花放电时,宏观和微观过程以及电蚀产物方面有何相同和不同之处?

2-12 电火花共轭回转加工和电火花磨削加工在原理上有何不同?工具电极和工件上的瞬间放电点之间有无相对移动?加工内螺纹时为什么不会"乱扣"?用铜螺杆作工具电极,在内孔中用平动法加工内螺纹,在原理上和共轭同步回转加工有什么异同?

2-13 电火花加工一个纪念章浅型腔花纹模具,设花纹模具电极的面积为 10 mm× 20 mm,花纹的深度为 0.8 mm,要求加工出模具的深度为 1 mm,表面粗糙度值为 0.63 μm,分粗、中、精三次加工,试选择每次加工极性、脉冲宽度、峰值电流、加工余量、加工时间,并列成一表格(提示:利用电火花加工工艺参数曲线来测算)。

2-14 现欲加工一个直径为 20 mm,深 10 mm,表面粗糙度值 Ra＝2.0 μm 的圆柱孔,要求损耗、效率兼顾,为铜打钢。根据铜打钢的标准参数,填写加工条件和实际加工深度对照表。

2-15 用纯铜电极电火花加工一个模具钢纪念章浅型腔花纹模具,设花纹模具电极的面积为 10 mm×20 mm＝ 200 mm²,花纹的深度为 0.8 mm,要求加工出模具的深度为 1 mm,表面粗糙度为 0.63 μm,分粗、中、精三次加工,试选择每次的加工极性、电规准脉宽 t_i、峰值电流 i_e、加工余量及加工时间并列成一表(提示:用电火花加工工艺参数曲线图表来计算)。

扫一扫可见本
项目学习重点

项目三　电火花线切割加工

学习目标

（1）理解电火花线切割加工的基本原理、特点、分类及应用。

（2）具有编写电火花线切割程序的能力。

（3）具有合理选择线切割工艺和参数加工零件的能力。

3.1　项目引入

加工如图 3-1 所示的六方套零件，其材料为 45 钢，经过热处理，硬度为 40～45HRC，线切割加工键槽和六方形。该零件主要尺寸为：高度为 110 mm，内孔直径为 $\phi 40^{+0.025}_{0}$；键槽宽度为 $14^{+0.02}_{0}$ mm，深度为 $44.5^{+0.1}_{0}$ mm；正六方形的外接圆的直径为 $\phi 68$ mm，两直边的距离为 $58.89^{0}_{-0.03}$ mm。

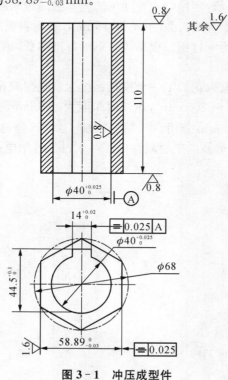

图 3-1　冲压成型件

　　键槽在宽度方向上相对于内孔 $\phi 40^{+0.025}_{0}$ mm 中心线的对称度公差为 0.025 mm。正六方形的直边与内孔 $\phi 40^{+0.025}_{0}$ mm 中心线的对称度公差为 0.025 mm。键槽和外正六方形的表面粗糙度为 1.6 μm，其余各加工表面粗糙度均为 0.8 μm。

3.2　相关知识

　　电火花线切割加工（Wire Cut EDM，简称 WEDM）是于 20 世纪 50 年代末最早在前苏联发展起来的一种工艺形式，是用线状电极（钼丝或铜丝）靠火花放电对工件进行切割，故在电火花加工基础上称为电火花线切割，有时简称线切割。它已获得广泛的应用，目前国内外的线切割机床已占电加工机床的 60% 以上。

3.2.1　电火花线切割加工原理、特点及应用

一、电火花线切割加工原理

　　电火花线切割加工的基本原理是利用移动的细金属导线（铜丝或钼丝）作电极，接高频脉冲电源的负极，对接高频脉冲电源正极的工件进行脉冲火花放电，利用热能腐蚀工件表面，使工件材料局部熔化或气化，从而实现对工件材料的电蚀切割加工。

　　图 3-2 为往复高速走丝电火花线切割工艺及机床的示意图。利用 4 细钼丝作工具电极进行切割，7 贮丝筒使钼丝作正反向交替移动，加工能源由 3 脉冲电源供给。在电极丝和工件之间浇注工作液介质，工作台在水平面两个坐标方向各自按预定的控制程序，根据火花间隙状态作伺服进给移动，从而合成各种曲线轨迹，"以不变（电极丝）应万变（工件）"将工件切割成形。现代线切割技术可切割各种二维、三维及多维表面。

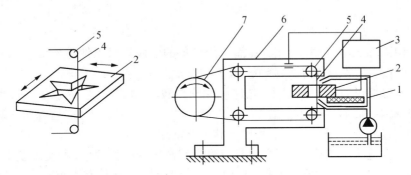

1—绝缘底板；2—工件；3—脉冲电源；4—钼丝；5—导向轮；6—支架；7—贮丝筒。

图 3-2　电火花线切割原理

　　通常认为电极丝与工件之间的放电间隙 $\delta_{电}$ 在 0.01 mm 左右（线切割编程时一般取 $\delta_{电}=0.01$ mm），若电脉冲的电压高，则放电间隙会稍大一些。

二、电火花线切割加工的分类

　　电火花线切割加工设备种类很多，通常分类如下。

　　按切割轨迹的控制方式可分为靠模仿形控制、光电跟踪控制以及现在广泛应用的计算机数字控制等电火花线切割加工设备。

按加工范围可分为微型、小型、中型和大型电火花线切割加工设备。

按加工设备的功能与特点可分为直壁加工型、带斜度加工型和带旋转坐标型等线切割加工设备。

按电极丝的运行方向和速度通常分为两大类：一类是往复高速走丝（或称快走丝）电火花线切割机床（WEDM-HS），一般走丝速度为 8~10 m/s，这是我国生产和使用的主要机种，也是我国独创的电火花线切割加工模式；另一类是单向低速走丝（或称慢走丝）电火花线切割机床（WEDM-LS），一般走丝速度低于 0.2m/s，这是国外生产和使用的主要机种。

近年来出现了中走丝线切割机床，其走丝速度为 1~12 m/s。所谓"中走丝"并非指走丝速度介于高速与低速之间，而是一种复合走丝线切割机床，即走丝原理是在粗加工时采用高速（8~12 m/s）走丝，精加工时采用低速（1~3 m/s）走丝，属往复高速走丝电火花线切割机床范畴，是在高速往复走丝电火花线切割机上实现多次切割功能。这样工作相对平稳、抖动小，并通过多次切割减少材料变形及电极丝损耗带来的误差，使加工质量也相对提高。加工质量介于快走丝机与慢走丝机之间。

三、电火花线切割加工的特点

电火花线切割加工机理和加工工艺与电火花成形加工有许多共性，也有其一些特有的特点。

1. 与电火花成形加工的共性

（1）线切割加工的电压、电流波形与电火花成形加工基本相同，单个脉冲也有多种形式的放电状态，如短路、开路和正常电火花放电。

（2）线切割机构的加工机理、生产率、表面粗糙度、材料可加工性等也和电火花加工基本相同。

2. 与电火花成形加工的区别

（1）线切割加工不是用成形电极，而采用简单的电极丝对工件进行加工，减少了材料消耗，缩短了工具电极准备时间，降低了生产成本。

（2）由于电极丝直径一般很小，允许脉冲能量较小，加工工艺参数范围较小，属于中高要求的正极性加工，即加工量小，工件接正极进行加工。另外，电极丝细（小于 0.3 mm），可以加工细微异形孔、窄缝和形状复杂的工件。

（3）采用水或水基工作液，不会引起因电火花产生的燃烧现象，可实现安全的长时间无人化运转。由于工作液的电阻率远比煤油小，因而在开路状态下，仍有明显的电解电流，产生电解效应。电解效应稍有益于改善加工表面粗糙度，但会使硬质合金等工件中的钴元素过多蚀除，造成表面质量恶化。

（4）一般没有稳定的电弧放电，因为电极丝在不断地运动，尤其是高速走丝的线切割机床，能迅速断开产生的电弧放电。

（5）轻压放电。因为工件表面有一层氧化绝缘层，只有破坏它才有可能产生电火花，即电极丝与工件在有一定的压力的情况下才会产生电火花放电。

（6）由于采用移动的长电极丝进行加工，使单位长度的电极丝的损耗较小，减小了电极损耗对加工质量的影响，从而提高加工质量（尺寸精度可达 0.01~0.02 mm，表面粗糙

度值 R_a 可达 1.6 μm)。

表 3-1　电火花线切割加工的工艺水平

序号	项　目	高速走丝机床	低速走丝机床
1	走丝速度/(m/s)	6~11	0.05~2
2	走丝方向	往复	单向
3	工作液	乳化液、水基工作液	去离子水
4	电极丝材料	钼、钨钼合金、铜	黄铜、铜、钨、钼
5	脉冲电源	晶体管脉冲电源,开路电压80~100 V,工作电流1~5 A	晶体管脉冲电源,开路电压300 V左右,工作电流1~32 A
6	放电间隙/mm	0.01	0.02~0.05
7	切割速度/(mm²/min)	20~160	20~240
8	表面粗糙度 Ra/μm	3.2~1.6	1.6~0.05
9	加工精度/mm	0.01~0.02	0.005~0.01
10	电极丝损耗量(mm/mm²)	10^{-6}~10^{-7}	—
11	重复精度/mm	0.01	0.002
12	最大切割速度时的最好表面粗糙度/μm	266 mm²/min 时为 6.3	200~300 mm²/min 时为 1.6
13	最高加工精度时的最好表面粗糙度/μm	0.005 mm 时为 0.4	0.001~0.005 mm 时为 0.1
14	最大切割厚度/mm	500~600	400
15	最小电极丝直径/mm	0.07~0.05	0.003~0.03
16	最小切缝宽度/mm	0.07~0.09	0.005~0.04

四、电火花线切割加工的应用

线切割加工为新产品试制、精密零件加工及模具制造开辟了一条新的工艺途径,主要应用于以下几个方面。

(1)加工模具。适用于各种形状的冲模,调整不同的间隙补偿量,只需一次编程就可以切割凸模、凸模固定板、凹模及卸料板等。模具配合间隙、加工精度通常都能达到0.01~0.02 mm(双向高速走丝线切割机)和0.002~0.005 mm(单向低速走丝线切割机)的要求。此外,还可加工挤压模、粉末冶金模、弯曲模、塑压模等,也可加工带锥度的模具。

(2)切割电极。一般穿孔加工用的电极以及带锥度型腔加工用的电极,以及铜钨、银钨合金之类的电极材料,用线切割加工特别经济,同时也适用于加工微细复杂形状的电极。

(3)加工零件。在试制新产品时,用线切割在坯料上直接割出零件,例如试制切割特殊微电机硅钢片定转子铁心,由于不需另行制造模具,可大大缩短制造周期、降低成本。另外修改设计、变更加工程序比较方便,加工薄件时还可多片叠在一起加工。在零件制造方面,可用于加工品种多、数量少的零件,特殊难加工材料的零件,材料试验样件,各种型孔、型面、特殊齿轮、凸轮、样板、成型刀具。有些具有锥度切割的线切割机床,可以加工出"天圆地方"等上下异形面的零件,同时还可进行微细加工、异形槽和标准缺陷的加工等。

3.2.2　电火花线切割加工设备

3.2.2.1　电火花线切割机床型号

电火花线切割机床的型号是按原机械工业部标准 JB 1838—1976《金属切削机床型号编制方法》编制的。下面以 DK7725 数控线切割机床为例说明其型号含义。

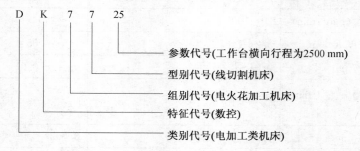

参数代号(工作台横向行程为2500 mm)
型别代号(线切割机床)
组别代号(电火花加工机床)
特征代号(数控)
类别代号(电加工类机床)

3.2.2.2　电火花线切割机床结构

电火花线切割加工设备主要由机床本体、脉冲电源、控制系统、工作液循环系统和机床附件等几部分组成。图 3-3 和图 3-4 分别为双向(往复)高速和单向低速走丝线切割加工设备组成图。本书以讲述高速走丝线切割机床为主。

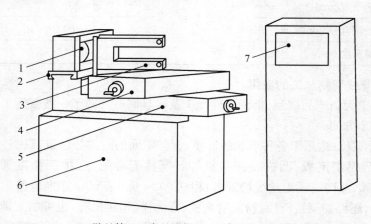

1—贮丝筒;2—走丝溜板;3—丝架;4—上滑板;
5—下滑板;6—床身;7—电源、控制柜。

图 3-3　往复高速走丝线切割加工设备组成

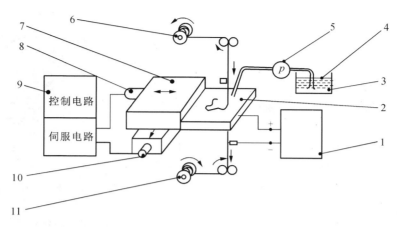

1—脉冲电源；2—工件；3—工作液箱作；4—去离子水；5—泵；6—新丝筒；
7—工作台；8—x 轴电动机；9—数控装置；10—y 轴电动机；11—废丝筒。

图 3-4　低速走丝线切割加工设备组成

一、机床本体

机床本体由床身、坐标工作台、锥度切割装置走丝机构、丝架、附件和夹具等几部分组成。

1. 床身

床身一般为铸件，是坐标工作台、走丝机构及丝架的支承和固定基础。通常采用箱式结构，应有足够的强度和刚度。床身内部安置电源和工作液箱。考虑电源的发热和工作液泵的振动，有些机床将电源和工作液箱移出床身另行安放。

2. 工作台

工作台用于安装并带动工件在水平面内做 X、Y 两个方向的移动，工作台由上下两层滑板(图 3-3 中 4 和 5)组成，分别与 X、Y 向丝杆相连，由两个步进电机分别驱动。步进电机每接收到计算机发出的一个脉冲信号，其输出轴就旋转一个步距角，再通过一对变速齿轮带动丝杆转动，从而使工作台在相应的方向上移动 0.001 mm。

3. 走丝机构

走丝系统使电极丝以一定的速度运动并保持一定的张力。在高速走丝机床上，一定长度的电极丝平整地卷绕在贮丝筒上(见图 3-5)，电极丝张力与排绕时的拉紧力有关(为提高加工精度，近来已研制出恒张力装置)。贮丝筒通过联轴器与驱动电动机相连。为了重复使用该段电极丝，电动机由专门的换向装置控制作正反向交替运转。走丝速度等于贮丝筒周边的线速度，通常为 8～10 m/s。在运动过程中，电极丝由丝架支撑，并依靠导轮保持电极丝与工作台垂直或倾斜一定的几何角度(锥度切割时)。

低速走丝系统如图 3-4 和图 3-6 所示。图 3-6 中，新丝筒 2(绕有 1～5 kg 金属丝)靠废丝筒 1 使金属丝以较低的速度(通常 0.2 m/s 以下)移动。为了提供一定的张力(2～25 N)，在走丝路径中装有一个机械式或电磁式张力机构 4 和 5。为实现断丝时能自动停车并报警，走丝系统中通常还装有断丝检测微动开关。用过的电极丝集中到废丝筒上或送到专门的收集器中。

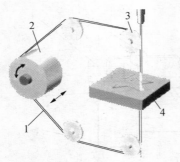

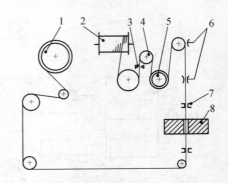

1—钼丝;2—贮丝筒;3—导向轮;4—工件。　　1—废丝筒;2—新丝筒;3—拉丝模;4—张力电动机;
　　　　　　　　　　　　　　　　　　　　　5—张力调节器;6—退火装置;7—导向器;8—工件。

图 3-5　高速走丝系统示意图　　　　图 3-6　低速走丝系统示意图

为了减轻电极丝的振动,应使其跨度尽可能小(按工件厚度调整),通常在工件的上下采用蓝宝石 V 形导向器或圆孔金刚石模块导向器,其附近装有引电部分,工作液一般通过引电区和导向器再进入加工区,可使全部电极丝的通电部分都能冷却。近代的机床上还装有靠高压水射流冲刷引导的自动穿丝机构,能使电极丝经一个导向器穿过工件上的穿丝孔而被传送到另一个导向器,在必要时也能自动切断并再穿丝,为无人连续切割创造了条件。

4. 锥度切割装置

为了切割有落料角的冲模和某些有锥度(斜度)的内外表面,大部分线切割机床具有锥度切割功能。实现锥度切割的方法有多种,各生产厂家有不同的结构。

(1) 导轮偏移式丝架。如图 3-7(a)所示,这种丝架主要用在高速走丝线切割机床上实现锥度切割。此法锥度不宜过大,否则钼丝易拉断,导轮易磨损,工件上有一定的加工圆角。

(2) 导轮摆动式。如图 3-7(b)所示,丝架此法加工锥度不影响导轮磨损,最大切割锥度通常可达 5°以上。

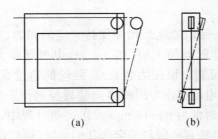

(a)　　　　　　　　　(b)

图 3-7　偏移丝架式锥度切割装置

(3) 双坐标联动装置。在电极丝有恒张力控制的高速走丝和低速走丝线切割机床上广泛采用此类装置,它主要依靠上导向器作纵横两轴(称 U、V 轴)驱动,与工作台的 X、Y 轴在一起构成四数控轴同时控制(图 3-8)。这种方式的自由度很大,依靠功能丰富的软件可以实现上下异形截面形状的加工。最大的倾斜角 θ 一般为 ±5°,有的甚至可达 30°~

50°（与工件厚度有关）。

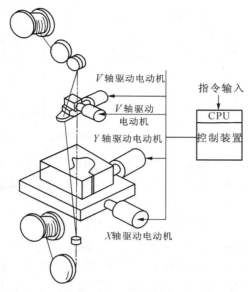

1—新丝卷筒；2—上导向器；3—电极丝；4—废丝卷筒；5—下导向器。

图 3 - 8　低速走丝四轴联动锥度切割装置

在锥度加工时，保持导向间距（上下导向器与电极丝接触点之间的直线距离）一定，是获得高精度的主要因素。为此，有的机床具有 Z 轴设置功能，并且一般采用圆孔方式的无方向性导向器。

二、脉冲电源

1. 高速走丝线切割脉冲电源

高速走丝电火花线切割加工脉冲电源与电火花成形加工所用的电源在原理上相同，不过受表面粗糙度和电极丝允许承载电流的限制，线切割加工脉冲电源的脉宽（$t_i=2\sim60\ \mu s$）较小，单脉冲能量和峰值电流（$i_e=1\sim5$ A）也较小，所以线切割总是采用正极性加工。电火花线切割加工机床所用的脉冲电源的形式很多，如晶体管矩形波脉冲电源、节能型脉冲电源、高频分组脉冲电源、低损耗电源等。

（1）晶体管矩形波脉冲电源。其工作原理与电火花成形加工的电源类同，以晶体管作为开关元件，控制功率管的基极以形成电压脉宽、电流脉宽和脉冲间隔。

（2）节能型脉冲电源。为了提高电能利用率，近年来除了用电感元件来代替限流电阻，避免了发热损耗外，还把电感中剩余的能量反输给电源，图 3 - 9 为这类节能电源的主回路原理及其电流电压波形。这类电源的节能效果可达 80% 以上，控制柜不发热，电极丝损耗低（2.5 $\mu m/m^2$），切割速度高（24.5 mm^2/min），加工质量好（当加工速度为 50 mm^2/min 时，$R_a\leqslant2\ \mu m$）。

（3）高频分组脉冲电源。高频分组脉冲波形是从矩形波中派生出来的，即把高频率的小脉宽和小脉间的矩形波脉冲分组成大脉宽和大脉间输出，能很好协调表面粗糙度和生产率之间的矛盾，得到较好的工艺效果。

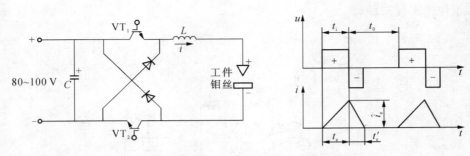

图 3-9　节能电源的主回路原理及其电流电压波形

（4）低损耗电源。这种电源的特点是电流波形前缓后陡。前缓是低损耗的原因，因为热冲击小、热脆性小；后陡是为了保证能量集中，提高能量利用率，从而提高生产率。

2. 低速走丝线切割加工的脉冲电源

低速走丝线切割加工有其特殊性：一是走丝速度低，电蚀产物的排出效果不佳；二是昂贵的设备必须有较高生产率，为此常采用镀锌的黄铜丝作线电极，当电火花放电是瞬时高温使低熔点的锌迅速熔化，尽可能多地把工件上熔融的金属液体抛入工作液中。因此要求脉冲电源有较大的峰值电流（100～150 A），但脉宽极短（0.1～1 μs），否则电极丝很容易烧断。因此，低速走丝线切割加工用的脉冲电源必须能提供窄脉宽和大峰值电流。结合节能要求，在主回路中往往无限流电阻和电感，这类脉冲电源的基本原理是由一频率很高（脉宽为 0.1～1 μs）的开关电路来触发，驱动功率级高频 IGBT（绝缘栅双极型晶体管）组件，使其迅速导通，由于主回路没有限流元件，则会产生瞬时很大的峰值电流，达到额定值时，主振级开关电路迅速关闭功率级，延时进行第二次触发，如此循环。

在用水基工作液时经常产生阳极溶解现象，使得电极丝出入口处的工件表面发黑，影响表面质量和外观，为此在脉冲电源中植入防电解功能，其原理是在脉冲间隙时间内带上 10 V 的负电压。

三、数控电火花线切割加工机床的工作液循环系统

工作液循环系统的作用是保证连续、充分地向加工区供给清洁的工作液，及时从加工区排出电蚀产物，并对电极丝和工件进行冷却，以保持脉冲供电过程能稳定而顺利地进行。工作液循环系统一般由液压泵、工作液箱、过滤器、管道和流量控制阀等组成，如图3-10所示。对高速走丝机床，通常采用浇注式供液方式［图 3-10(a)］；而对低速走丝机床，除采用浇注式供液方式［图 3-10(b)］外，近年来有些机床采用浸泡式供液方式。

工作液在线切割加工中起绝缘、排屑、冷却的作用。每次脉冲放电后，工件与电极丝之间必须迅速恢复绝缘状态，否则脉冲放电会变为稳定持续的电弧放电，影响加工质量；在加工过程中，工作液可把加工过程中产生的金属颗粒迅速从电极之间冲走，使加工顺利；工作液还可冷却受热的电极丝和工件、防止工件变形。

工作液对加工工艺指标的影响很大，如对切割速度、表面粗糙度、加工精度等都有影响。因此线切割加工的工作液应满足以下性能要求。

（1）绝缘性能。一般电阻率要求 $10^3 \sim 10^4 \Omega \cdot cm$，如果绝缘强度太高，放电间隙一定

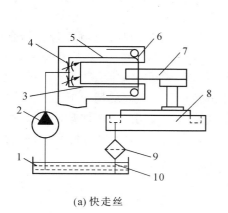
(a) 快走丝

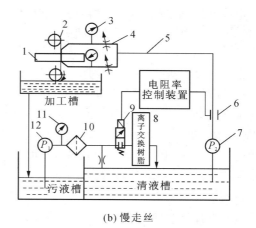
(b) 慢走丝

1—储液箱;2—工作液泵;3,5—上、下供液管;   1—工件;2—电极丝;3,11—压力表;4—节流
4—节流阀;6—电极丝;7—工件;8—工作台;   阀;5—供液管;6—电阻率检测电极;7,12—工
9—滤清器;10—回油管。   作液泵;8—纯水器;9—电磁阀;10—过滤器。

图 3 - 10　工作液循环系统

太小,引起排屑困难,最后影响生产率;但是如果绝缘强度太低,则一通电就形成导电通道,不能形成电火花放电,无法进行正常加工。

(2) 洗涤性能。要求工作液的表面张力要小,与工件的亲和力要好,使得其容易进入工件缝隙,电蚀产物也容易排出,有利于加工稳定性和加工质量的提高。

(3) 冷却性能。把放电过程中产生的大部分热量带走,有利于介质消电离,减少断丝的概率。

(4) 对环境和人体无害。

(5) 其他要求,如配制方便、乳化充分、寿命长、不变质、不沉淀等。

在线切割加工中,低速走丝线切割机床大多采用去离子水作为工作液,只有在一些特殊的精加工情况下才使用绝缘性较高的煤油。高速走丝线切割加工机床使用的工作液一般是专用的乳化液,目前供应的乳化液有 DX - 1,DX - 2,DX - 3 等,各有特点。有的适合于快速加工,有的适合于大厚度切割,也有的是在原来工作液中添加某些化学成分来提高切割速度或增加防锈能力等。近年来开始采用不含油脂的新型乳化液。

四、控制系统

控制系统的作用是在电火花线切割加工过程中,按加工要求自动控制电极丝相对工件的运动轨迹。自动控制伺服进给速度,保持恒定的放电间隙,防止开路和短路,来实现对工件的形状和尺寸的加工。也就是说,控制系统使电极丝相对工件按一定轨迹运动时,同时还应该实现伺服进给速度的控制,以维持正常的放电间隙和稳定的切割加工。轨迹控制是依靠数控编程和数控系统来实现的,伺服进给是根据放电间隙和放电状态进行伺服控制,使进给速度和蚀除速度相平衡。

1. 轨迹控制

轨迹控制的目的是精确控制电极丝相对工件的运动轨迹,以获得需要的形状和尺寸。

电火花线切割的轨迹控制经历了靠模仿型控制、光电跟踪仿型控制，在普遍采用的数字控制中，控制中心是微型计算机。

线切割轨迹数字程序控制原理是：把图样上工件的形状和尺寸编制成程序指令（3B或ISO），通过键盘（以前也使用穿孔纸带或磁带）输入到计算机中，计算机根据程序进行插补运算，控制执行机构（步进电机），执行机构带动丝杆螺母和坐标工作台，实现工件相对电极丝的轨迹运动。这种控制方式使得在机床进给精度比较高的情况下加工出高精度的零件，生产准备时间短，机床占地面积小。目前高速走丝线切割机床的数控系统大多采用较简单的步进电动机开环控制系统，而低速走丝线切割机床则大多是伺服电动机加码盘的半闭环或全闭环控制系统。

轨迹控制要点如下。

（1）所有图形都由圆弧和直线组成，复杂曲线可以用圆弧分段拟合。

（2）插补方法有逐点比较法（简单、易理解，适合于简单的图形）、数字积分法（适合于曲线的加工）、矢量判别法（适合于复杂图形）和最小偏差法。

（3）插补过程有四拍。

第一拍：偏差判别。判别加工坐标点对预计轨迹点的偏离位置，然后决定拖板的走向（X 方向还是 Y 方向）。一般，表示偏差值，当 $F=0$ 时，电极丝正好在轨迹上；当 $F>0$ 时，电极丝在轨迹的上、左方；当 $F<0$ 时，电极丝在轨迹的下、右方。以此来决定下一拍进给的方向。

第二拍：按判别情况，向 $+X$、$+Y$、$-X$、$-Y$ 的某个方向进给 $1\ \mu m$，向预计的轨迹靠拢，缩小偏差。

第三拍：偏差计算。按偏差计算公式，计算和比较进给一步后新的坐标下对预计轨迹的偏差值 F，作为下一步判别走向的依据。

第四拍：终点判别。根据计数长度判断是否到达终点，如到达终点，则结束插补；如没有达到终点，则回到第一拍。

2. 加工控制

线切割加工控制和自动化操作方面的功能很多，这对节省准备工作量、提高加工质量很有好处。加工控制主要包括伺服进给、脉冲电源、走丝机构、工作液循环系统及其他机床操作控制，还包括断电记忆、故障报警、失效安全、自诊断功能等。

（1）进给速度控制。根据加工间隙的平均电压或放电状态，通过变频电路向计算机发出指令，自动调节伺服进给速度，保持某一平均放电间隙，稳定加工过程，提高加工速度和加工质量。

（2）短路回退。发生短路时，须减小加工参数并原路快速回退，消除短路，防止断丝，所以必须记住加工路线。

（3）间隙补偿。线切割加工数控系统所控制的是电极丝中心移动的轨迹。因此，加工有配合间隙的冲模的凸模时，电极丝中心轨迹应向原图形之外偏移，需要进行间隙补偿，即要考虑放电间隙和电极丝直径，在轨迹中进行相应的补偿。

（4）图形处理。对图形进行旋转、缩放、平移等，以简化编程。

（5）适应控制。在工件厚度有变化的情况下，能自动改变预置进给速度和电参数，不用人工调节就能自动进行高效、高精度加工。

（6）自动找心。电极丝可以自动地定位在穿丝孔的中心。

（7）信息显示。CRT 屏幕显示电参数、图形、轨迹、加工状态等信息。

3.2.3　电火花线切割数控编程

线切割机床控制系统是按照人的命令去控制机床加工的，因此必须事先将要切割的图形用机器所能接受的语言编排成指令，这项工作叫数控线切割编程。线切割机床所用的程序格式主要有 ISO 格式、3B/4B 格式、EIA 格式等。本节将介绍目前使用最为广泛的 ISO 格式和 3B 格式，同时介绍自动编程方法。

3.2.3.1　ISO 编程

1. ISO 代码的程序格式

ISO 格式中，加工程序是由若干个称为段的指令组成，而段的组成见表 3-2。

表 3-2　ISO 程序段的组成

N0000	G、M 或 T 代码	X0.000	Y0.000	I0.000	J0.000
段号	指令代码	X 坐标	Y 坐标	圆心 X 坐标	圆心 Y 坐标

表中字母含义如下。

N——程序段号，其后 0000 为 1～4 位数字（0001～9999），表示一条程序的序号。

G——机床控制指令，其后的两位数表示各种功能，如 G01 为直线插补，G02 和 G03 为圆弧插补，具体指令代码的含义见表 3-3。

M——程序控制指令，如 M00 为程序暂停，M02 为程序结束指令。

T——控制操作面板动作，如 T84 为打开喷液，T86 为送电极丝等。

X、Y——表示直线或圆弧的终点坐标值，单位为 μm，最多为 6 位数。主要用来控制电极丝运动到达的坐标值，可为正值，也可为负值。

I、J——表示圆弧的圆心相对圆弧起点的坐标值，单位为 μm，最多为 6 位数。

下表 3-3 为数控线切割机床常用指令代码。

表 3-3　数控线切割机床常用指令代码

代码	功　能	代码	功　能
G00	快速定位	G18	XOZ 平面选择
G01	直线插补	G19	YOZ 平面选择
G02	顺时针圆弧插补	G40	取消间隙补偿
G03	逆时针圆弧插补	G41	左偏间隙补偿
G17	XOY 平面选择	G42	右偏间隙补偿

代码	功 能	代码	功 能
G50	取消锥度	M05	解除接触感知
G51	锥度左偏	T82	工作液保持 OFF
G52	锥度右偏	T83	工作液保持 ON
G54～G59	加工坐标系 1～6	T84	打开喷液指令
G80	移动至接触感知	T85	关闭喷液指令
G82	回到当前位置与零点的一半处	T86	送电极丝(阿奇公司)
G84	微弱放电找正	T87	停止送丝(阿奇公司)
G90	绝对坐标	T80	送电极丝(沙迪克公司)
G91	相对坐标	T81	停止送丝(沙迪克公司)
G92	确定坐标原点	W	下导轮到工作台面高度
M00	程序暂停	H	工作台厚度
M02	程序结束	S	工作台面到上导轮高度

常用 G 指令详细介绍如下。

（1）快速定位指令 G00

在机床不加工的情况下，G00 指令可使指定的某轴以最快速度移动到编程指定的位置上，其程序段格式为

G00 X　　Y

例如：G00 Xl000 Y2000 　（X 轴移动 1 mm，同时 Y 轴移动 2 mm）

（2）直线插补指令 G01

该指令可使机床在各个坐标平面内加工任意斜率直线轮廓和用直线段逼近曲线轮廓，其程序段格式为

G01 X　　Y

例如：

G92 X0 Y0 　　　　　　　（用以确定加工的起点坐标位置）

G90 　　　　　　　　　　（绝对坐标编程）

G01 X1000 Y2000 　　　（此处的 X、Y 值为终点坐标位置）

例如：

G92 Xl000 Y2000 　　　（用以确定加工的起点坐标位置）

G91 　　　　　　　　　　（相对坐标编程）

G01 X1000 Y2000 　　　（此处的 X、Y 值为终点坐标与起点坐标之差）

目前，可加工锥度的电火花线切割数控机床具有 X、Y 坐标轴及 U、V 附加轴工作台，其程序段格式为

N　G　X　Y　U　V

其中：U 的数值为相对 X 轴移动的距离；V 的数值为相对 Y 轴移动的距离。

（3）圆弧插补指令 G02/G03

G02 为顺时针插补圆弧指令；G03 为逆时针插补圆弧指令。

用圆弧插补指令编写的程序段格式为

G02 X□ Y□ I□ J□ （加工顺时针圆弧）

G03 X□ Y□ I□ J□ （加工逆时针圆弧）

在程序段中，X、Y 分别表示圆弧终点坐标；I、J 分别表示圆心相对圆弧起点的在 X、Y 轴方向的增量尺寸。

例如：

  G92 Xl000 Y2000   （起点 A）

  G02 X6000 Y6000 I5000 J0   （AB 段顺时针圆弧）

  G03 X9000 Y3000 I3000 J0   （BC 段逆时针圆弧）

（4）间隙补偿指令 G40、G41、G42

G41 为左补偿指令，其程序段格式为

  G41 Dl00 （电极丝左补偿，间隙补偿量为 0.1 mm）

G42 为右补偿指令，其程序段格式为

  G42 D100

程序段中的 D 表示间隙补偿量，D 后面跟的数字应按照电极丝的半径加上放电间隙来确定。

G40 为取消补偿指令，它应与 G41 或 G42 成对使用。

注意：左补偿和右补偿是沿切割方向而言的，电极丝在加工图形左侧时，应采用左补偿。

若电极丝在右侧为右补偿，如图 3－11 所示。

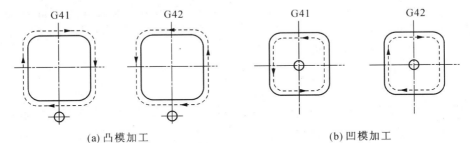

(a) 凸模加工   (b) 凹模加工

图 3－11 电极丝左补偿和右补偿加工指令示意图

2. 编程实例

【例 3－1】编写右图所示图形的数控程序。O 点为机床原点，要求加工起点为（0，30），顺时针方向切割。

可编程如下：

N0010 T84 T86 G91 G92 X0 Y30000

N0020 G01 X0 Y10000

N0030 G02 X10000 Y－10000 I0 J－10000

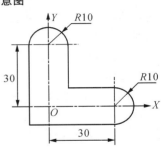

图 3－12 板形零件

N0040　　G01 X0 Y−20000
N0050　　G01 X20000 Y0
N0060　　G02 X0 Y−20000 I0 J−10000
N0070　　G01 X−40000 Y0
N0080　　G01 X0 Y40000
N0090　　G02 X10000 Y10000 I10000 J0
N0100　　G01 X0 Y−10000
N0110　　T85 T87 M02

3.2.3.2　3B 码编程

1. 编程格式

3B 代码的编程书写格式如表 3−4 所示。

表 3−4　3B 码格式

B	X	B	Y	B	J	G	Z
分隔符	X坐标值	分隔符	Y坐标值	分隔符	计数长度	计数方向	加工指令

表中字母含义如下。

B——分隔符号,用它来区分和隔离 X、Y 和 J 等数码,B 后的数字如为零,则可以不写。该编程格式中出现了 3 个 B,故称为 3B 格式。

X、Y——直线的终点或圆弧起点的坐标值,编程时均取绝对值,以 μm 为单位。

J——加工线段的计数长度,单位为 μm。以前编程应写满六位数,不足六位前面补零,如计数长度为 1 000 μm,则应写成 001000。现在的机床基本上可以不用补零。

G——加工线段的计数方向,分 G_x 或 G_y,即确定按 X 方向还是 Y 方向计数,工作台在该方向每走 1 μm 即计数累减 1,当累减到计数长度 J＝0 时,这段程序加工完毕。

Z——加工指令。分为直线 L 与圆弧 R 两大类。

2. 直线的 3B 代码编程

(1) X、Y 值的确定

① 以直线的起点为原点,建立正常的直角坐标系,X、Y 表示直线终点的坐标绝对值,单位为 μm。如图 3−13(a)、(b)所示,X＝$|x_e|$,Y＝$|y_e|$。

② 在直线 3B 代码中,X、Y 值主要是确定该直线的斜率,所以可将直线终点坐标的绝对值除以它们的最大公约数作为 X、Y 的值,以简化数值。如(X10000,Y20000)可以表示为(X1,Y2)。

(2) G 的确定

G 用来确定加工时的计数方向,分 Gx 和 Gy。直线编程的计数方向的选取方法是:以要加工的直线的起点为原点,建立直角坐标系,取该直线终点坐标绝对值大的坐标轴为计数方向,如图 3−13 所示。具体确定方法为:终点坐标为 x_e,y_e,令 x＝$|x_e|$,y＝$|y_e|$,若 $x > y$,则 $G＝Gx$;若 $y > x$,则 $G＝Gy$;若 $x＝y$,则在一、三象限取 $G＝Gy$,在二、四象限取 $G＝Gx$。

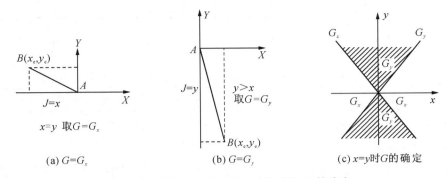

图 3－13　直线 3B 码编程时计数方向 G 的确定

由上可见,计数方向的确定以 45°线为界,取与终点处走向较平行的轴作为计数方向,或理解为直线在哪个轴投影大即取哪个轴为计数方向。

（3）J 的确定

J 的取值方法为:由计数方向 G 确定投影方向,若 G=Gx,则将直线向 X 轴投影得到长度即为 J 的值;若 G= Gy,则将直线向 Y 轴投影得到长度即为 J 的值,如图 3－13所示。

（4）Z 的确定

加工指令 Z 按直线走向和终点所在象限不同而分为 $L1$、$L2$、$L3$、$L4$,其中与＋X 轴重合的直线算作 $L1$,与－X 轴重合的直线算作 $L3$,与＋Y 轴重合的直线算作 $L2$,与－Y 轴重合的直线算作 $L4$,如图 3－14 所示。

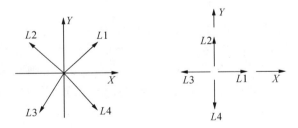

图 3－14　直线 3B 码编程时加工指令 Z 的确定

【**例 3－2**】　如图所示的轨迹形状,试写出直线 CA、AC 及 BA 的 3B 程序。

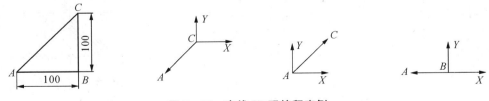

图 3－15　直线 3B 码编程实例

运用上述知识可写出其 3B 代码,如表 3－5 所示。

表 3 - 5　程序表

直线	B	X	B	Y	B	J	G	Z
CA	B	1	B	1	B	100000	Gy	L3
AC	B	1	B	1	B	100000	Gy	L1
BA	B	100	B	0	B	100000	Gx	L3

3. 圆弧的 3B 代码编程

（1）X、Y 值的确定

以圆弧的圆心为原点，建立正常的直角坐标系，X，Y 表示圆弧起点坐标的绝对值，单位为 μm。如图 3 - 16 所示，图（a）中，X＝30000，Y＝40000；图（b）中，X＝40000，Y＝30000。

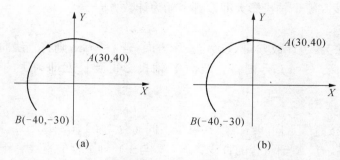

图 3 - 16　圆弧 3B 码编程时 X、Y 的确定

（2）G 的确定

G 用来确定加工时的计数方向，分 Gx 和 Gy。圆弧编程的计数方向的选取方法是：以某圆心为原点建立直角坐标系，取终点坐标绝对值小的轴为计数方向。具体确定方法为：若圆弧终点坐标为 (x_e, y_e)，令 x＝$|x_e|$，y＝$|y_e|$，若 x＜y，则 G＝Gx［如图 3 - 17（a）所示］；若 y＜x，则 G＝Gy［如图 3 - 17（b）所示］；若 y＝x，则 Gx、Gy 均可。

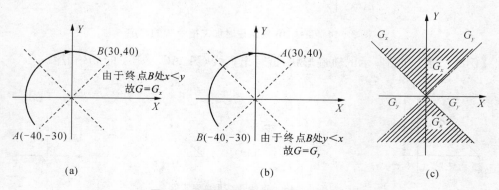

图 3 - 17　圆弧 3B 码编程时 G 的确定

（3）J 的确定

圆弧编程中 J 的取值方法为：由计数方向 G 确定投影方向，若 G＝Gx，则将圆弧向 X

轴投影;若 G＝Gy,则将圆弧向 Y 轴投影。J 值为各个象限圆弧投影长度绝对值的和。如在图 3-18(a)、(b)中,J1,J2,J3 大小分别如图中所示,J＝|J1|＋|J2|＋|J3|。

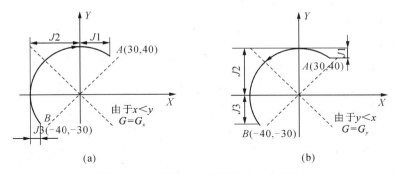

图 3-18　圆弧 3B 码编程时 J 的确定

（4）Z 的确定

加工指令 Z 按照第一步进入的象限可分为 R1、R2、R3、R4;按切割的走向可分为顺圆 S 和逆圆 N,于是共有 8 种指令:SR1、SR2、SR3、SR4、NR1、NR2、NR3、NR4,具体可参考图 3-19。

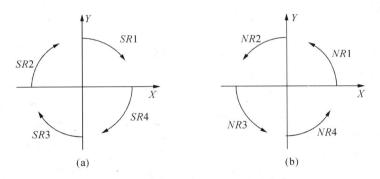

图 3-19　圆弧 3B 码编程时 Z 的确定

【例 3-3】　请写出图 3-20 所示圆弧段的 3B 格式代码。

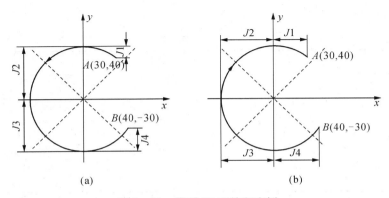

图 3-20　圆弧 3B 码编程实例

解:图 3-20(a)中,起点为 A,在第一象限,且圆弧走向为逆时针,则加工指令为 NR1;又终点为 B,在第四象限的 z 轴和 135°直线之间,则计数方向为 Gy;因此,计数长度计算时将圆弧均向 y 轴投影并求和,则有

$$J=J1+J2+J3+J4=10000+50000+50000+20000=130000$$

故其 3B 程序为

B30000　B40000　B130000　　Gy NR1

图 3-20(b)中,起点为 B,在第四象限,且圆弧走向为顺时针,则加工指令为 SR4;又终点为 A,在第一象限的 y 轴和 45°直线之间,则计数方向为 Gx。因此,计数长度计算时将圆弧均向 z 轴投影并求和,则有

$$J= J1+J2+J3+J4=40000+50000+50000 +30000=170000$$

故其 3B 程序为

B40000　B30000　B170000　Gx SR4

【例 3-4】 设要切割图 3-21 所示的轨迹,该图形由三条直线和一条圆弧组成,故分四个程序编制(暂不考虑切入路线的程序)。

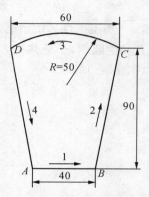

图 3-21　例 3-4 图

解:(1) 加工直线 AB。坐标原点取在 A 点,AB 与 x 轴向重合,终点 B 的坐标 x=40000,y=0,故程序为

B40000 B0 B40000 Gx L1

(2) 如工斜线 BC。坐标原点取在 B 点,终点 C 的坐标值是 x=10000,y=90000,故程序为

B1 B9 B90000 Gy Ll

(3) 加工圆弧 CD。坐标原点应取在圆心 O,这时起点 C 的坐标可用勾股定律算得为 x=30000,y=40000,故程序为

B30000 B40000 B60000 Gx NR1

(4) 加工斜线 DA。坐标原点应取在 D 点,终点 A 的坐标为 $x=10000,y=-90000$ (它们的绝对值为 x=10000,y=90000),故程序为

B1 B9 B90000 Gy L4

整个工件的程序见表 3-6。

表 3-6　程序表

线段	B	X	B	Y	B	J	G	Z
AB	B	40000	B	0	B	40000	Gx	L1
BC	B	1	B	9	B	90000	Gy	L1
圆弧 CD	B	30000	B	40000	B	60000	Gx	NR1
DA	B	1	B	9	B	90000	Gy	L4
D(停机码)								

4．考虑补偿的线切割 3B 编程

（1）间隙补偿量的计算

加工凸模时，电极丝中心轨迹应在所加工图形的外面；加工凹模时，电极丝中心轨迹应在图形的里面。如图 3-22 所示，虚线为电极丝所走路径，实线为模具实际结构。所加工工件图形与电极丝中心轨迹间的距离，在圆弧的半径方向和线段垂直方向都等于间隙补偿量 f。手工编制 3B 码程序时应将间隙补偿量 f 考虑进去。

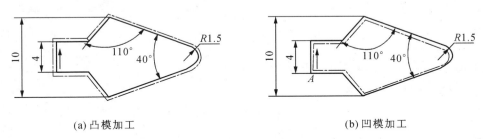

(a) 凸模加工   (b) 凹模加工

图 3-22　加工凸凹模路线示意图

加工冲模的凸、凹模时，应考虑电极丝半径 $r_丝$、电极丝和工件之间的单边放电间隙 $\delta_电$ 及凸模和凹模间的单边配合间隙 $\delta_配$。

当加工冲孔模具时（冲后要求工件保证孔的尺寸），凸模尺寸由孔的尺寸确定。因 $\delta_配$ 在凹模上被扣除，故

凸模的间隙补偿量：$\qquad\qquad f_凸 = r_丝 + \delta_电；$

凹模的间隙补偿量：$\qquad\qquad f_凹 = r_丝 + \delta_电 - \delta_配。$

当加工落料模时（即冲后要求保证冲下的工件尺寸），凹模尺寸由工件尺寸决定。因 $\delta_配$ 在凸模上被扣除，故

凸模的间隙补偿量：$\qquad\qquad f_凸 = r_丝 + \delta_电 - \delta_配；$

凹模的间隙补偿量：$\qquad\qquad f_凹 = r_丝 + \delta_电。$

（2）程序编制

【例 3-5】　编制加工图 3-23(a)所示的冲孔凸模零件线切割加工程序，已知电极丝直径为 0.18 mm，单边放电间隙为 0.01 mm，穿丝孔为 O，拟采用的加工路线为 $O—E—D—C—B—A—E—O$。

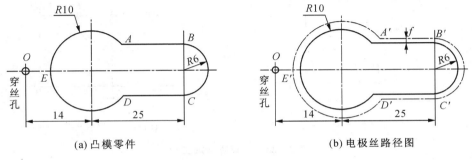

(a) 凸模零件   (b) 电极丝路径图

图 3-23　凸模零件加工图

解:(1)分析。图 3-23(a)为凸模零件图,要获得该尺寸的凸模零件,电极丝所经过的路线必须大于该尺寸,如图 3-23(b)中虚线所示。该路径在每一处的尺寸都大于凸模零件一个间隙补偿量 f。该零件为冲孔凸模,故间隙补偿量:$f_凸 = r_丝 + \delta_电 = 0.09 + 0.01 = 0.10$ mm。

(2) 计算 A' 和 D' 的坐标

以圆弧 $A'D'$ 的圆心为坐标原点,建立直角坐标系,则 A' 点的坐标为

$$y'_A = 6.1 \text{ mm}$$

$$x'_A = \sqrt{(10 + 0.1)^2 - 6.1^2} = 8.05 \text{ mm}$$

根据对称原理可得 D' 点的坐标为(8.05, -6.1)

直线 $A'B'$、$D'C'$ 的长度为

$$A'B' = D'C' = 25 - 8.05 = 16.95$$

表 3-7 为线切割 3B 轨迹方程。

表 3-7   程序表

线段	B	X	B	Y	B	J	G	Z
OE'	B	3900	B	0	B	3900	Gx	L1
圆弧 $E'D'$	B	10100	B	0	B	14100	Gy	NR3
$D'C'$	B	16950	B	0	B	16950	Gx	L1
圆弧 $C'B'$	B	0	B	6100	B	12200	Gx	NR4
$B'A'$	B	16950	B	0	B	16950	Gx	L3
圆弧 $A'E'$	B	8050	B	6100	B	14100	Gy	NR1
$E'O$	B	3900	B	0	B	3900	Gx	L3

【例 3-6】 编制加工图 3-24(a)所示冲孔凸模零件的线切割加工程序。已知线切割加工用的电极丝直径为 0.18 mm,单边放电间隙为 0.01 mm,图中 A 点为穿丝孔,加工方向沿 $A—B—C—D—E—F—G—H—A$ 进行。

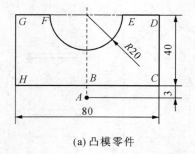

(a) 凸模零件   (b) 电极丝路径图

图 3-24   凸模零件加工图

表 3-8 为线切割 3B 轨迹方程。

表 3-8　程序表

线段	B	X	B	Y	B	J	G	Z
AB'	B	0	B	2900	B	2900	Gy	L2
$B'C'$	B	40100	B	0	B	40100	Gx	L1
$C'D'$	B	0	B	40200	B	40200	Gy	L2
$D'E'$	B	20200	B	0	B	20200	Gx	L3
圆弧 $E'F'$	B	19900	B	100	B	40000	Gy	SR1
$F'G'$	B	20200	B	0	B	20200	Gx	L3
$G'H'$	B	0	B	40200	B	40200	Gy	L4
$H'B'$	B	40100	B	0	B	40100	Gx	L1
$B'A$	B	0	B	2900	B	2900	Gy	L4

3.2.3.3　自动编程

为了简化编程工作,利用计算机进行自动编程是必然趋势。自动编程使用专用的数控语言及各种输入手段,向计算机输入必要的形状和尺寸数据,利用专门的应用软件即可求得各交、切点坐标及编写数控加工程序所需的数据,编写出数控加工程序,并可由打印机打出加工程序单,由穿孔机穿出数控纸带,或直接将程序传输给线切割机床。即使是数学知识不多的人也照样能简单地进行这项工作。

目前我国高速走丝线切割加工的自动编程系统有三类。

(1) 语言式自动编程。它是根据编程语言来编程的,程序简练,但事先需记忆大量的编程语言、语句,适合于专业编程人员。

(2) 人机对话式自动编程。根据菜单采用人机对话来编程,简单易学,但繁琐。

(3) 图形交互式自动编程。为了使编程人员免除记忆枯燥繁琐的编程语言等麻烦,我国科技人员开发出了 YH、CAXA 等绘图式编程技术,只需根据待加工的零件图形,按照机械作图的步骤,在计算机屏幕上绘出零件图形,计算机内部的软件即可自动转换成3B 或 ISO 代码线切割程序,非常简捷方便,得到了广泛的应用。

对一些毛笔字体或熊猫、大象等工艺美术品复杂曲线图案的编程,可以用数字化仪靠描图法把图形直接输入计算机,或用扫描仪直接对图形扫描输入计算机,处理成"一笔画",再经内部的软件处理,编译成线切割程序。这些描图式输入器和扫描仪等直接输入图形的编程系统,已有商品出售。图 3-25 是扫描仪直接输入图形编程切割出的工件图形。

图 3-25　用扫描仪直接输入图形编程切割出的工件图形

3.2.4　线切割工艺指标及影响因素

3.2.4.1　线切割加工的主要工艺指标

电火花线切割加工工艺效果的好坏一般都用切割速度、加工精度、表面粗糙度和电极丝损耗量等来衡量。影响线切割加工工艺效果的因素很多，并且相互制约。

1. 切割速度

线切割加工中的切割速度是指在保证一定的表面粗糙度的切割过程中，单位时间内电极丝中心线在工件上切过面积的总和，单位为 mm^2/min。最高切割速度是指在不计切割方向和表面粗糙度等条件下，所能达到的最大切割速度。

通常，高速走丝线切割加工速度为 $50\sim100\ mm^2/min$，低速走丝线切割加工的切割速度为 $100\sim150\ mm^2/min$，甚至可达 $350\ mm^2/min$，它与加工电流大小有关。为了在不同脉冲电源、不同加工电流下比较切割效果，将每安培电流的切割速度称为切割效率。一般的切割效率为 $20\ mm^2/(min \cdot A)$。

2. 加工精度

加工精度是指加工后工件的尺寸精度、形状精度（如直线度、平面度、圆度等）和位置精度（如平行度、垂直度、倾斜度等）的总称。加工精度是一项综合指标，它包括切割轨迹的控制精度、机械传动精度、工件装夹定位精度以及脉冲电源参数的波动，电极丝的直径误差、损耗与抖动，工作液脏污程度的变化，加工操作者的熟练程度等对加工精度的影响。

一般高速走丝线切割加工的可控加工精度在 $0.01\sim0.02\ mm$ 左右；低速走丝线切割加工的可控加工精度在 $0.005\sim0.002\ mm$ 左右。

3. 表面粗糙度

高速走丝线切割加工的表面粗糙度一般为 $6.3\sim2.5\ \mu m$，最佳也只有 $1.25\ \mu m$ 左右。低速走丝线切割加工的表面粗糙度一般为 $1.25\ \mu m$，最佳可达 $0.2\ \mu m$。

4. 电极丝损耗量

对高速走丝机床，电极丝损耗量用电极丝在切割 $10\ 000\ mm^2$ 面积后电极丝直径的减少量来表示，一般减小量不应大于 $0.01\ mm$；对低速走丝机床，由于电极丝是一次性的，故电极丝损耗量可忽略不计。

3.2.4.2　电参数对工艺指标的影响

电参数对线切割加工工艺指标的影响最为主要。放电脉冲宽度增加、脉冲间隔减小、脉冲电压幅值增大（电源电压升高）、峰值电流增大（功放管增多）都会提高切割加工速度，但加工的表面粗糙度和精度则会下降，反之则可改善加工表面粗糙度和提高加工精度。

1. 脉冲宽度 t_i

通常情况下，放电脉冲宽度 t_i 加大时，加工速度提高而表面粗糙度变差。一般取脉冲宽度 $t_i = 2\sim60\ \mu s$。在分组脉冲及光整加工时，脉冲宽度 t_i 可小至 $0.5\ \mu s$ 以下。

2. 脉冲间隔 t_0

放电脉冲间隔 t_0 减小时，平均电流增大，切割速度加快，但脉冲间隔 t_0 不能过小，以免引起电弧放电和断丝。一般情况下,取脉冲间隔 $t_0 = (4 \sim 8)t_i$。在刚切入,或大厚度加工时,应取较大的 t_0 值,以保证加工过程的稳定性。

3. 开路电压 u_e

改变开路电压的大小会引起放电峰值电流和放电加工间隙的改变。u_e 提高,加工间隙增大,排屑变易,可提高切削速度和加工稳定性,但易造成电极丝振动。通常,u_e 的提高会增加电源中限流电阻的发热损耗,还会使电极丝损耗加大。

4. 放电峰值电流 i_e

放电峰值电流是决定单脉冲能量的主要因素之一。放电峰值电流 i_e 增大时,切割加工速度提高,表面粗糙度变差,电极丝损耗大甚至断丝。一般取峰值电流 i_e 小于 40 A,平均电流小于 5 A。低速走丝线切割加工时,因脉宽很窄,小于 1 μs,电极丝又较粗,故 i_e 有时大于 100 A 甚至 500 A。

5. 放电波形

在相同的工艺条件下,高频分组脉冲常常能获得较好的加工效果。电流波形的前沿上升比较缓慢时,电极丝损耗较少。不过当脉宽很窄时,必须要有陡的前沿才能进行有效的加工。

6. 极性

线切割加工因脉宽较窄,所以都用正极性加工,否则切割速度会变低且电极丝损耗会增大。

综上所述,电参数对线切割电火花加工的工艺指标的影响有如下规律。

(1) 加工速度随着加工峰值电流、脉冲宽度的增大和脉冲间隔的减小而提高,即加工速度随着加工平均电流的增加而提高。实验证明,增大峰值电流对切割速度的影响比增大脉宽的办法显著。

(2) 加工表面粗糙度数值随着加工峰值电流、脉冲宽度的增大及脉冲间隔的减小而增大,不过脉冲间隔对表面粗糙度影响较小。

实践表明,在加工中改变电参数对工艺指标影响很大,必须根据具体的加工对象和要求,综合考虑各因素及其相互影响关系,选取合适的电参数,既优先满足主要加工要求,又同时注意提高各项加工指标。例如,加工精密小零件时,精度和表面粗糙度是主要指标,加工速度是次要指标,这时选择电参数主要满足尺寸精度高、表面粗糙度好的要求。又如加工中大型零件时,对尺寸的精度和表面粗糙度要求低一些,故可选较大的加工峰值电流、脉冲宽度,尽量获得较高的加工速度。此外,不管加工对象和要求如何,还需选择适当的脉冲间隔,以保证加工稳定进行,提高脉冲利用率。因此,选择电参数值是相当重要的,只要能客观地运用它们的最佳组合,就一定能够获得良好的加工效果。

3.2.4.3 非电参数对工艺指标的影响

1. 电极丝及其材料对工艺指标的影响

(1) 电极丝的选择

目前,电火花线切割加工使用的电极丝材料有钼丝、钨丝、钨钼合金丝、黄铜丝、铜钨丝等。

　　采用钨丝加工时,可获得较高的加工速度,但放电后丝质易变脆,容易断丝,故应用较少,只在低速走丝弱规准加工中尚有使用。钼丝比钨丝熔点低,抗拉强度低,但韧性好,在频繁的急热急冷变化过程中,丝质不易变脆、不易断丝。钨钼丝(钨、钼各占50%的合金)加工效果比前两种都好,它具有钨、钼两者的特性,使用寿命和加工速度都比钼丝高。铜钨丝有较好的加工效果,但抗拉强度差些,价格比较昂贵,来源较少,故应用较少。采用黄铜丝做电极丝时,加工速度较高,加工稳定性好,但抗拉强度差、损耗大。

　　目前,高速走丝线切割加工中广泛使用 $\phi0.06\sim\phi0.20$ mm 的钼丝作为电极丝,低速走丝线切割加工中广泛使用 $\phi0.1$ mm 以上的黄铜丝作为电极丝。

　　(2)电极丝的直径

　　电极丝的直径是根据加工要求和工艺条件选取的。在加工要求允许的情况下,可选用直径较大的电极丝。

　　直径越大,抗拉强度越大,承受电流越大,就可采用较强的电规准进行加工,能够提高输出的脉冲能量,提高加工速度。同时,电极丝粗,切缝宽,放电产物排除条件好,加工过程稳定,能提高脉冲利用率和加工速度。若电极丝过粗,则难加工出内尖角工件,降低了加工精度,同时切缝过宽使材料的蚀除量变大,加工速度也有所降低;若电极丝直径过小,则抗拉强度低,易断丝,而且切缝较窄,放电产物排除条件差,加工经常出现不稳定现象,导致加工速度降低。细电极丝的优点是可以得到较小半径的内尖角,加工精度能相应提高。表3-9是常见的几种直径的钼丝的最小拉断力。高速走丝线切割加工一般采用0.06~0.25 mm 的钼丝。

表 3-9　常用钼丝的最小拉断力

丝径/mm	0.06	0.08	0.10	0.13	0.15	0.18	0.22
最小拉断力/N	2~3	3~4	7~8	12~13	14~16	18~20	22~25

　　(3)走丝速度对工艺指标的影响

　　对于高速走丝线切割机床,在一定的范围内,随着走丝速度(常简称丝速)的提高,有利于脉冲结束时放电通道迅速消电离。同时,高速运动的电极丝能把工作液带入厚度较大工件的放电间隙中,有利于排屑和放电加工稳定进行。故在一定加工条件下,随着丝速的增大,加工速度提高。图3-26所示为高速走丝线切割机床走丝速度与切割速度关系

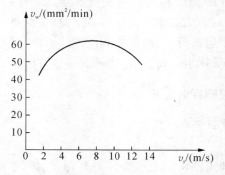

图 3-26　高速走丝丝速对加工速度的影响

的实验曲线。实验证明,当走丝速度由 1.4 m/s 上升到 7～9 m/s 时,走丝速度对切割速度的影响非常明显。若再继续增大走丝速度,则切割速度不仅不增大,反而开始下降,这是因为丝速再增大,排屑条件虽然仍在改善,蚀除作用基本不变,但是储丝筒一次排丝的运转时间减少,使其在一定时间内的正反向换向次数增多,非加工时间增多,从而使加工速度降低。

对应最大加工速度的最佳走丝速度与工艺条件、加工对象有关,特别是与工件材料的厚度有很大关系。当其他工艺条件相同时,工件材料厚一些,对应于最大加工速度的走丝速度就高些,即图 3-26 中的曲线将随工件厚度增加而向右移。

对低速走丝线切割机床来说,同样也是走丝速度越快,加工速度越快。因为低速走丝机床的电极丝的线速度范围约为零点几毫米到几百毫米每秒。这种走丝方式是比较平稳均匀的,电极丝抖动小,故加工出的零件表面粗糙度好、加工精度高,但丝速慢导致放电产物不能及时被带出放电间隙,易造成短路及不稳定放电现象。提高电极丝走丝速度,工作液容易被带入放电间隙,放电产物也容易排出间隙之外,故改善了间隙状态,进而可提高加工速度。但在一定的工艺条件下,当丝速达到某一值后,加工速度就趋向稳定(如图 3-27 所示)。

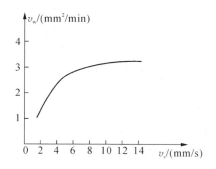

图 3-27　低速走丝丝速对加工速度的影响

低速走丝线切割机床的最佳走丝速度与加工对象、电极丝材料、直径等有关,具体可以参考低速走丝线切割机床的操作说明书。

(4)电极丝往复运动对工艺指标的影响

高速走丝线切割加工工件时,加工工件表面往往会出现黑白交错相间的条纹[如图 3-28(a)所示],电极丝进口处呈黑色,出口处呈白色。条纹的出现与电极丝的运动有关,

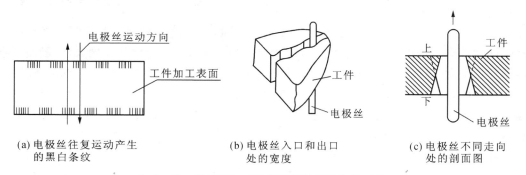

| (a)电极丝往复运动产生的黑白条纹 | (b)电极丝入口和出口处的宽度 | (c)电极丝不同走向处的剖面图 |

图 3-28　线切割加工的表面条纹及其切缝形状

是排屑和冷却条件不同造成的。电极丝从上向下运动时,工作液由电极丝从上部带入工件内,放电产物由电极丝从下部带出。这时,上部工作液充分,冷却条件好;下部工作液少,冷却条件差,但排屑条件比上部好。工作液在放电间隙里受高温热裂分解,形成高压气体,急剧向外扩散,对上部蚀除物的排除造成困难。这时,放电产生的炭黑等物质将凝聚附着在上部加工表面上,使之呈黑色。在下部,排屑条件好,工作液少,放电产物中炭黑较少,而且放电常常是在气体中发生的,因此加工表面呈白色。同理,当电极丝从下向上运动时,下部呈黑色,上部呈白色。这样,经过电火花线切割加工的表面,就形成黑白交错相间的条纹。这是往复走丝的工艺特性之一。

由于加工表面两端出现黑白交错相间的条纹,因此工件加工表面两端的粗糙度比中部稍有下降。当电极丝较短、储丝筒换向周期较短或者切割较厚工件时,如果进给速度和脉冲间隔调整不当,则尽管加工结果看上去似乎没有条纹,但实际上条纹很密而互相重叠。

电极丝往复运动还会造成斜度。电极丝上下运动时,电极丝进口处与出口处的切缝宽窄不同[如图 3 - 28(b)所示]。宽口是电极丝的入口处,窄口是电极丝的出口处。故当电极丝往复运动时,在同一切割表面中,电极丝进口与出口的高低不同,这对加工精度和表面粗糙度是有影响的。图 3 - 28(c)是切缝剖面示意图。由图可知,电极丝的切缝不是直壁缝,而是两端小、中间大的鼓形缝。这也是往复走丝的工艺特性之一。

对低速走丝线切割加工,上述不利于加工表面粗糙度的因素可以克服。一般低速走丝线切割加工无需换向,加之便于维持放电间隙中的工作液和蚀除产物的大致均匀,所以可以避免黑白相间的条纹。同时,由于低速走丝系统电极丝运动速度低,走丝运动稳定,因此不易产生较大的机械振动,从而避免了加工面的波纹。

(5)电极丝张力对工艺指标的影响

电极丝张力对工艺指标的影响如图 3 - 29 所示。由图可知,在起始阶段,电极丝的张力越大,则切割速度越快。这是由于张力大时,电极丝的振幅变小,切缝宽度变窄,因而进给速度加快。

若电极丝的张力过小,则一方面电极丝抖动厉害,会频繁造成短路,以致加工不稳定,加工精度不高;另一方面,电极丝过松使电极丝在加工过程中受放电压力作用而产生弯曲变形严重,结果电极丝切割轨迹落后并偏移工件轮廓,即出现加工滞后现象,从而造成形状和尺寸误差,如切割较厚的圆柱时会出现腰鼓形状,严重时电极丝在快速运转过程中会跳出导轮槽,从而造成断丝等故障。但如果过分将张力增大,切割速度不仅不继续上升,反而容易断丝。电极丝断丝的机械原因主要是电极丝本身受抗拉强度的限制。因此,在多次线切割加工中,往往在初加工时,将电极丝的张力稍微调小,以保证不断丝;在精加工时,将电极丝的张力稍微调大,以减小电极丝抖动的幅度,从而提高加工精度。

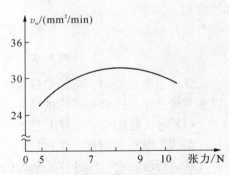

图 3 - 29　电极丝张力与进给速度图

在低速走丝加工中,设备操作说明书一般都有详细的张紧力设置说明,初学者可以按照说明书去设置,有经验者可以自行设定。如对多次切割,可以在第一次切割时稍微减小张紧力,以避免断丝。在高速走丝加工中,部分机床有自动紧丝装置,操作者完全可以按相关说明书进行操作;另一部分需要手动紧丝,这种操作需要实践经验,一般在开始上丝时紧三次,在随后的加工中根据具体情况具体分析。

2. 工作液对工艺指标的影响

在相同的工作条件下,采用不同的工作液可以得到不同的加工速度、表面粗糙度。电火花线切割加工的切割速度与工作液的介电系数、流动性、洗涤性等有关。高速走丝线切割机床的工作液有煤油、去离子水、乳化液、洗涤剂液、酒精溶液等。但由于煤油、酒精溶液加工时加工速度低、易燃烧,现已很少采用。目前,高速走丝线切割工作液广泛采用的是乳化液,其加工速度快。低速走丝线切割机床采用的工作液是去离子水和煤油。

工作液的注入方式和注入方向对线切割加工精度有较大影响。工作液的注入方式有浸泡式、喷入式和浸泡喷入复合式。在浸泡式注入方法中,线切割加工区域流动性差,加工不稳定,放电间隙大小不均匀,很难获得理想的加工精度;喷入式注入方式是目前国产高速走丝线切割机床应用最广的一种,因为工作液以喷入这种方式强迫注入工作区域,其间隙的工作液流动更快,加工较稳定。但是,由于工作液喷入时难免带进一些空气,故不时发生气体介质放电,其蚀除特性与液体介质放电不同,从而影响了加工精度。浸泡式和喷入式比较,喷入式的优点明显,所以大多数高速走丝线切割机床采用这种方式。在精密电火花线切割加工中,低速走丝线切割加工普遍采用浸泡喷入复合式的工作液注入方式,它既体现了喷入式的优点,又避免了喷入时带入空气的隐患。

工作液的喷入方向分单向和双向两种。无论采用哪种喷入方向,在电火花线切割加工中,因切缝狭小、放电区域介质液体的介电系数不均匀等,所以放电间隙也不均匀,并且导致加工面不平、加工精度不高。

若采用单向喷入工作液,则入口部分工作液纯净,出口处工作液杂质较多,这样会造成加工斜度[如图3-30(a)所示];若采用双向喷入工作液,则上下入口较为纯净,中间部位杂质较多,介电系数低,这样会造成鼓形切割面[如图3-30(b)所示]。工件越厚,这种现象越明显。

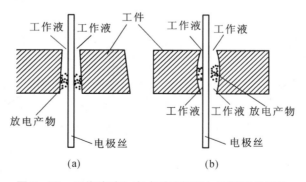

图3-30　工作液喷入方式对线切割加工精度的影响

3. 工件材料及厚度对工艺指标的影响

(1)工件材料对工艺指标的影响

工艺条件大体相同的情况下,工件材料的化学、物理性能不同,加工效果也将会有较大差异。

在低速走丝方式、煤油介质情况下,加工铜件过程稳定,加工速度较快。加工硬质合金等高熔点、高硬度、高脆性材料时,加工稳定性及加工速度都比加工铜件低。加工钢件,特别是不锈钢、磁钢和未淬火或淬火硬度低的钢等材料时,加工稳定性差,加工速度低,表面粗糙度也差。

在高速走丝方式、乳化液介质的情况下,加工铜件、铝件时,加工过程稳定,加工速度快。加工不锈钢、磁钢、未淬火或淬火硬度低的高碳钢时,加工稳定性差些,加工速度也低,表面粗糙度也差。加工硬质合金钢时,加工比较稳定,加工速度低,但表面粗糙度好。

材料不同,加工效果不同,这是因为工件材料不同,脉冲放电能量在两极上的分配、传导和转换都不同。从热学观点来看,材料的电火花加工性与其熔点、沸点有很大关系。常用的电极丝材料钼的熔点为 2 625℃,沸点为 4 800℃,比铁、硅、锰、铬、铜、铝的熔点和沸点都高,而比碳化钨、碳化钛等硬质合金基体材料的熔点和沸点要低。在单个脉冲放电能量相同的情况下,用铜丝加工硬质合金比加工钢产生的放电痕迹小,加工速度低,表面粗糙度好,同时电极丝损耗大,间隙状态恶化时则易引起断丝。

（2）工件厚度对工艺指标的影响

工件厚度对工作液进入和流出加工区域以及电蚀产物的排除、通道的消电离等都有较大的影响。同时,电火花通道压力对电极丝抖动的抑制作用也与工件厚度有关。这样,工件厚度对电火花加工稳定性和加工速度必然产生相应的影响。工件材料薄时,工作液容易进入和充满放电间隙,对排屑和消电离有利,加工稳定性好。但是工件若太薄,对固定丝架来说,电极丝从工件两端面到导轮的距离大,易发生抖动,对加工精度和表面粗糙度带来不良影响,且脉冲利用率低,切割速度下降;若工件材料太厚,工作液难进入和充满放电间隙,这样对排屑和消电离不利,加工稳定性差。

工件材料的厚度大小对加工速度有较大影响。在一定的工艺条件下,加工速度将随工件厚度的变化而变化,一般都有一个对应最大加工速度的工件厚度。图 3 - 31(a)为低速走丝时工件厚度对加工速度的影响;图 3 - 31(b)为高速走丝时工件厚度对加工速度的影响。

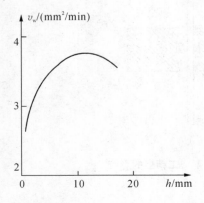 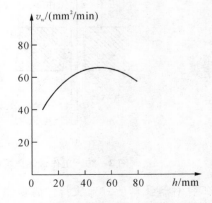

(a)低速走丝时工件厚度对加工速度的影响　　(b)高速走丝时工件作厚度对加工速度的影响

图 3 - 31　工件厚度对加工速度的影响

4. 进给速度对工艺指标的影响

(1) 进给速度对加工速度的影响

在线切割加工时,工件不断地被蚀除,即有一个蚀除速度;另一方面,为了电火花放电正常进行,电极丝必须向前进给,即有一个进给速度。在正常加工中,蚀除速度大致等于进给速度,从而使放电间隙维持在一个正常的范围内,使线切割加工能连续进行下去。

蚀除速度与机器的性能、工件的材料、电参数、非电参数等有关,但一旦对某一工件进行加工时,它就可以看成是一个常量。在国产的高速走丝机床中,有很多机床的进给速度需要人工调节,它又是一个随时可变的可调节参数。

正常的电火花线切割加工就要保证进给速度与蚀除速度大致相等,使进给均匀平稳。若进给速度过高(过跟踪),即电极丝的进给速度明显超过蚀除速度,则放电间隙会越来越小,以致产生短路。当出现短路时,电极丝马上会产生短路而快速回退,当回退到一定的距离时,电极丝又以大于蚀除速度的速度向前进给,又开始产生短路、回退。这样频繁地发生短路现象,一方面会造成加工的不稳定,另一方面会造成断丝。若进给速度太慢(欠跟踪),即电极丝的进给速度明显落后于工件的蚀除速度,则电极丝与工件之间的距离越来越大,造成开路。这样会使工件蚀除过程暂时停顿,整个加工速度自然会大大降低。由此可见,在线切割加工中,调节进给速度虽然本身并不具有提高加工速度的能力,但它能保证加工的稳定性。

(2) 进给速度对工件表面质量的影响

进给速度调节不当,不但会造成频繁的短路、开路,而且还会影响加工工件的表面粗糙度,致使出现不稳定条纹,或者出现表面烧蚀现象。分下列几种情况讨论。

① 进给速度过高。这时工件蚀除的线速度低于进给速度,会频繁出现短路,造成加工不稳定,平均加工速度降低,加工表面发焦,呈褐色,工件的上、下端面均有过烧现象。

② 进给速度过低。这时工件蚀除的线速度大于进给速度,经常出现开路现象,导致加工不能连续进行,加工表面亦发焦,呈淡褐色,工件的上、下端面也有过烧现象。

③ 进给速度稍低。这时工件蚀除的线速度略高于进给速度,加工表面较粗、较白,两端面有黑白相间的条纹。

④ 进给速度适宜。这时工件蚀除的线速度与进给速度相匹配,加工表面细而亮,丝纹均匀。因此,在这种情况下,能得到表面粗糙度好、精度高的加工效果。

5. 火花通道压力对工艺指标的影响

在液体介质中进行脉冲放电时,产生的放电压力具有急剧爆发的性质,对放电点附近的液体、气体和蚀除物产生强大的冲击作用,使之向四周喷射,同时伴随发生光、声等效应。这种火花通道的压力对电极丝产生较大的后向推力,使电极丝发生弯曲。图 3-32 所示是放电压力使电极丝弯曲的示意图。因此,实际加工轨迹往往落后于工作台运动轨迹。

例如,切割直角轨迹工件时,切割轨迹

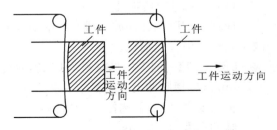

图 3-32　放电压力使电极丝弯曲的示意图

应在图 3-33 中 a 点处转弯,但由于电极丝受到放电压力的作用,实际加工轨迹如图 3-33 中实线所示。

为了减缓因电极丝受火花通道压力而造成的滞后变形给工件造成的误差,许多机床采用了特殊的补偿措施。如图 3-33 中,为了避免塌角,附加了一段 $a-a'$ 段程序。当工作台的运动轨迹从 a 点到 a' 点再返回到 a 点时,滞后的电极丝也刚好从 b 点运动到了 a 点。

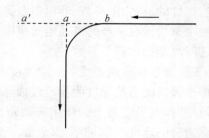

图 3-33 电极丝弯曲对加工精度的影响

3.2.4.4 合理选择电火花线切割加工的工艺指标

1. 电参数的合理选择

从总体说,一般线切割使用的是晶体管高频脉冲电源,其单脉冲能量一般较小,脉冲宽度也比较小,脉冲频率很高,适合于正极性加工。

(1)要求切割速度高时

一般来说,当脉冲电源的空载电压高、短路电流大、脉冲宽度大时,切割速度就高,但这时的加工表面粗糙度也比较差。因此,切割速度是在保证加工表面粗糙度的条件下尽量大,而且还要考虑如果电流太大会引起断丝。

(2)要求表面粗糙度好时

一般来说,单脉冲能量小则加工表面粗糙度也好,即脉冲宽度小、峰值电压低、脉冲间隔适当、峰值电流小,加工表面粗糙度就好。在切割厚度不大的工件时,一般选择高频分组脉冲,它比相应的矩形波好,能保证在相同的加工速度下获得更高的表面粗糙度。

(3)要求切割厚工件时

当工件厚度大的时候,电蚀产物的排出和工作液顺利进入切割区域是最为关键的问题。这时如果加工间隙比较大的话,就可以充分消电离,很好地解决这个问题,所以这时应当采用高脉冲电压、大的脉冲宽度、大的脉冲间隔和大的电流。

(4)要求电极丝损耗小时

应选用前阶梯脉冲波形或脉冲前沿上升缓慢的波形,由于这种波形电流的上升率低,故可减小电极丝的损耗。

【例 3-7】 加工模具材料为 Cr12,厚度 20~60 mm,要求表面粗糙度值 $R_a=1.6$~$3.2\ \mu m$,试选择脉冲电源的参数。

根据要求,作如下选择。

脉冲宽度:4~20 μs

脉冲电压:60~80 V

加工电流:0.8~2A

功率管数:3~6

其结果是:加工速度 15~40 mm²/min;表面粗糙度值 Ra=1.6~3.2 μm。

2. 合理调整变频进给方法

整个变频进给控制电路有多个调节环节,其中大多在控制柜内,有一个调节旋钮安装在控制面板上,可以根据切割的工件材料、工件厚度、加工参数等来调节进给速度。

虽然变频进给电路能自动跟踪蚀除速度,保持一定的放电间隙,但如果设置的进给速度太小,则经常发生欠跟踪,加工处于开路状态,直接影响加工速度;反之,如果设置的进给速度过大,则经常处于过跟踪状态,加工很容易处于短路状态,不但影响加工速度,也会影响加工的表面粗糙度。

实际上,无论是机械系统还是电子系统,都有惯性;无论是欠跟踪还是过跟踪,自动跟踪系统都会忽快忽慢,忽欠忽过,大大影响到加工系统的稳定性。因此合理调节变频进给,使其达到较好的加工状态,对线切割加工的加工速度和加工质量有很大的影响。以下三种方法可以用来观测加工状态,据此可以调节进给速度。

(1) 使用示波器。将示波器输入线的正极接工件,负极接电极丝,调整好示波器,则可以观察波形,同时也可以测量脉冲电源的其他参数。在波形方面,如果正常跟踪,则空载波和短路波都很淡,而加工波则很浓,此时加工表面细而亮,丝纹均匀,加工表面粗糙度好,加工精度高;如果是欠跟踪,则空载波较浓,加工波较淡,一般没有短路波,欠跟踪较大时加工表面发焦呈褐色,工件上下表面有过烧现象,而欠跟踪较小时加工表面较粗较白,加工表面有黑白交错的条纹;如果过跟踪,则短路波较浓,加工波较淡,一般没有空载波,此时加工表面也发焦呈褐色,工件上下表面也有过烧现象。加工时的波形见图 3-34。

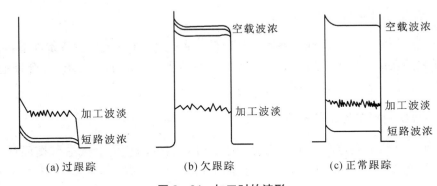

(a) 过跟踪   (b) 欠跟踪   (c) 正常跟踪

图 3-34 加工时的波形

根据进给状态给出的变频调整方法见表 3-10。

表 3-10 根据进给状态给出的变频调整方法

实频状态	进给状态	加工面状态	切割速度	电极丝	变频调整
过跟踪	慢而稳	焦褐色	低	略焦,易老化	减慢进给
欠跟踪	忽快忽慢	不光洁,有深痕	低	易烧丝,有白斑	加快进给

实频状态	进给状态	加工面状态	切割速度	电极丝	变频调整
跟踪欠佳	慢而稳	略焦褐,有条纹	较快	焦色	略增进给
最佳跟踪	很稳	发白,光洁	最快	发白,老化慢	不需调整

（2）使用电压表和电流表。如果电流表和电压表的指针或读数变化大,则表明加工不稳定,需调节变频进给旋钮;如果电流表和电压表的指针或读数变化不大,说明加工基本稳定,这是线切割操作常用的方法。

实践证明,在矩形波脉冲电源进行线切割时,无论工件材料、工件厚度、电参数大小如何,只要将加工电流调节到短路电流的 70%～80%,就可以接近加工的最佳状态。

当火花维持电压为 20 V 时,用不同空载电压的脉冲电源加工时,加工电流与短路电流的最佳比值见表 3-11。

表 3-11 加工电流与短路电流的最佳比值

脉冲电源空载电压/V	40	50	60	70	80	90	100	110
加工电流与短路电流的最佳比值	0.5	0.6	0.66	0.71	0.75	0.79	0.80	0.82

例如某电源空载电压为 100 V,共用 6 个功率管,每管的限流电阻为 25 Ω。可以计算每管最大电流 100/25＝4 A,总电流为 4 ×6＝24 A。如果脉宽和脉间比值为 1∶5,则短路时平均电流为 24/(1＋5)＝4A,此时将加工电流调节到约 4×0.8A ＝3.2 A 为最佳。

必须指出的是,上述方法是在工作液供给充足、导轮精度良好、电极丝张力合适的正常条件下才能取得的效果。

3.2.5 电火花线切割加工工艺

电火花线切割加工是实现工件尺寸加工的一种技术,在一定的设备条件下,合理地制订加工工艺是保证工件加工质量的重要环节。要达到零件的加工要求,应合理地控制线切割加工的各种工艺因素,同时应选择合适的工装。

3.2.5.1 线切割加工的工艺技巧

（1）切割路线的确定。由于在线切割中工件坯料的内应力会失去平衡而产生变形,影响加工精度,严重时切缝甚至会夹住、拉断电极丝。因此应综合考虑内应力导致的变形等因素,合理选择切割路线,如图 3-35 所示,图(a)和图(b)由工件外部切入,这样会降低

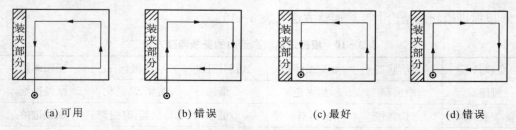

(a) 可用   (b) 错误   (c) 最好   (d) 错误

图 3-35 线切割加工时切割路线的合理确定

工件的刚性,导致变形,影响精度,切割路线不合理。图(c)和图(d)穿丝也位于工件内部,比较合理,其中图(c)最好。在图(d)中,零件与坯料工件的主要连接部位被过早地割离,余下的材料被夹持部分少,工件刚性大大降低,容易产生变形,从而影响加工精度。图(b)也存在类似的缺陷。

(2) 合理的穿丝孔直径和位置。穿丝孔的位置与加工零件轮廓的最小距离和工件的厚度有关,工件越厚,则最小距离越大,一般不小于 3 mm。在实际中穿丝孔有可能打歪[见图 3-36(a)],若穿丝孔与欲加工零件图形的最小距离过小,则可能导致工件报废;若穿丝孔与欲加工零件图形的位置过大[见图 3-36(b)],则会增加切割行程。图 3-36 中,虚线为加工轨迹,圆形小孔为穿丝孔。

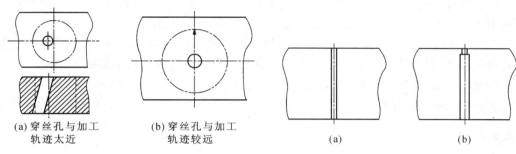

| (a) 穿丝孔与加工
轨迹太近 | (b) 穿丝孔与加工
轨迹较远 | (a) | (b) |

图 3-36　穿丝孔的大小与位置　　　　　　**图 3-37　穿丝孔深度**

穿丝孔的直径不宜过小或过大,否则加工较困难。若由于零件轨迹等方面的原因导致穿丝孔的直径必须很小,则在打穿丝孔时要小心,尽量避免打歪或尽可能减少穿丝孔的深度。如图 3-37 所示,图 3-37(a)直接用打孔机打孔,操作较困难;图 3-37(b)是在不影响使用的情况下,考虑将底部先铣削出一个较大的底孔来减小穿丝孔的深度,从而降低打孔的难度。这种方法在加工塑料模的顶杆孔等零件时常常应用。穿丝孔加工完成后,一定要注意清理里面的毛刺,以避免加工中产生短路而导致加工不能正常进行。

(3) 二次切割法。切割孔类零件时,为减小变形可采用二次切割法。如图 3-38 所示,第一次粗加工型孔,周边留 0.1～0.5 mm 余量,以补偿材料原来的应力平衡状态受到的破坏;第二次切割为精加工,这样可以达到较满意的效果。

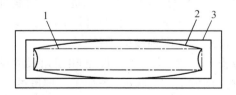

1—第一次切割路线;2—第一次切割后的实际图形;3—第二次切割后的图形。
图 3-38　二次切割法图例

(4) 要在一块毛坯上切出两个以上的零件时,不应一次连续切割出来,而应从该毛坯上不同的预置穿丝孔开始加工,如图 3-39 所示。

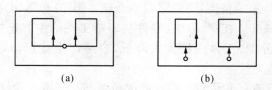

（a）错误的方案，从同一个穿丝孔加工

（b）正确的方案，从不同的穿丝孔加工

图 3 - 39　两个以上零件的加工路线

（5）切割路线距离零件端面（侧面）应大于 5 mm。

（6）切割方向的确定。对于工件外轮廓的加工，适宜采用顺时针切割方向进行加工，而对于工件上孔的加工，则较适宜采用逆时针切割方向进行加工。

（7）过渡圆角半径的确定。对工件的拐角处以及工件线与线、线与圆或圆与圆的过渡处都应考虑用圆角过渡，这样可增加工件的使用寿命。过渡圆角半径的大小应根据工件实际使用情况、工件的形状和材料的厚度来加以选择。过渡圆角半径一般不宜过大，可在 0.1～0.5 mm 范围内。

3.2.5.2　加工条件的选择

1. 电参数的选择

可改变的电参数主要有脉冲宽度、电流峰值、脉冲间隔、空载电压、放电电流等。要获得较好的表面粗糙度时，所选用电参数要小些；若要求获得较高的切割速度，则电参数要大些，但加工电流的增大受到电极丝截面的限制，过大的电流将引起断丝；加工大厚度工件时，为了顺利排屑和有利于工作液进入加工区，宜选用较高的脉冲电压、较大的脉冲宽度和电流峰值，以增大放电间隙。在容易断丝的场合（如切割初期加工面积小，工作液中电蚀产物浓度过高，或是调换新钼丝时），都应增大脉冲间隔时间，减小加工电流，否则将会导致电极丝的烧断。

2. 电极丝选择

电极丝应具有良好的导电性和抗电蚀性，抗拉强度高，材质均匀。高速走丝机床的电极丝主要有钼丝、钨丝和钨钼丝。常用的钼丝规格为 $\phi 0.10 \sim \phi 0.20$ mm。当需要切割较小的圆弧或缝槽时，应选用 $\phi 0.06$ 的钼丝。钨丝的优点是耐腐蚀，抗拉强度高，缺点是脆而不耐弯曲，且价格昂贵，仅在特殊情况下使用。低速走丝线切割机床一般使用黄铜丝作电极丝，用一次就弃掉，因此不必用高强度的钼丝。

电极丝直径的选择应根据切缝宽窄、工件厚度和拐角尺寸的大小来选择。若加工带尖角、窄缝的小型零件，宜选用较细的电极丝；若加工大厚度的工件或大电流切割时，应选较粗的电极丝。

3. 工作液的选用

工作液对切割速度、表面粗糙度、加工精度等都有较大的影响。电火花线切割加工所使用的工作液主要有乳化液和去离子水。在低速走丝线切割机床上大多采用去离子水（纯水），只有在特殊情况下才采用绝缘性能较好的煤油。高速走丝线切割机床上常用专用乳化液,需要根据工件的厚度变化来进行合理的配置:工件较厚时,工作液的浓度应降低,这样可增加工作液的流动性;工件较薄时,工作液的浓度应适当提高。

4. 工件装夹及找正

工件装夹方式对加工精度有直接的影响。电火花线切割加工的工件装夹方式主要有悬臂支撑式、两端支撑式、桥式支撑式、板式支撑式、复式支撑式等,各种装夹方式的特点及应用如表 3-12 所示。

表 3-12 常用工件装夹方式的特点及应用

装夹方式	示意图	特点及应用
悬臂支撑	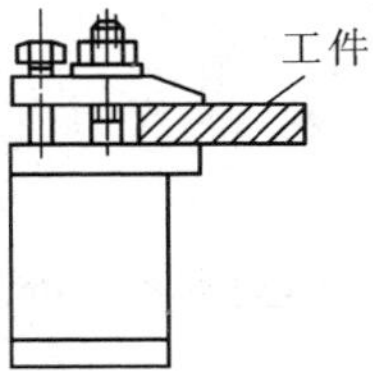 工件	通用性强,装夹方便,但装夹误差较大,用于工件加工要求不高或悬臂较短的情况
两端支撑	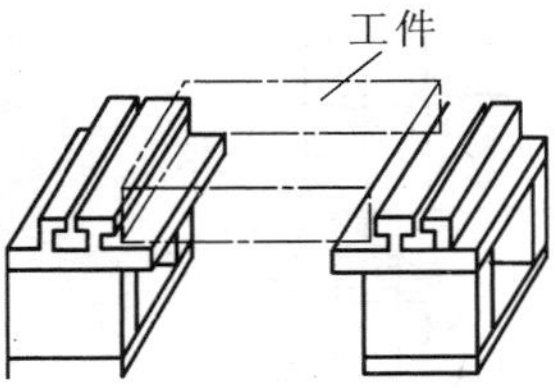 工件	装夹方便、稳定,定位精度高,但不适用于装夹较小的零件
桥式支撑	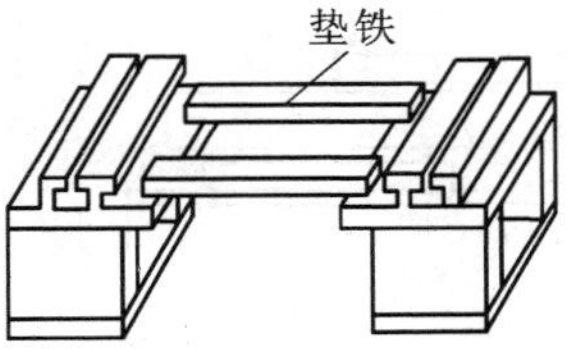 垫铁	这种支撑装夹方式是在双端夹具的下方垫上两个支撑垫铁,通用性强,装夹方便,对大、中、小工件装夹都较方便
板式支撑	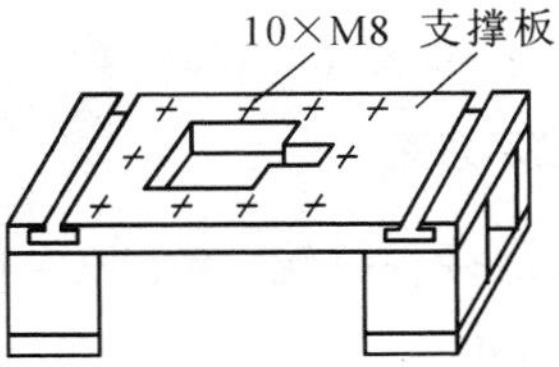 10×M8 支撑板	这种支撑装夹方式根据常用的工件形状和尺寸采用有通孔的支撑板装夹工件,精度高,但通用性差
复式支撑	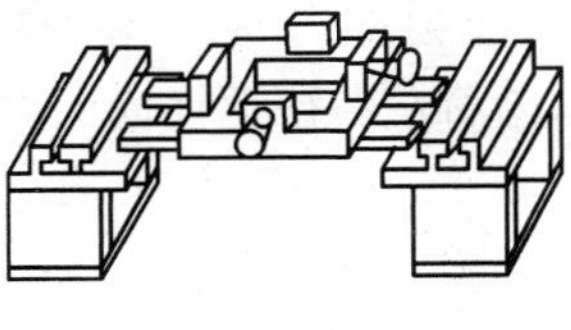	这种支撑装夹方式是在桥式夹具上装上专用的夹具组合而成的,装夹方便,适用于成批零件加工

线切割加工的工件在装夹过程中需要注意如下几点。

（1）确认工件的设计基准或加工基准面,尽可能使设计或加工的基准面与 x、y 轴平行。

（2）工件的基准面应清洁,无毛刺。经过热处理的工件,在穿丝孔内及扩孔的台阶处要清理热处理残留物及氧化皮。

（3）工件装夹的位置应有利于工件找正,并应与机床行程相适应。

（4）工件的装夹应确保加工中电极丝不会过分靠近或误切割机床工作台。

（5）工件的夹紧力大小要适中、均匀,不得使工件变形或翘起。

工件的找正精度关系到线切割加工零件的位置精度。在实际生产中,根据加工零件的重要性,往往采用按划线找正、按基准孔或已成型孔找正、按外形找正等方法。

3.2.5.3 电极丝穿丝、找正

1. 电极丝的穿丝

在穿丝孔已加工好,工件装夹并找正后,就进行穿丝操作。高速走丝线切割机床的穿丝过程如图 3-40 所示。

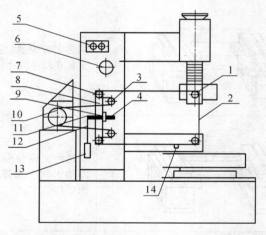

1—主导轮;2—电极丝;3—辅助导轮;4—直线导轨;5—工作液旋钮;6—上丝盘;7—张紧轮;
8—移动板;9—导轨滑块;10—储丝筒;11—定滑轮;12—绳索;13—重锤;14—导电块。

图 3-40　穿丝示意图

（1）拉动电极丝开关,按照操作说明书依次绕接各导轮、导电块至储丝筒(如图 3-40 所示)。在操作中要注意手的力度,防止电极丝打折。

（2）穿丝开始时,首先要保证储丝筒上的电极丝与辅助导轮、张紧导轮、主导轮在同一个平面上,否则在运丝过程中,储丝筒上的电极丝会重叠,从而导致断丝。

（3）穿丝中要注意控制左右行程挡杆,使储丝筒左右往返换向时,储丝筒左右两端留有 3~5 mm 的余量。

2. 电极丝垂直找正

在进行精密零件加工或切割锥度等情况下,需要重新校正电极丝对工作台平面的垂直度。电极丝垂直度找正的常见方法有两种:一种是利用找正块;一种是利用校正器。

（1）利用找正块进行火花法找正

找正块是一个六方体或类似六方体［如图 3-41(a)所示］。在校正电极丝垂直度时，首先目测电极丝的垂直度，若明显不垂直，则调节 u、v 轴，使电极丝大致垂直工作台；然后将找正块放在工作台上，在弱加工条件下，将电极丝沿 x 方向缓缓移向找正块。

当电极丝快碰到找正块时，电极丝与找正块之间产生火花放电，然后肉眼观察产生的火花。若火花上下均匀［如图 3-41(b)所示］，则表明在该方向上电极丝垂直度良好；若下面火花多［如图 3-41(c)所示］，则说明电极丝右倾，故将 u 轴的值调小，直至火花上下均匀；若上面火花多［如图 3-41(d)所示］，则说明电极丝左倾，故将 u 轴的值调大，直至火花上下均匀。同理，调节 v 轴的值，使电极丝在 v 轴垂直度良好。

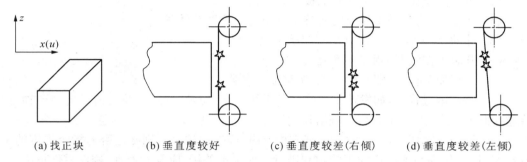

(a) 找正块　　　　(b) 垂直度较好　　　(c) 垂直度较差(右倾)　　(d) 垂直度较差(左倾)

图 3-41　火花法校正电极丝垂直度

（2）用校正器进行校正

校正器是一个由触点与指示灯构成的光电校正装置，电极丝与触点接触时指示灯亮（如图 3-42、图 3-43 所示）。它的灵敏度较高，使用方便且直观。底座由耐磨不变形的大理石或花岗岩制成。

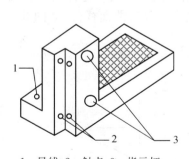

1—导线；2—触点；3—指示灯。

图 3-42　垂直度校正器

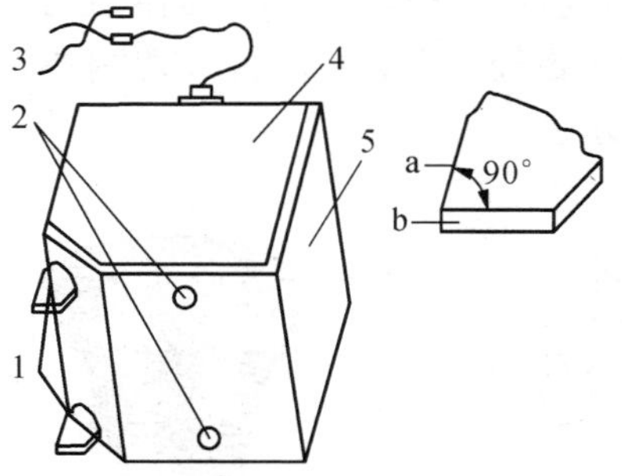

1—上、下测量头(a、b 为放大的测量面)；2—上、下指示灯；3—导线及夹子；4—盖板；5—支座。

图 3-43　DF55-J50A 型垂直度校正器

使用校正器校正电极丝垂直度的方法与火花法大致相似。主要区别是：火花法是观察火花上、下是否均匀，而用校正器则是观察指示灯。若在校正过程中，指示灯同时亮，则说明电极丝垂直度良好，否则需要校正。

在使用校正器校正电极丝的垂直度时，要注意以下几点。

① 电极丝停止走丝,不能放电。

② 电极丝应张紧,电极丝的表面应干净。

③ 若加工零件精度高,则电极丝垂直度在校正后需要检查,其方法与火花法类似。

3.2.5.4　电火花线切割加工的常规步骤

线切割加工前需准备好工件毛坯(切割型腔零件时,毛坯上应预先打好穿丝孔)、压板、夹具等装夹工具,然后按以下步骤操作。

(1) 启动机床电源,进入系统,编制加工程序。

(2) 检查系统各部分是否正常,包括电压、电流、水泵、储丝筒等的运行情况。

(3) 进行储丝筒上丝、穿丝和电极丝找正操作。

(4) 装夹工件,根据工件厚度调整 z 轴至适当位置并锁紧。

(5) 移动 x、y 轴坐标,确立切割起始位置。

(6) 开启工作液泵,调节喷嘴流量。

(7) 运行加工程序,即开始加工,调整加工参数。

(8) 监控运行状态,如发现工作滚循环系统堵塞,应及时疏通,及时清理电蚀产物,但在整个切割过程中,均不宜变动进给控制按钮。

(9) 每段程序切割完毕后,一般都应检查纵、横拖板的手轮刻度是否与指令规定的坐标相符,以确保高精度零件加工的顺利进行。如出现差错,应及时处理,避免零件报废。

(10) 成品检验。

3.2.6　电火花线切割的扩展应用

如果增加一个数控回转工作台附件,工件装在用步进电动机驱动的回转工作台上,采取数控移动和数控转动相结合的方式编程,用 θ 角方向的单步转动来代替 Y 轴方向的单步移动,即可完成上述这些复杂曲面的加工。以下为哈尔滨工业大学特种加工及机电控制研究所利用数控分度转台附件线切割加工出的一些多维复杂曲面样件,如图 3-44~图 3-48 所示。

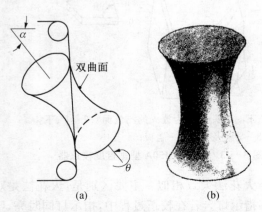

图 3-44　工件倾斜、数控回转线切割
加工双曲面零件

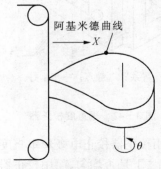

图 3-45　数控移动加转动(极坐标)线切割
加工阿基米德螺旋线平面凸轮

图 3-44(a)为在 X 轴或 Y 轴方向切入后,工件仅按 θ 轴单轴伺服转动,可以切割出如图 3-44(b)所示的双曲面体。图 3-45 为 X 轴与 θ 轴联动插补(按极坐标 ρ、θ 数控插补),可以切割出阿基米德螺旋线的平面凸轮。

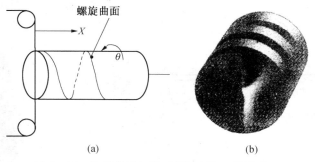

图 3-46 数控移动加转动线切割加工螺旋曲面

图 3-46(a)为钼丝自工件中心平面沿 X 轴切入,与 θ 轴转动二轴数控联动,可以"一分为二"地将一个圆柱体切成两个"麻花"瓣螺旋面零件. 图 3-46(b)为其切割出的一个螺旋面零件。

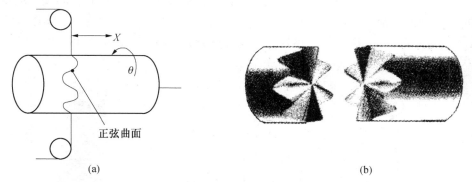

图 3-47 数控往复移动加转动线切割加工正弦曲面

图 3-47(a)钼丝自穿丝孔或中心平面切入后与口轴联动,钼丝在 X 轴向往复移动数次,θ 轴转动一圈,即可切割出两个端面为正弦曲面的零件,如图 3-47(b)所示。

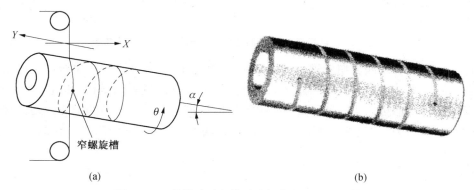

图 3-48 数控移动加转动线切割加工窄螺旋槽

图 3-48(a)为切割带有窄螺旋槽的套管,可用作机器人等精密传动部件中的挠性接头。钼丝沿 Y 轴侧向切入至中心平面后,钼丝一边沿 X 轴移动,与工件按 θ 轴转动相配合,可切割出如图 3-48(b)所示带窄螺旋槽的套管,其扭转刚度很高,弯曲刚度则稍低。

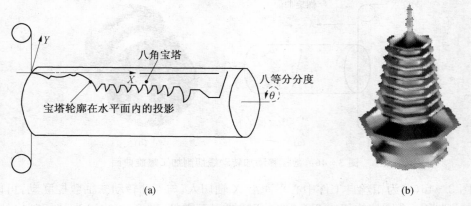

(a)　　　　　　　　　　　　　　　(b)

图 3-49　数控二轴联动加分度线切割加工宝塔

图 3-49(a)为切割八角宝塔的原理图。钼丝自塔尖切入,在 X、Y 轴向按宝塔轮廓在水平面内的投影二轴数控联动,切割到宝塔底部后,钼丝空走回到塔尖,工件作八等分分度(转 45°),再进行第二次切割。这样共分度七次,切割八次即可切割出如图 3-49(b)所示的八角宝塔。

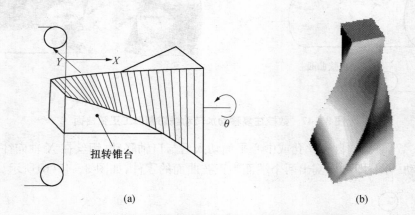

(a)　　　　　　　　　　　　　　　(b)

图 3-50　数控三轴联动加分度线切割加工扭转四方锥台

图 3-50 为切割四方扭转锥台的原理图,它需三轴联动数控插补才能加工出来。工件(圆柱体)水平装夹在数控转台轴上,钼丝在 X、Y 轴向二轴联动插补,其轨迹为一斜线,同时又与工件 θ 轴转动相联动,进行三轴数控插补,即可切割出扭转的锥面。切割完一面后,进行 90°分度,再切割第二面,这样三次分度、四次切割,即可切割出扭转的四方锥台,如图 3-50(b)所示。

3.3 项目实施

采用线切割机床切割图 3-1 所示六方套零件。

1. 需用到的设备

电火花线切割机床及其工装设备、加工工件、游标卡尺等。

2. 电火花线切割加工工艺分析

根据零件形状和尺寸精度可选用以下加工工艺。

(1) 下料

用 ϕ72 mm 圆棒料在锯床上下料。

(2) 车

车外圆、端面和镗孔,外圆加工至最大尺寸,内孔镗至 ϕ39.5 mm,留有 0.5 mm 加工余量,在厚度上单面留有 0.2~0.3 mm 加工余量。

(3) 热处理

热处理 40~45HRC。

(4) 磨

磨内孔和上、下平面,保证上、下平面与内孔中心线垂直,为线切割装夹做准备。

(5) 线切割加工

线切割加工键槽和外六方形。

(6) 钳

在钳工台抛光。

(7) 检验

按图纸检验。

3. 线切割加工工艺处理及计算

(1) 零件装夹与校正

加工六方套所用的坯料直径为 ϕ72 mm,经过车床加工,外圆已经变小,直径最大约为 ϕ70 mm。这样,在线切割机床上加工时,工件装夹位置比较小,而且又经过热处理,零件内部产生了内应力,加工过程中零件部分会产生变形和移动。

为了保证工件质量,采用图 3-51 所示的装夹方法:两面支撑单面装夹,零件由工作台支撑板 1、2 支撑。刚开始加工时,采用图 3-51(a)所示的装夹方法。支撑板 1 和零件接触面比较大,但是支撑板 1 的位置不超过零件的内孔,以便于线切割加工键槽时钼丝校正。支撑板 2 的支撑面小,应在六方套的外部支撑,防止切割到支撑板 2。用压板组件 3 在支撑板 1 上压紧,在保证工件不能移动的条件下,支撑板 2 在无间隙或间隙比较小(小于 0.015 mm)的情况下能够滑动。在加工过程中,如果产生变形,则由于采用单面压紧,线切割加工的废料可以自由移动,从而保证了所加工的零件不产生移动。当加工到一半时,采用图 3-51(b)所示的装夹方法,移动支撑板 2,使支撑 2 与零件大面积接触,并用压板组件 5 在支撑板 2 上压紧,去掉压板组件 3,移动工作台支撑板 1,移动的距离必须保证支撑板 1 能够支撑到零件而又不能破坏支撑板 1。

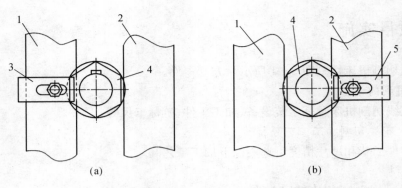

1、2—工作台支撑板;3、5—压板组件;4—零件。

图 3-51　零件装夹

（2）选择钼丝起始位置和切入点

当切割键槽时,钼丝在内孔 440 mm 的圆心切入;当切割外形时,钼丝在坯料外部切入。

（3）确定切割路线

切割路线参见图 3-52,箭头所指方向为切割路线方向。先切割键槽,后切割外形。在切割外形时,由于需要移动工作台支撑板,为防止由于零件移动而造成短路或断丝,可在移动支撑板 2 前,把钼丝停在坯料的外部,同时也把所切的废料去除掉。

（4）计算平均尺寸

平均尺寸如图 3-53 所示。键槽和外形表面粗糙度要求高,工件加工完后需进行抛光处理,线切割加工需留抛光量。

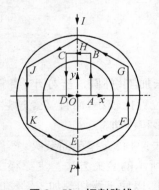

图 3-52　切割路线

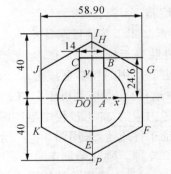

图 3-53　平均尺寸与坐标系建立

（5）确定计算坐标系

为了以后计算点的坐标方便,直接选 $\phi40$ mm 的圆心为坐标系的原点,建立坐标系,如图 3-53 所示。

（6）确定偏移量

选择直径为 $\phi0.18$ mm 的钼丝,单面放电间隙为 0.01 mm,钼丝中心偏移量为

$$f = \frac{0.18}{2} + 0.01 = 0.1 \text{ mm}$$

4. 编制加工程序

（1）计算钼丝中心轨迹及各交点的坐标

钼丝中心轨迹见图 3-54 双点划线，相对于零件平均尺寸偏移一个垂直距离。通过几何计算或 CAD 查询可得到各交点的坐标，各交点坐标如表 3-13 所示。

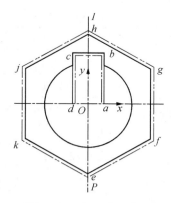

图 3-54　钼丝中心轨迹

表 3-13　钼丝中心轨迹各交点坐标

交点	x	y	交点	x	y
o	0	0	f	29.545	-17.058
a	6.9	0	g	29.545	17.058
b	6.9	24.5	h	0	34.115
c	-6.9	24.5	I	0	40
d	-6.9	0	j	-29.545	17.058
P	0	-40	k	-29.545	-17.058
e	0	-34.115			

（2）编写加工程序单

采用 3B 格式代码编程，程序清单见表 3-14。

表 3-14　3B 代码加工程序清单

序号	B	x	B	y	B	J	G	Z	说　明
1	B	6900	B	0	B	6900	Gx	L1	钼丝从 o 点开始加工至 a 点
2	B	0	B	24500	B	24500	Gy	L2	加工 $a \rightarrow b$
3	B	13800	B	0	B	13800	Gx	L3	加工 $b \rightarrow c$
4	B	0	B	24500	B	6900	Gy	L4	加工 $c \rightarrow d$

序号	B	x	B	y	B	J	G	Z	说　明
5	B	6900	B	0	B		Gx	L1	加工 $d{\to}o$
6								D	暂停,拆卸钼丝
7	B	0	B	40000	B	40000	Gy	L4	加工 $o{\to}P$
8								D	暂停,重新装上电极丝
9	B	0	B	5885	B	5885	Gy	L2	加工 $P{\to}e$
10	B	29545	B	17058	B	29545	Gx	L1	加工 $e{\to}f$
11	B	0	B	34116	B	34116	Gy	L2	加工 $f{\to}g$
12	B	29545	B	17058	B	29545	Gx	L2	加工 $g{\to}h$
13	B	0	B	5885	B	5885	Gy	L2	加工 $h{\to}I$
14								D	暂停,移动支撑板,重装零件
15	B	0	B	5885	B	5885	Gy	L4	加工 $I{\to}h$
16	B	29545	B	17058	B	29545	Gx	L3	加工 $h{\to}j$
17	B	0	B	34116	B	34116	Gy	L4	加工 $j{\to}k$
18	B	29545	B	17058	B	29545	Gx	L4	加工 $k{\to}e$
19	B	0	B	5885	B	5885	Gy	L4	加工 $e{\to}P$
20								DD	加工结束

5. 加工

(1) 钼丝起始点的确定

把调整好垂直度的钼丝摇至 $\phi40$ mm 的孔内,在所切键槽的位置上火花放电,再次验证钼丝的垂直度,确保无误后,采用线切割自动找中心的功能校正 $\phi40$ mm 的圆心。为减少误差,可以采用多次找圆心的方法求出钼丝的平均位置。

(2) 选择电参数

电压:75~85 V。脉冲宽度:28~40 μs。脉冲间隔:6~8 μs。电流:2.8~3.5 A。

(3) 工作液的选择

选择 DX‑2 油基型乳化液,与水配比约为 1:15。

(4) 加工零件

钼丝起始位置确定后,开始加工,加工完键槽,拆卸钼丝,空走至切割外形的起始点 P;重新装上钼丝加工,当加工到点 J 时,加工暂停;按照前面所叙述的方法移动工作台支撑板,重新装夹零件,装夹完毕后,重新开始加工,直至结束。

6. 检验

加工完后,检验工件是否合格。

3.4　电火花线切割加工实训

本节以 DK7750 电火花线切割机床为例,说明电火花线切割加工机床操作及零件加工的具体方法及步骤。

3.4.1　基本技能

【技能应用一】机床操作

1. 机床床身操作按钮

在机床床身上有一系列简单的控制按钮,如图 3-55 所示,它们主要由电压表、电源开关、急停按钮及电极丝、冷却液控制按钮等组成,以便于控制人员及时观察、控制机床的加工操作。

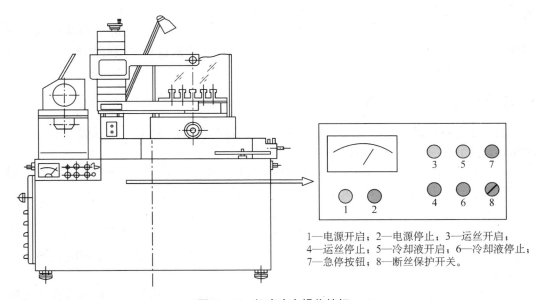

1—电源开启；2—电源停止；3—运丝开启；
4—运丝停止；5—冷却液开启；6—冷却液停止；
7—急停按钮；8—断丝保护开关。

图 3-55　机床床身操作按钮

2. 机床主控面板

如图 3-56 所示,机床的控制面板由下列按钮组成:1—显示器;2—电压表;3—电流表;4—高/低电压开关;5—对中/高频开;6—冷却液开启;7—运丝开启;8—冷却液停止;9—运丝停止;10—急停按钮;11—蜂鸣器;12—脉间调节开关;13—脉宽调节开关;14—加工电流选择按钮;15—进给指示灯。它可完成机床的控制、加工参数的设置、工件的加工等操作。

加工时主要设置加工电流、脉冲宽度及脉冲间隔等参数。

(1)设置加工电流。按下电流调节按钮 14 可以控制功放管的数量,从而控制加工电流,按下越多的按钮将获得越大的加工电流。加工厚的零件时,可适当加大加工电流,反之,则用小电流。

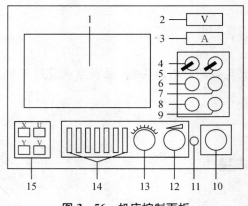

图 3 - 56   机床控制面板

（2）脉冲宽度的调节。旋转脉宽调节旋钮 13 可改变加工时的脉冲宽度，脉冲宽度越宽，放电能力增大，加工越快，但加工质量下降，适合于粗加工。反之，加工变慢，但加工质量提高，适合于精加工。

（3）调整脉冲间隔。调整旋钮 12 可以调节脉冲间隔，粗加工时可适当减小脉冲间隔，提高加工速度。而精加工时应加大脉冲间隔，以便在切割过程中更好地排除电蚀物，防止断丝，提高加工精度。

【技能应用二】上丝操作

上丝就是将丝盘上的电极丝整齐有序地安装在储丝筒上，是电火花线切割中最基础的操作，须熟练掌握，具体操作如下。

（1）按下运丝停止按钮，接通断丝保护开关，如图 3 - 55 所示。由于当前没有安装钼丝，需要闭合断丝保护开关，以保证运丝电机能够启动运转。

（2）将钼丝丝盘套在上丝架上，并用螺母紧压弹簧，如图 3 - 57 所示。

（3）手动将储丝筒摇至左极限位置附近。

（4）将丝盘上电极丝一端拉出绕过排丝轮，并将丝头固定在储丝筒左端的紧固螺钉上，如图 3 - 57 所示。

（5）剪掉多余丝头，拉紧电极丝，用摇把顺时针转动储丝筒将丝均匀地缠绕在储丝筒上，直至排丝轮、钼丝盘和储丝筒上的钼丝在同一平面上，取下摇把。

（6）将储丝筒行程挡块调整到左、右极限位置，使运丝电机的运动不受限制，按下运丝电机的开启自动绕丝开关。

（7）当储丝筒运动至接近右极限位置时，按下运丝电机的停止按钮；沿绕丝方向拉紧钼丝，防止松脱乱丝。

（8）拉紧并剪断电极丝，将丝头固定在储丝筒右端的紧固螺钉上，剪掉多余的电极丝。

（9）上丝完成，检查储丝筒上的钼丝是否有交叉、叠加现象。

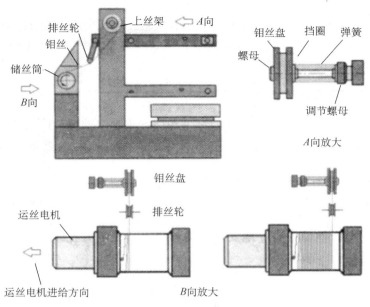

图 3 - 57　上丝示意图

【技能应用三】穿丝操作

对于快走丝线切割机床,穿丝就是把电极丝依次穿过丝架上的各个导轮、导电块、断丝检测触头和工件穿丝孔等回到储丝筒上,以便于电极丝导电及循环往返切割工件。每次更换电极丝、加工凹模更换零件时都需要进行穿丝操作,所以必须熟练掌握,具体操作步骤如下。

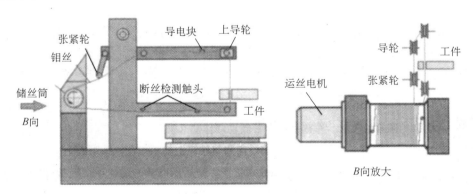

图 3 - 58　穿丝路径

(1) 取下储丝筒右端的丝头并拉紧,按穿丝路径依次绕过各导轮、导电块等,最后固定在储丝筒右侧的紧固螺钉处,如图 3 - 58 所示。

(2) 剪掉多余丝头,用摇把转动储丝筒反复几圈,避免钼丝交叉、叠压。

(3) 拔下张紧轮插销,将张紧轮缓慢放至钼丝上。

（4）穿丝结束,取下摇把(绝对不能遗忘在丝筒上)。

注意:如果发生叠丝现象,可将电极丝取下,拉紧并固定在储丝筒右侧的紧固螺钉上,然后顺时针转动储丝筒,使储丝筒向左空移5～10 mm,再重新穿丝,这样在运丝过程中可使两侧的丝始终保持一定的间隙,防止叠丝。

【技能应用四】储丝筒行程调节

穿丝完成后,根据储丝筒上电极丝的多少和位置来确定储丝筒的行程。为防止超行程断丝,在行程挡块确定的长度之外,储丝筒两端应有一定的储丝量。具体调整方法如下。

（1）用摇把将储丝筒摇至轴向剩下5～10 mm 的位置停止。

（2）松开相应的行程限位块上的紧固螺钉,移动限位块至接近行程开关的中心位置后固定,如图3-59所示。

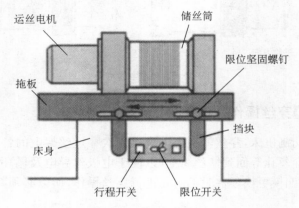

图 3-59　调整丝筒行程

（3）用同样的方法,调整另一端。两挡块之间的距离即为储丝筒的行程。

（4）将断丝保护旋钮开关断开,使机床处于断丝保护状态。

（5）按下运丝开启按钮,试运行电机,观察其能否到达限位行程时自动换向。

（6）如换向正常,将张紧轮压在钼丝上对钼丝进行紧丝操作。

【技能应用五】工件的安装与找正

1. 工件的安装

电火花线切割加工的工件装夹方式主要有悬臂支撑式、两端支撑式、桥式支撑式、板式支撑式、复式支撑式等,见表3-12所示。具体步骤如下。

（1）松开进给锁住键,使进给锁住解除,进入手动操作状态。

（2）转动 X 轴和 Y 轴手轮,调整工作台位置,直至便于操作及安装工件。

（3）工件安装台清理干净后,将工件尽量放正,如有已找正的挡板,可将工件基准面紧贴挡板安装,然后用压板压紧工件。

2. 工件的找正

模具零件,特别是凹模零件,切割掉中间的材料后即为要加工的凹模,因此,对工件的找正显得尤为重要。工件找正前应对某个侧面进行加工,作为基准面确保其与 X 轴或 Y 轴平行,从而实现工件的找正。具体步骤如下。

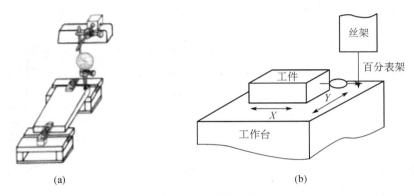

(a)　　　　　　　　　　　　　　　　　(b)

图 3 - 60　工件的找正

(1) 将百分表固定在磁性表座上,将表座固定在上丝架上,如图 3 - 60(a)所示。

(2) 调节触头的上下高度使其与工件基准侧面保持一定的压力接触。

(3) 移动工作台在 X 方向或 Y 方向移动,如图 3 - 60(b)所示。

(4) 根据百分表跳动情况,用木槲头敲击调节工件的方位。

(5) 当精度达到要求的范围后用压板夹紧工件。

(6) 为防止夹紧工件时产生位移,再次用百分表检查,直至精度达到要求为止。

【技能应用六】对丝

就像数控车削加工和数控铣削加工中需要对刀一样,在线切割之前也需要对电极丝进行定位,即对丝。对丝一般都是在启动走丝的情况下进行的。对丝的目的是确定电极丝和工件的相对位置,通过对丝操作,最终将电极丝定位在加工起始点上,这个点叫作起丝点。常用的对丝方法有两种,即对边操作和对中心操作。

一、对边操作

对边操作一般采用手动对丝的方法,又称为火花法。具体操作步骤如下。

(1) 开启运丝电机,解除机床锁定,将电流调到最小。

(2) 转动 X、Y 轴手轮移动工作台,使电极丝靠近工件要找的边,如图 3 - 61 所示。

(3) 当电极丝和工件刚刚接触,产生微弱的放电火花,停止摇动手轮,找边结束。此时电极丝的"中心"和工件的"边"相差近似一个电极丝的半径的距离。

手动对边受人为因素影响,存在误差大,灼伤工件表面的缺点,一般用于凸模零件的加工中。

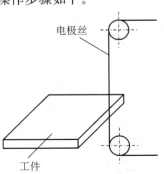

图 3 - 61　火花法对边

二、对中心操作

对中心操作又称对中，一般用于凹模的加工。对于加工了穿丝孔的工件，常把起丝点设在圆孔的中心，加工孔时，必须把电极丝移到孔的圆心处，这就是对中心。对于加工精度要求较低的工件，可目测手动对中心；而在加工孔或高精度凹模时则对"对中心"有较高的要求，可通过四次找边法或利用自动对中心功能来完成。

1. 目测法

目测法是通过肉眼观察的方法实现对中心的操作，存在一定的误差，只适用于加工精度不高的场合，具体步骤如下。

（1）在钻穿丝孔前，用划针画出孔的中心位置，X 线及 Y 线的划线长度要超过钻孔直径。

（2）以所画中心位置钻穿丝孔，保证钻孔中心与绘制的中心重合，并留有一定的划线，如图 3-62 所示。

（3）开启运丝电机，解除机床锁定，将电流调到最小。

（4）转动 X 轴手轮移动工作台，利用目测使电极丝中心对准绘制的 X 线。

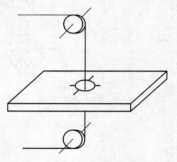

图 3-62　目测法对中心

（5）转动 Y 轴手轮移动工作台，利用目测使电极丝中心对准绘制的 Y 线。

2. 四次找边法

（1）Y 方向找中心。如图 3-63(a)所示，电极处在 a 位置，并不在穿丝孔的中心。先开启运丝电机，解除机床锁定，将电流调到最小，然后手动操作工作台使电极丝向 $-Y$ 方向移动，直到刚好碰到孔壁，产生电火花，如图 3-63(b)所示，记下此时的刻度值 Y_1；然后反方向移动，使电极丝在孔壁的另一侧出现电火花，如图 3-63(c)所示，记下此时的刻度值 Y_2；最后将电极丝移到 $(Y_1+Y_2)/2$ 刻度处，如图 3-63(d)所示。Y 方向找中心完成，如图 3-63(e)所示。

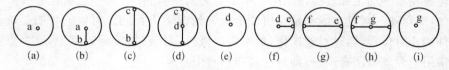

(a)　　(b)　　(c)　　(d)　　(e)　　(f)　　(g)　　(h)　　(i)

图 3-63　找边法对中心

（2）X 方向找中心。手动操作工作台使电极丝向 $+X$ 方向移动，直到刚好碰到孔壁，产生电火花，如图 3-63(f)所示，记下此时的刻度值 X_1；然后反方向移动，使电极丝在孔壁的另一侧出现电火花，如图 3-63(g)所示，记下此时的刻度值 X_2；最后将电极丝移到 $(X_1+X_2)/2$ 刻度处，如图 3-63(h)所示。X 方向找中心完成，如图 3-63(i)所示。

3. 自动找中心

自动找中心是让电极丝在工艺孔的中心定位。它是根据电极丝与工件的短路信号来确定孔的中心位置的。首先让电极丝在 X 或 Y 轴方向与一侧孔壁接触，然后返回，向另一侧孔壁靠近，再返回到两壁距离的 $1/2$ 处位置；接着在另一个轴上进行上述过程。这样经过几次反复，就可以找到孔的中心位置。当误差达到要求时，找中心就算结束。

HL 数控线切割系统自动找中心的具体操作步骤如下。

（1）主菜单下，选择加工，按回车键。

（2）系统弹出"CUT 切割"、"FOCUS 自动对中"和"TUNE 参数调校"对话框时，选择"FOCUS 自动对中"。

（3）手动将电极丝穿过穿丝孔。

（4）按下"F12 LOCK 进给"，锁定手动进给工作台。

（5）按下"F10 Track 自动"，使机床处于系统控制下。

（6）按下 F1（FOCUS 对中），开始对中。

机床先向$+X$移动，再向$-X$移动，然后回到 X 中点；接着向$+Y$移动，再向$-Y$移动，然后回到 Y 中点，对中完成。自动找中心是在关掉高频电源情况下进行的，且要在找中心前擦掉孔壁上的油、水、锈、灰尘和毛刺等。

3.4.2　加工案例

【加工项目 1】切割五角星工件

1. 项目任务

现有一毛坯为六面已加工过的 $100 \times 100 \times 20$ mm 的 45♯钢板，试切割成如图 3-64 所示的五角星工件。

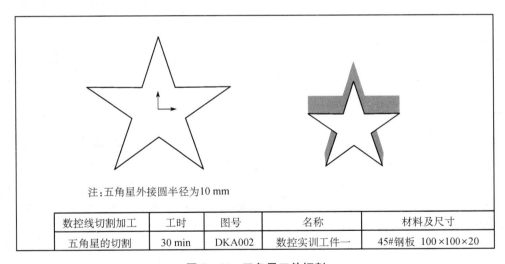

注：五角星外接圆半径为10 mm

数控线切割加工	工时	图号	名称	材料及尺寸
五角星的切割	30 min	DKA002	数控实训工件一	45#钢板 100×100×20

图 3-64　五角星工件切割

2. 项目工艺分析

零件轮廓是由直线构成。设五角星外接圆的中心为工件的坐标零点，如图 3-65 所示。作为凸模工件，选择使用 $\phi 0.18$ 的电极丝从工件外切入。设 $A(0,15)$ 为起始点，$B(0,10)$ 为加工切入点。走丝路线：从起始点 A 出发，经切入点 B 切入五角星，顺时针切割一周后回到 B 点，最后返回起始点 A，如图 3-66 所示。

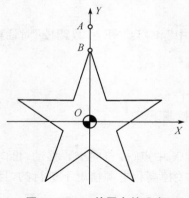

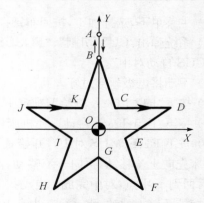

图 3-65   工件零点的设定   图 3-66   走丝路线的设定

3. 项目编程

（1）绘制图形。

依次点击菜单中的"pro 绘图编程"/"圆"/"圆心＋半径"，系统提示输入"圆心＜X，Y＞＝"，键入圆心坐标"0,0"回车；系统提示输入"半径＜R＞＝"，键入圆心半径为"10"，回车；系统自动以"0,0"为圆心，以 10 为半径绘出一个圆显示在屏幕上，如图 3-67 所示。按 ESC 退出画圆状态。

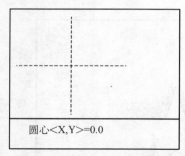

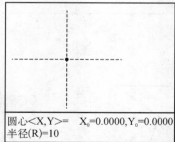

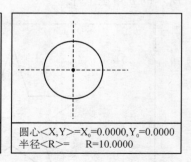

图 3-67   绘制图形 1

点击"点"/"等分点"；系统提示："选定线、圆、弧＝"，点击圆弧；系统提示："等分数＜N＞＝"，输入"5"，回车；系统提示："起始角度＜A＞＝"，输入"90"，如图 3-68（a）所示。按"Page up"键可放大显示的图像。

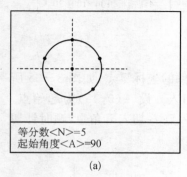

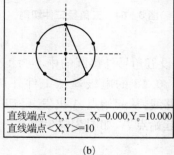

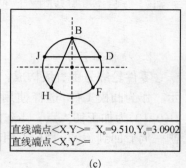

(a)   (b)   (c)

图 3-68   绘制图形 2

点击"直线"/"两点直线"；系统提示："输入端点＜X，Y＞＝"，点击圆弧上点 B（X0，Y10）；系统提示："直线端点＜X，Y＞＝"，点击 F（X5.8779，Y－8.0902），绘制一条直线。同样的方法，绘出直线 BH 和 JD，如图 3－68（b）和（b）所示。按 ESC 键退出画直线状态。

点击"交点"，系统提示：用光标指交点。用鼠标在 JD 和 BF 的交点 C，JD 与 BH 的交点 K 处点击，如图 3－69（a）所示。按 ESC 键退出交点状态。

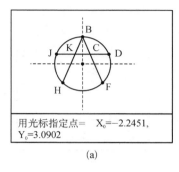

用光标指定点＝　X0＝－2.2451，
Y0＝3.0902

（a）

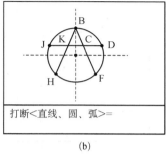

打断＜直线、圆、弧＞＝

（b）

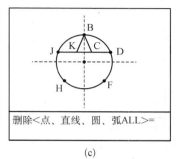

删除＜点、直线、圆、弧ALL＞＝

（c）

图 3－69　绘制图形 3

点击"打断"，系统提示："打断＜直线、圆、弧＞＝"，点击直线 BF 和 BH，如图 3－69（b）所示。点击后如图 3－69（c）所示。按 ESC 键退出打断状态。

点击"删除"，系统提示："删除＜点、直线、圆、弧 ALL＞＝"，点击删除直线 JD 和圆。删除后如图 3－70（a）所示。按 ESC 键退出删除状态。

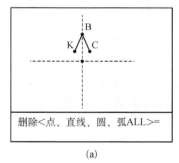

删除＜点、直线、圆、弧ALL＞＝

（a）

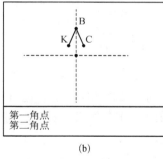

第一角点
第二角点

（b）

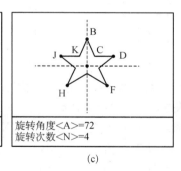

旋转角度＜A＞＝72
旋转次数＜N＞＝4

（c）

图 3－70　绘制图形 4

点击"块"/"窗口选定"，系统提示：第一角点，用鼠标点击左上角；系统提示：第二角点，用鼠标点击右下角，拉出一个包围图形 KBC 的方框，五角星的一个角被选中，如图 3－70（b）所示。点击"块旋转"，系统提示："旋转中心＜X，Y＞＝"，点击圆心点；系统提示："旋转角度＜A＞＝"，输入"72"，回车；系统提示："旋转次数 ＜N＞＝"，输入"4"，回车；绘出五角星如图 3－70（c）所示。

点击"块"/"取消块"，系统提示："取消块＜Y/N？＞"，点击"Y"确认。

点击"退回"，返回到主菜单，点击"文件存盘"，弹出保存文件对话框，输入文件名"WUJIAOXING"，点击"保存"，保存图形文件。

（2）生成数控加工程序。

主菜单中依次点击"数控程序"/"加工路线"，系统要求输入"加工起始点＜X，Y＞

＝"，键入切割起始点 A 的坐标(0,15)，回车；系统要求输入"加工切入点＜X，Y＞＝"，键
入切割起始点 B 的坐标(0,10)，回车；系统自动显示为顺时针切削，要求用户选择切入方
向，点击 Y 时，选择顺时针方向；系统提示输入"刀尖圆弧半径＜R＞＝"，直接回车；系统
提示输入"补偿间隙＜O＞＝"，取钼丝半径 0.09 和单边放电间隙 0.01 之和为"0.1"，回
车；系统自动生成走丝路径，如图 3-71 所示。

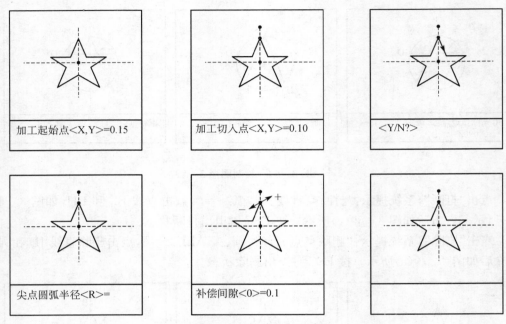

图 3-71　生成加工程序

点击数控菜单中的"代码存盘"，系统提示：已存盘，则加工代码被保存在相应的文件
夹中。点击"查看代码"，可以看到生成的 3B 代码。也可以退出系统后，在主页面"文件
调入"中，调入文件"WUJIAOXING.3B"，然后查看生成的 3B 代码。

加工五角星工件 3B 程序代码如下：

N1	B0	B0	B4677	GY	L4
N2	B2318	B7133	B7133	GY	L4
N3	B0	B0	B7501	GX	L1
N4	B6069	B4409	B6069	GX	L3
N5	B2318	B7133	B7133	GY	L4
N6	B6068	B4409	B6068	GX	L2
N7	B6068	B4409	B6068	GX	L3
N8	B2318	B7133	B7133	GY	L1
N9	B6068	B4409	B6068	GX	L2
N10	B0	B0	B7500	GX	L1
N11	B2318	B7133	B7133	GY	L1
N12	B0	B0	B4677	GY	L2

N13　　DD

程序编制好后可进行模拟加工,如果模拟加工没有问题,即可点击加工按钮正式加工工件。

【加工项目2】切割凸模工件

1. 项目任务

现有一毛坯为六面已加工过的 150×100×20 mm 的 45♯ 钢板,试切割成如图 3-72 所示的凸模工件。

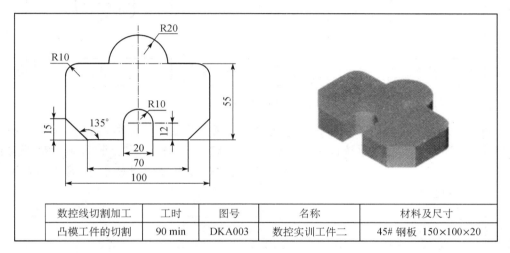

数控线切割加工	工时	图号	名称	材料及尺寸
凸模工件的切割	90 min	DKA003	数控实训工件二	45# 钢板 150×100×20

图 3-72　凸模工件切割案例

2. 项目工艺分析

零件轮廓是由直线和圆弧构成。设 R20 圆弧的中心为工件的坐标零点,如图 3-73 所示。选择使用 φ0.18 的电极丝从工件外预先加工好的工艺孔切入。设 A(−50,−55) 为起始点,B(−35,−55)为加工切入点。走丝路线:从起始点 A 出发,经切入点 B 切入凸模工件,逆时针切割一周后回到 B 点,也可以安排最后延长切出到 Q(−30,−60)。走丝路线如图 3-74 所示。

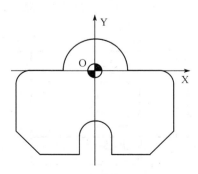

图 3-73　工件零点的设定

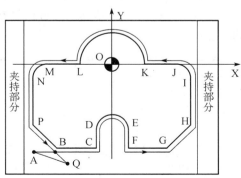

图 3-74　走丝路线的设定

3. 项目编程

(1) 绘制图形。

依次点击菜单中的"pro 绘图编程"/"圆"/"圆心＋半径",系统提示输入"圆心＜X,Y＞＝",键入圆心坐标(0,0),回车;系统提示"半径＜R＞=",键入圆半径为 20,回车;系统自动以(0,0)为圆心,以 20 为半径绘出一个圆显示在屏幕上。继续以同样的方法,绘出以(0,−43)为圆心,以 10 为半径的圆和(−40,−10)为圆心,以 10 为半径的圆,如图 3-75 所示。

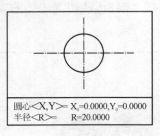 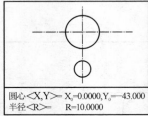 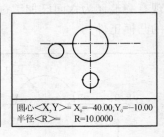

图 3-75　绘制图形 1

点击"点"/"等分点";系统提示:"选定线、圆、弧＝",点击 R20 圆;系统提示:"等分数＜N＞=",输入"4"回车;系统提示:"起始角度＜A＞=",输入"0",回车,则 R20 圆被四等分,如图 3-76(a)所示。同样的方法将 R10 的两个圆也进行四等分,如图 3-76(b)所示。按 ESC 键退出等分状态。

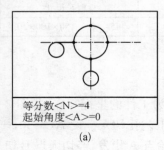 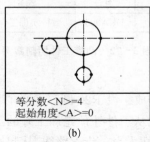 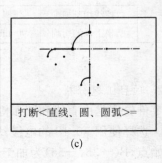

(a)　　　　　　　　　　(b)　　　　　　　　　　(c)

图 3-76　绘制图形 2

点击"打断",系统提示:"打断＜直线、圆、弧＞=",先按下 Ctrl 键,点击 R20 圆和两个 R10 的圆的左上部分,则其余部分被打断并删除,如图 3-76(c)所示。按 ESC 键退出打断状态。

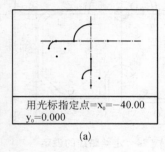 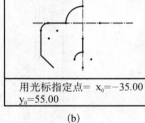 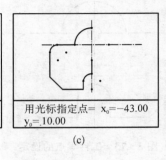

(a)　　　　　　　　　　(b)　　　　　　　　　　(c)

图 3-77　绘制图形 3

　　点击"直线"/"两点直线"；系统提示："输入端点＜X,Y＞＝"，点击圆弧上点 L(X−20,Y0)；系统提示："直线端点＜X,Y＞＝"，点击 M(X−40,Y0)，绘出一条直线 LM,如图 3−77(a)所示。同样的方法绘出 NP、PB、BC 和 CD,如图 3−77(b)和(c)所示。继续画出辅助线 OR,按 ESC 键退出画直线状态。

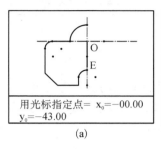
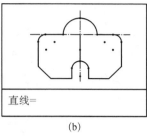
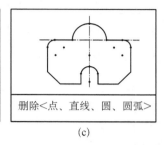

(a)　　　　　　　　　　　(b)　　　　　　　　　　　(c)

图 3−78　绘制图形 4

　　点击"块"/"窗口选定"，系统提示：第一角点，用鼠标点击左上角；系统提示：第二角点，用鼠标点击右下角，拉出一个包围图形的方框，图纸轮廓的左半部分被选中，如图 3−78(a)所示。按 ESC 键退出块窗口选定状态。点击"块对称"，系统提示："对称于点、直线＝"，点击对称线 OR,回车；系统自动绘出完整的轮廓线，如图 3−78(b)所示。按 ESC 键退出块对称状态。点击"块取消"，系统提示："取消块＜Y/N?＞"，点击 Y 确认，块被消除。点击"删除"，系统提示："删除＜点、直线、圆、圆弧 ALL＞＝"，点击直线 OR,回车，辅助线 OR 被删除。绘出的图形如图 3−78(c)所示。

　　按 ESC 键退出删除状态，点击"退回"，返回到主菜单，点击"文件存盘"，弹出保存文件对话框，输入文件名"TUMU"，点击"保存"，保存图形文件。

　　(2) 生成数控加工程序。

　　主菜单中依次点击"数控程序"/"加工路线"，系统要求输入"加工起始点＜X,Y＞＝"，键入切割起始点 A 的坐标(−50,−55)，回车；系统要求输入"加工切入点＜X,Y＞＝"，键入切割起始点 B 的坐标(−35,−55)，回车；系统自动显示为顺时针切削，要求用户选择切入方向，点击 N 时，系统更改为逆时针方向，点击 Y 确认；系统提示输入"刀尖圆弧半径＜R＞＝"，直接回车；系统提示输入"补偿间隙＜O＞＝"，取钼丝半径 0.09 和单边放电间隙 0.01 之和为"−0.1"，回车；系统自动生成走丝路径，如图 3−79 所示。

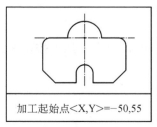
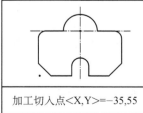
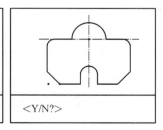

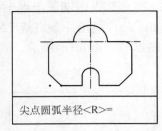
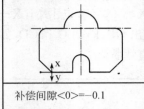
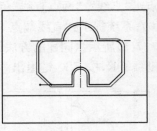

尖点圆弧半径<R>=   补偿间隙<0>=—0.1

图 3－79　生成加工程序

　　点击数控菜单中的"代码存盘",系统提示:已存盘,则加工代码被保存在相应的文件夹中。点击"查看代码",可以看到生成的 3B 代码。也可以退出系统后,在主页面"文件调入"中,调入文件"TUMU.3B",然后查看生成的 3B 代码。

　　加工凸模工件 3B 程序代码如下:

N1	B14996	B10	B14996	GX	L4
N2	B0	B0	B25014	GX	L1
N3	B0	B0	B12010	GY	L2
N4	B9990	B0	B9990	GX	SR2
N5	B0	B9990	B9990	GY	SR1
N6	B0	B0	B12010	GY	L4
N7	B0	B0	B25014	GX	L1
N8	B15006	B15006	B15006	GY	L1
N9	B0	B0	B30004	GY	L2
N10	B10010	B0	B10010	GX	NR1
N11	B0	B0	B19990	GX	L3
N12	B20007	B7	B20010	GX	NR1
N13	B3	B20007	B20000	GY	NR1
N14	B0	B0	B19990	GX	L3
N15	B0	B10010	B10010	GY	NR2
N16	B0	B0	B30004	GY	L4
N17	B15006	B15006	B15006	GY	L4
N18	B14996	B10	B14996	GX	L2
N19	DD				

　　程序编制好后可进行模拟加工,如果模拟加工没有问题,即可点击加工按钮正式加工工件。

【加工项目 3】切割凹模工件

　　1. 项目任务

　　现有一毛坯为六面已加工过的 $150 \times 100 \times 20$ mm 的 45♯钢板,试切割成如图 3－80所示的凹模工件。

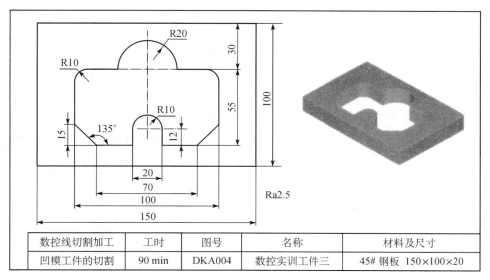

数控线切割加工	工时	图号	名称	材料及尺寸
凹模工件的切割	90 min	DKA004	数控实训工件三	45# 钢板 150×100×20

图 3-80　凹模工件切割案例

2. 项目工艺分析

零件轮廓是由直线和圆弧构成。设 R20 圆弧的中心为工件的坐标零点,如图 3-81 所示。选择使用 ϕ0.18 的电极丝从工件内预先加工好的工艺孔切入。设 A(20,-10)为起始点,B(20,0)为加工切入点。走丝路线:从起始点 A 出发,经切入点 B 切入凹模工件,逆时针切割一周后回到 B 点,最后回到 A 点。走丝路线如图 3-82 所示。

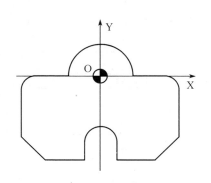

图 3-81　工件零点的设定

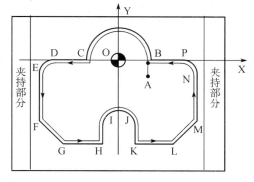

图 3-82　走丝路线的设定

3. 项目编程

(1) 打开图形并重命名保存。

由于本项目要切割的凹模工件轮廓线与上一个项目凸模的轮廓线相同,因此,不需要重复绘图。点击主菜单中的"打开文件",如图 3-83(a)所示。进入文件夹管理器,如图 3-83(b)所示。选中"TUMU.DAT"文件,点击"打开",打开该文件。

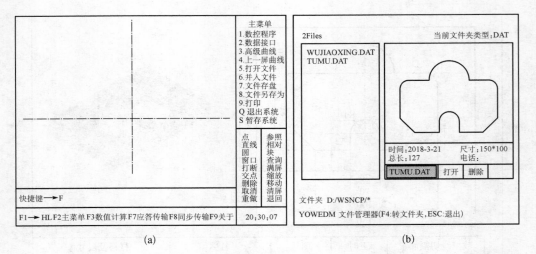

图 3 - 83　打开文件

打开后的界面如图 3 - 84(a)所示，点击"文件另存为"，系统弹出文件存盘对话框，如图 3 - 84(b)所示。输入"AOMU"后点击"保存"，系统自动进行文件存盘。

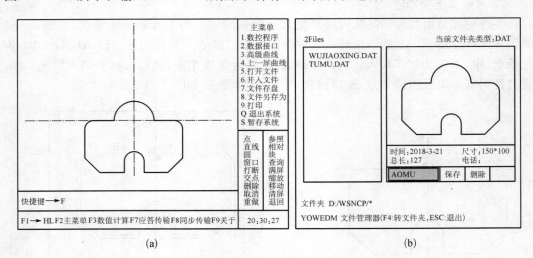

图 3 - 84　另存文件

（2）生成数控加工程序

主菜单中依次点击"数控程序"/"加工路线"，系统要求输入"加工起始点＜X,Y＞＝"，键入切割起始点 A 的坐标(20,－10)，回车；系统要求输入"加工切入点＜X,Y＞＝"，键入切割起始点 B 的坐标(20,0)，回车；系统自动显示为逆时针切削，要求用户选择切入方向，点击 N 时，选择顺时针方向，点击 Y 时，选择逆时针切割；系统提示输入"刀尖圆弧半径＜R＞＝"，直接回车；系统提示输入"补偿间隙＜O＞＝"，取钼丝半径 0.09 和单边放电间隙 0.01 之和为"0.1"，回车；系统自动生成走丝路径，如图 3 - 85 所示。

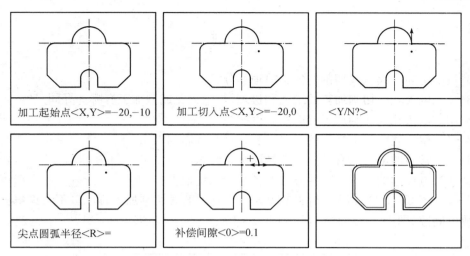

图 3-85　生成加工程序

点击数控菜单中的"代码存盘",系统提示:已存盘,则加工代码被保存在相应的文件夹中。点击查看代码可以看到生成的 3B 代码。也可以退出系统后,在主页面"文件调入"中,调入文件"AOMU. 3B",然后查看生成的 3B 代码。

加工凹模工件 3B 程序代码如下:

N1	B100	B9900	B9900	GY	L2
N2	B19901	B99	B19901	GX	NR4
N3	B2	B19902	B20000	GY	NR2
N4	B0	B0	B20100	GX	L3
N5	B0	B9900	B9900	GY	NR2
N6	B0	B0	B29959	GY	L4
N7	B14941	B14941	B14941	GX	L4
N8	B0	B0	B24859	GX	L1
N9	B0	B0	B11900	GY	L2
N10	B10010	B0	B10010	GX	SR2
N11	B0	B10100	B10100	GY	SR1
N12	B0	B0	B11900	GY	L4
N13	B0	B0	B24859	GX	L1
N14	B14941	B14941	B14941	GX	L1
N15	B0	B0	B29959	GY	L2
N16	B9900	B0	B9900	GX	NR1
N17	B0	B0	B20100	GX	L3
N18	B100	B9900	B9900	GY	L4
N19	DD				

程序编制好后可进行模拟加工,如果模拟加工没有问题,即可点击加工按钮正式加工工件。

习 题

3－1　论述电火花线切割的加工原理和分类。

3－2　电火花线切割加工的工艺和机理,与电火花成型加工有哪些异同点?

3－3　电火花线切割加工的应用有哪些?

3－4　试论述线切割加工的主要工艺指标及其影响因素。

3－5　常用的电极丝有哪些? 选择原则是什么?

3－6　电极丝的找正有哪些方法? 各有什么优缺点?

3－7　用 3B/ISO 代码编制加工图 3－86 所示的线切割加工程序。不考虑电极丝直径和放电间隙,图中 A 点为穿丝孔,加工方向为 $A—B—C—D——A$。

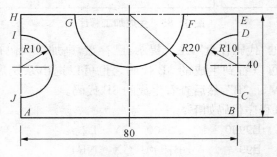

图 3－86　习题 3－7 图

3－8　请分别编制加工如图 3－87 所示工件的线切割加工 3B 代码和 ISO 代码。已知线切割加工用的电极丝直径为 0.18 mm,单边放电间隙为 0.01 mm,O 点为穿丝孔,加工方向为 $O—A—B——O$。

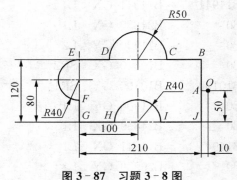

图 3－87　习题 3－8 图

3－9　下面为一线切割加工程序(材料为 8 mm 厚的钢材),请认真阅读后回答问题。

H000＝＋00000000　　H001＝＋00000110;

H005＝＋00000000;T84 T86 G54 C90 G92X ＋27000Y ＋0;

C007;

G01 X＋29000 Y＋0; G04 X0.0 ＋H005;

G41 H000；

C001；

G41 H000；

G01 X＋30000Y ＋0；G04 X0. 0 ＋H005；

G41 H001；

X＋30000 Y＋30000；G04 X0. 0 ＋H005；

X＋0 Y＋30000；G04 X0. 0 ＋H005；

G03 X＋0　Y－30000 I ＋0　J－30000；G04 X0. 0 ＋H005；

C01 X＋30000 Y－30000；G04 X0. 0 ＋H005；

X ＋30000 Y＋0；G04 X0. 0 ＋H005；

G40 H000 G01 X＋29000 Y＋0；

M00；

C007；

G01 X＋27000 Y＋0；G04 X0. 0 ＋H005；

T85 T87 M02；

（The Cutting length＝ 217. 247778MM）；

（1）请画出加工出的零件图，并标明相应尺寸。

（2）请在零件图上画出穿丝孔的位置，并注明加工中的补偿量。

（3）上面程序中 M00 的含义是什么？

（4）若该机床的加工速度为 50 mm^2/min，请估算加工该零件所用的时间。

扫一扫可见本
项目学习重点

项目四　电化学加工

（1）了解电化学加工的原理及分类。

（2）掌握电解加工、涂镀加工的原理及应用。

（3）具有使用电解加工技术加工实际零件的能力。

4.1　项目引入

加工如图所示的发动机叶轮的叶片，要求达到一定的表面粗糙度，批量生产。

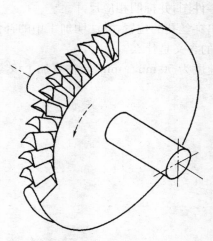

图 4-1　叶轮叶片加工

叶片是喷气发动机、汽轮机中的重要零件，叶身型面形状比较复杂，精度要求较高，加工批量大，在发动机和汽轮机制造中占有相当大的劳动量。叶片的传统加工方法是经精密锻造、机械加工，抛光后镶到叶轮轮缘的榫槽中，再焊接而成。此方法加工困难、生产率低、加工周期长，而且质量不易保证。而采用电解加工，则不受叶片材料硬度和韧性的限制，在一次行程中就可加工出复杂的叶身型面，生产率高、表面粗糙度小、质量好。

4.2　相关知识

电化学加工（Electrochemical Machining，简称 ECM）包括从工件上去除金属的电解加工和向工件上沉积金属的电镀、涂覆、电铸加工两大类。电化学加工的基本理论产生于十九世纪末,但真正在工业上得到大规模应用,还是 20 世纪 50 年代以后。伴随着高新技术的发展,复合电解加工、细微电化学加工、精密电铸、激光电化学加工等技术也迅速发展起来。目前,电化学加工已在国防工业、汽车工业、机械工业等领域发挥着越来越重要的作用。

4.2.1　电化学加工的原理及分类

4.2.1.1　电化学加工的原理

　　将两片铜片作为电极,接上约 12 V 的直流电,并浸入电解质溶液中(如 $CuCl_2$、NaCl溶液等),形成如图 4-2 所示的电化学反应通道,金属导线和电解质溶液中均有电流通过。在铜片(电极)和电解液的界面上,会有交换电子的反应,称之为电化学反应。

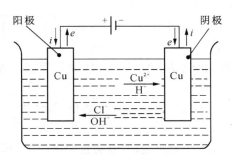

图 4-2　电化学加工原理

　　如图 4-2 所示,接入直流电源后,阳极中的铜原子失去两个电子成为 Cu^{2+} 离子,进入电解质溶液中,电子自阳极流入、阴极流出,进入阳极。同时,在电场作用下,电解质中的离子将作定向运动形成电荷迁移,Cu^{2+} 离子向阴极(负极)移动,并在阴极得到电子,还原成铜原子沉积在阴极表面,由此将产生阳极溶解和阴极沉积两种效应,利用这两种效应进行金属加工的方法称为电化学加工。其实,任何两种不同的金属放入任何导电的水溶液中,在电场的作用下都会有类似的情况发生。阳极表面失去电子(氧化反应)产生阳极溶解、蚀除,称为电解;阴极得到电子(还原反应)的金属离子还原成为原子,沉积在阴极表面,称为电镀或电铸。

4.2.1.2　电化学加工的分类及特点

　　电化学加工按加工原理可分为三类,如表 4-1 所示。

表 4-1　电化学加工分类

类别	加工原理	加工方法	应用范围
Ⅰ	阳极溶解	1. 电解加工	用于形状、尺寸加工,如涡轮发动机叶片、三角锻模加工等
		2. 电解抛光	用于表面光整加工、去毛刺等

类别	加工原理	加工方法	应用范围
Ⅱ	阴极沉积	1. 电镀	用于表面加工、装饰及保护
		2. 电刷镀	用于表面局部快速修复及强化
		3. 复合电镀	用于表面强化、模具制造
		4. 电铸	用于复杂形状电极及精密花纹模制造
Ⅲ	复合加工	1. 电解磨削	用于形状、尺寸加工及超精、光整、镜面加工等
		2. 电解电火花复合加工	用于形状、尺寸加工
		3. 电解电火花研磨加工	用于形状、尺寸加工及难加工材料加工
		4. 超声电解加工等	用于难加工材料的深小孔及表面光整加工

电化学加工与传统加工相比,有如下主要特点。

(1) 可对任何金属材料进行形状、尺寸和表面的加工。加工高温合金、钛合金、淬硬钢、硬质合金等难加工金属材料时,优点更加突出。

(2) 加工中无机械切削力和切削热的作用,故加工后表面无冷硬层、残余应力,加工后也无毛刺或棱角。

(3) 加工可以在大面积上同时进行,也无需划分粗、精加工,故一般都具有较高的生产率。

(4) 工具电极无磨损,可以长期使用,但要防止阴极的沉积现象对工具电极的影响。

(5) 电化学作用的产物(气体或废液)对环境有污染,对设备也有腐蚀作用,而且"三废"处理比较困难。

4.2.2　电解加工

电解加工(ECM)是继电火花加工之后发展较快、应用较广泛的一项新工艺方法。目前在国内外已成功地应用于枪炮、航空发动机、火箭等制造工业,在汽车、拖拉机、采矿机械的模具制造中也得到了应用。故在机械制造业中,电解加工已成为一种不可缺少的工艺方法。

4.2.2.1　电解加工的基本原理及特点

1. 电解加工的基本原理

电解加工是利用金属在电解液中产生的阳极溶解现象,进而去除多余材料,将工件加工成形的一种电化学加工方法。加工的基本原理如图 4-3 所示,将被加工工件作为阳极与直流电源正极连接,与加工工件形状相同的工具电极作为阴极与电源负极连接,并且两者之间保持约 0.1~0.8 mm 的间隙。当在两极之间加 6~24 V 的直流电压时,电解液以5~60 m/s 的速度从两极间的间隙中冲过,在两极和电解液之间形成导电通路。这样,工件表面的金属材料在电解液中不断产生阳极溶解,溶解物又被流动的电解液及时冲走,使工具电极恒速向工件移动,工件表面就不断产生溶解,最后将工具电极的形状复印到工件上。

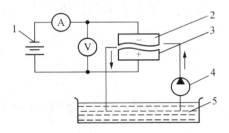

1—直流电源；2—工具阴极；3—工件阳极；
4—电解液泵；5—电解液。

图 4－3　电解加工示意图

(a)　　　　　　(b)

图 4－4　电解加工成形原理

电解加工成形原理如图 4－4 所示，图中的细竖线表示通过阴极（工具）与阳极（工件）间的电流，竖线的疏密程度表示电流密度的大小。在加工刚开始时，阴极与阳极距离较近的地方通过的电流密度较大，电解液的流速也较高，阳极溶解速度也就较快，见图 4－4(a)。由于工具相对工件不断进给，工件表面就不断被电解，电解产物不断被电解液冲走，直至工件表面形成与阴极工作面基本相似的形状为止，如图 4－4(b) 所示。

一般电解加工两极间距较小，为 0.1～0.8 mm；电流密度较大，为 20～1 500 A/cm^2；电解液压力较大，为 0.5～2 MPa；电解液流速较高，为 5～50 m/s。

2. 电解加工的特点

电解加工是利用电化学中阳极溶解的原理进行成形加工的，因此，与其他加工方法比较，具有下述不同的加工优点。

（1）在简单的直线进给运动过程中，可以完成复杂的曲面或型腔加工。

（2）不受被加工金属材料性能的影响，可用来加工高强度、高硬度以及低刚度的韧性金属材料。

（3）以石墨、黄铜作为工具阴极，通常不参与电极反应，除产生火花短路等特殊情况外，工具电极基本没有损耗。

（4）电解加工表面不产生毛刺、残余应力和变形层，对加工后工件的强度、硬度均无影响，可以达到较好的表面粗糙度（R_a0.25～0.2 μm）和平均加工精度（±0.1 mm）。

（5）加工过程中不产生内应力和变形，因此可加工易变形零件和薄壁零件。

（6）电解加工的生产效率比较高，约为电火花加工的 5～10 倍，在某些情况下，比切削加工生产效率还高，且加工生产率不直接受加工精度和表面粗糙度的限制。

同样，电解加工也存在以下弱点和局限性。

（1）由于影响电解加工间隙电场和流场稳定性的因素很多，难以控制，因此，很难达到较高的加工精度和加工稳定性。另外，加工过程中的杂散腐蚀比较严重，因此，很难用于加工小孔和窄缝。

（2）工具电极的设计和制作比较麻烦，因此，很难适用于单件、小批量生产。

（3）电解液对设备的腐蚀十分严重，尤其是对泵的腐蚀问题始终没有得到很好解决。

（4）电解加工设备要求具有较好的刚性、抗腐蚀性和密封性，同时还带有大电流整流电源及电解液系统等,因此,设备昂贵且占地面积较大。

(5)电解液的处理和回收有一定难度,而且加工过程中产生的气体对环境有一定污染。

4.2.2.2 电解加工的基本规律

一、生产率及其影响因素

电解加工的生产率是以单位时间内去除的金属量来衡量的,通常使用单位用mm^3/min或g/min来表示。

影响生产率的因素有很多,首先决定于工件材料的电化学当量,其次与电流密度有关。此外,电极间隙、电解液及其他参数等也有很大影响。

1. 电化学当量

由实践得知,电解时电极上溶解或析出物质的量(质量m或体积V),与电解电流I和电解时间t成正比,即与电荷量($Q=It$)成正比,其比例系数称为电化学当量,这一规律即所谓法拉第电解定律,用公式符号表示如下:

$$m = KIt \tag{4-1}$$

以体积计,则为

$$V = \omega It \tag{4-2}$$

式中,m —— 电极上溶解或析出物质的质量(g);

V —— 电极上溶解或析出物质的体积(mm^3);

K —— 被电解物质的质量电化学当量$[g/(A \cdot h)]$;

ω —— 被电解物质的体积电化学当量$[mm^3/(A \cdot h)]$;

I —— 电解电流(A);

t —— 电解时间(h)。

不过实际电解加工时,某些情况下在阳极上可能还出现其他反应,如氧气或氯气的析出,或有部分金属以高价离子溶解,从而额外地多消耗一些电荷量,所以被电解掉的金属量有时会小于所计算的理论值。为此,实际应用时常引入一个电流效率η。

$$\eta = \frac{实际金属蚀除量}{理论计算蚀除量} \times 100\% \tag{4-3}$$

式(4-1)和式(4-2)则变为

$$m = \eta KIt \tag{4-4}$$

$$V = \eta \omega It \tag{4-5}$$

表4-2列出了一些常见金属的电化学当量,对多元素合金,可以按元素含量的比例折算出,或由实验确定。

表 4 - 2　常见金属的电化学当量

金属名称	密度/ $(g \cdot cm^{-3})$	电化学当量		
		$K/g \cdot (A \cdot h)^{-1}$	$\omega/mm^3 \cdot (A \cdot h)^{-1}$	$\omega/mm^3 \cdot (A \cdot min)^{-1}$
铁	7.86	1.042(二价)	133	2.22
		0.696(三价)	89	1.48
镍	8.80	1.095	124	2.07
铜	8.93	1.188(二价)	133	2.22
钴	8.73	1.099	126	2.10
铬	6.9	0.648(三价)	94	1.56
		0.324(六价)	47	0.78
铝	2.69	0.335	124	2.07

【例 4 - 1】　某厂用 NaCl 电解液电解加工一批零件,要求在 64 mm 厚的低碳钢板上加工 ϕ25 mm 的通孔。已知中空电极内孔直径为 ϕ13.5 mm,每个孔限 5 min 加工完,需用多大电流? 如电解电流为 5 000 A,则电解时间需多少?

解:先求出电解一个孔的金属去除量

$$V = \frac{\pi(D^2 - d^2)}{4}L = \frac{1}{4}\pi \times (25^2 - 13.5^2) \times 64 \text{ mm}^3 = 22\ 200 \text{ mm}^3$$

由表 4 - 2 知碳钢的 $\omega = 133$ mm^3/(A · h)。设电流效率 $\eta = 100\%$,代入式(4 - 5)得

$$I = \frac{V}{\eta\omega t} = \frac{60 \times 22\ 255}{1 \times 133 \times 5} = 2\ 008 \text{ A}$$

当电解电流为 5 000 A 时,需要的时间为

$$t = \frac{60V}{\eta\omega I} = \frac{60 \times 22\ 255}{1 \times 133 \times 5\ 000} = 2 \text{ min}$$

2. 电流密度

电流密度是单位面积内的加工电流,用 i 表示,即 $i = I/A$。

因为电流 I 为电流密度 i 与加工面积 A 的乘积,故代入式(4 - 5)得

$$V = \eta\omega iAt \tag{4 - 6}$$

用材料去除率来衡量生产率在实际应用中不太方便,加工体积可以认为是加工面积 A 和蚀除掉的金属厚度 h 的乘积,即 $V = Ah$,而阳极金属的蚀除速度 $v_a = h/t$,代入式(4 - 6)可得

$$v_a = \eta\omega i \tag{4 - 7}$$

式中,v_a—— 金属阳极(工件)的蚀除速度;

$\quad i$—— 电流密度(A/cm^2)。

由上式可知,当在 NaCl 电解液中进行电解加工,$\eta=100\%$ 时,蚀除速度与该处的电流密度成正比,电流密度愈高,生产率也愈高。电解加工时的平均电流密度约为 $10\sim100$ A/cm^2,电解液压力和流速较高时,可以选用较高的电流密度。电流密度过高,将会出现火花放电,析出氯、氧等气体,并使电解液温度过高,甚至在间隙内会造成沸腾气化而引起局部短路。

实际的电流密度决定于电源电压、电极间隙的大小以及电解液的导电率。因此,要定量计算蚀除速度,必须推导出蚀除速度和电极间隙大小、电压等的关系。

3. 电极间隙

从实际加工中可知,电极间隙愈小,电解液的电阻也愈小,电流密度就愈大,因此蚀除速度就愈高。设电极间隙为 Δ,电极面积为 A,电解液的电阻率 ρ 为电导率 σ 的倒数,即 $\rho=\dfrac{1}{\sigma}$,则加工电流 I 为

$$I = \frac{U_R}{R} = \frac{U_R \sigma A}{\Delta} \tag{4-8}$$

电流密度为

$$i = \frac{I}{R} = \frac{U_R \sigma}{\Delta} \tag{4-9}$$

将式(4-9)代入式(4-7)中得

$$v_a = \eta \omega \sigma \frac{U_R}{\Delta} \tag{4-10}$$

式(4-10)说明蚀除速度 v_a 与电流效率 η、体积电化学当量 ω、电导率 σ、电压 U_R 成正比,而与电极间隙 Δ 成反比,即电极间隙愈小,工件被蚀除的速度将愈大。但间隙过小将引起火花放电或电解产物特别是氢气排泄不畅,反而降低蚀除速度或易被脏物堵死而引起短路。当电解液参数、工件材料、电压等均保持不变时,即 $\eta \omega \sigma U_R = C$(常数),则

$$v_a = \frac{C}{\Delta} \tag{4-11}$$

即蚀除速度与电极间隙成反比,或者写成 $C = v_a \Delta$,即蚀除速度与电极间隙之乘积为常数,此常数称为双曲线常数。v_a 与 Δ 的双曲线关系是分析成形规律的基础。在具体加工条件下,可以求得此常数 C。为计算方便,当电解液温度、质量分数、电压等加工条件不同时,可以做成一组双曲线图族或表,图 4-5 为不同电压时的双曲线族。

当用固定式阴极电解扩孔或抛光时,时间愈长,加工间隙便愈大,蚀除速度将逐渐降低,可按式(4-10)或图

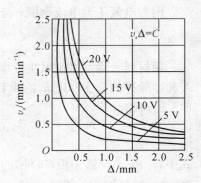

图 4-5 v_a 与 Δ 间的双曲线关系

表进行定量计算。式(4-10)经积分推导,可求出电解时间 t 和加工间隙 Δ 的关系式。

$$\Delta = \sqrt{2\eta\omega\sigma U_R t + \Delta_0^2} \qquad\qquad (4-12)$$

式中,Δ_0—— 初始间隙。

【例 4-2】 用温度为 30℃,质量分数为 15% 的 NaCl 电解液对某一碳钢零件进行固定式阴极电解扩孔,初始间隙为 0.2 mm,电压为 12 V。求刚开始时的蚀除速度和间隙为 1 mm 时的蚀除速度,并求间隙由 0.2 mm 扩大到 1 mm 所需的时间。

解: 设电流效率 $\eta = 100\%$,查表 4-2 知钢的体积电化学当量 $\omega = 2.22$ mm³/(A·min),电导率 $\sigma = 0.02$/(Ω·mm),$U_R = 12\text{ V} - 2\text{ V} = 10\text{ V}$。代入式(4-10)得

开始时的蚀除速度

$$v_a = \eta\omega\sigma U_R/\Delta_0 = 1 \times 2.22 \times 0.02 \times 10/0.2 \text{ mm/min} = 2.22 \text{ mm/min}$$

间隙为 1 mm 时的蚀除速度

$$v_a = \eta\omega\sigma U_R/\Delta = 1 \times 2.22 \times 0.02 \times 10/1 \text{ mm/min} = 0.444 \text{ mm/min}$$

从 0.2 mm 扩大到 1 mm 所需的时间为

$$t = (\Delta^2 - \Delta_0^2)/2\eta\omega\sigma U_R = (1^2 - 0.2^2)/(2 \times 0.444) \text{ min} = 1.09 \text{ min}$$

电解加工时,加工间隙应适当。间隙过大,加工精度低,易出现大圆角,电能消耗也大;而间隙过小,电流密度增大,温度升高,电解产物增多,排出困难,容易发生短路。因此加工间隙小时,要增加电解液的流动速度。一般粗加工时,间隙取 0.3~0.9 mm;半精加工时,取 0.2~0.6 mm;精加工时,取 0.1~0.3 mm。

4. 电解液

电解液作为导电介质传送电流,在电场作用下进行电化学反应,使阳极溶解顺利而可控,同时将电解产物和产生的热量排出。电解液性能越好,生产率越高,具体见后所述。

5. 工件材料

工件材料的成分不同,电化学当量不同,电极电位不同,形成的阳极膜的特性不同,溶解速度也就不同;金相组织不同,电流效率不同,溶解速度也不同,其中单相组织的溶解速度快,多相组织的溶解速度则慢。

二、加工精度

加工精度包括复制精度、绝对精度和重复精度。

(1)复制精度是指工件的形状和尺寸相对其阴极型面的偏差量。它是阴极设计和选择加工参数的重要基础。

(2)绝对精度是指工件的形状和尺寸相对其设计图样要求的偏差量。它取决于阴极的型面精度和加工间隙的大小及均匀性。

(3)重复精度是指用同一阴极加工出来的一批零件的形状和尺寸的偏差量。它取决于加工间隙的稳定性,工件和工具的安装误差也有影响。

三、表面质量

表面质量包括表面粗糙度和表面层力学性能。

1. 表面粗糙度

对电解加工表面粗糙度的影响主要有工件材料、工具电极、电解液流速等。一般电化学加工的表面粗糙度值 R_a 可达 $0.016 \sim 1.25\ \mu m$。

（1）工件材料成分越复杂，组织越疏松，晶粒越粗大，加工表面质量越差。

（2）工具电极越粗糙，加工表面越粗糙，在加工间隙小时特别明显。

（3）电解液流速过低，电解产物和氢气不容易排出，影响加工区的均匀性；而电解液流速过高，造成流场不均匀，容易产生流纹等缺陷。

2. 表面层力学性能

由于电化学加工是阳极溶解，无切削力和变形，无残余应力和烧伤退火层等，因此工件的硬度、抗拉强度、伸长率等力学性能几乎不变。但如果控制不好，则可能产生晶间腐蚀、流纹、麻点、工件表面黑膜，甚至烧伤等缺陷。

4.2.2.3　电解加工的设备

电解加工机床主要由机床本体、直流电源和电解液系统三大部分组成。图 4-6 为电解加工机床组成原理图。

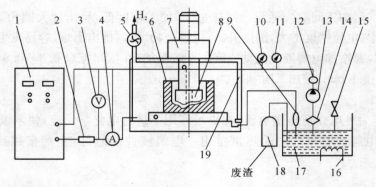

1—直流稳压电源；2—短路保护装置；3—电压表；4—电流表；5—排气扇；6—工件；
7—进给机构；8—工具；9—冷却器；10—压力表；11—温度计；12—流量计；13—泵；
14—过滤器；15—安全阀；16—加热器；17—电解液槽；18—沉淀分离器；19—防护罩。

图 4-6　电解加工机床组成原理图

1. 机床本体

电解加工机床本体主要用来安装夹具、工件和工具电极，保证它们之间的相对运动关系，因此需要相应的床身刚度；另外，还要传输直流电和电解液，因此需要防腐、密封、绝缘和通风等特殊性能要求。表 4-3 是国产电解加工机床的技术参数。

表 4-3　国产电解加工机床的技术参数

机床型号 加工表面类型 技术参数	DJS—20 2万安双头卧式电解机床 三维型面	DJL—20 2万安双头立式电解机床 三维型面	DJZ—2 立式振动电解机床 三维型面	DX3130 立式电解机床 三维型面	DX3150 立式电解机床 三维型面
加工面积/cm²	单面 800　双面 500	500			
加工外廓尺寸/mm	模块最大长 1 000 叶片最大长度 500 机匣叶轮外径 500	($L \times B \times H$) 1 000×1 000×500			
最大孔径/mm	250				
最大孔深/mm	300				
最大加工电流/A	双面 10 000×2 单面 15 000～20 000	20 000	3 000	2 000 (3 000)	5 000 (10 000)
额定电压/V	20				
电解压力/MPa	1.4		0.63		
额定工作液流量/ (m³/s)	0.012 6 (757 L/min)		0.04		
进给速度/(mm/s)	0.025～0.416 (0.1～25 mm/min)	0.033～0.416 (0.2～25 mm/min)		0.025～0.416 (0.1～25 mm/min)	
工作箱尺寸/mm	1 350×1 000× 1 300	2 000×1 500× 1 950		1 000×760	1 200×900
工作台尺寸/mm	花岗岩 500×800	900×1 000	400×300	花岗岩 400×300	花岗岩 750×500
阴极安装板尺寸/mm	500×350	650×650		300×250	500×400
主轴行程/mm	单面 170,双面 340	400	150	200	300

2. 直流电源

电解加工是根据电化学原理,利用单向电流对阳极工件进行溶解加工,由于两极间隙很小,因此必须采用低压大电流的直流电源供电。通常的电解加工用电是把交流电整流为直流电使用。目前常用的是硅整流电源,表 4-4 所示为常用的硅整流电源。

表 4-4　常用的硅整流电源

型号	交流输入		直流输出		稳压精度±(%)
	相数	额定电压/V	额定电压/V	额定电流/A	
KGXS500/12	3	380	12	500	1～2
KGXS1000/24	3	380	24	1 000	1～2
KGXS2000/24	3	380	24	2 000	1～2

续表

型号	交流输入		直流输出		稳压精度±(%)
	相数	额定电压/V	额定电压/V	额定电流/A	
KGXS3000/24	3	380	24	3 000	1~2
KGXS5000/24	3	380	24	5 000	1~2
KGXS10000/24	3	380	24	10 000	1~2
KGXS15000/12	3	6 000	24	15 000	1~2
KGXS20000/12	3	10 000	24	20 000	1~2

注：稳压精度是指电源电压波动±10%或负载变化25%~100%时,输出电压的允许变化范围。

3. 电解液系统

在电解加工过程中,需要电解液系统向电解加工区连续、平稳地输送具有移动流量和温度的清洁电解液,因此电解液系统是电解加工设备的重要组成部分。电解液系统由电解液泵、电解液槽、过滤器、热交换器和管道附件等组成。

(1) 电解液泵。泵的作用是使电解液保持所需要的压力和流速,电解加工中采用的大多为离心泵和齿轮定量泵,一般按被加工零件沿周每毫米 4.6 L/min 估算泵的额定流量,额定压力取 0.5~2 MPa。考虑到泵的防腐,需要采用特殊耐腐蚀材料制成。

(2) 电解液槽。电解液槽容量通常按 1 000 A 电流取 2~5 m³ 估算,小容量电解液槽做成箱式,大容量电解液槽做成池式,一般采用不锈钢或聚氯乙烯板焊接而成。

(3) 过滤器。电解加工的电解产物混在电解液中,将引起加工的不稳定,影响加工质量,甚至引起短路。因此,必须及时将电解产物和杂质从电解液中分离出来,电解液的过滤通常采用自然沉淀、强迫过滤和离心过滤。

(4) 热交换器和管道附件。为了使电解液保持适当的温度,有时需要进行电加热或蒸汽加热,或采用蛇形管道循环水冷却。所以管道附件除保证压力和流量要求外,还要考虑防腐要求。

4.2.2.4　电解液

1. 电解液的作用和要求

(1) 电解液的作用

在电解加工过程中,电解液的主要作用如下。

① 为导电介质传递电流。

② 在电场作用下进行电化学反应,使阳极溶解顺利而可控。

③ 及时带走加工间隙中的电解产物和热量,起更新和冷却作用。

因此,电解液对电解加工的各项工艺指标有十分重要的影响。

(2) 电解液的基本要求

① 有足够的蚀除速度,即生产率要高。这就要求:A. 电解质在溶液中有较高的溶解和电离度,具有很好的导电性,例如 NaCl 水溶液中的 NaCl 几乎能完全电离成 Na^+ 和

Cl^-,与水中的 H^+ 和 OH^- 共存;B. 电解液里含有的阴离子的标准电极电位较正,如 Cl^-、ClO_3^- 等,以免在阳极产生析氧等副反应,降低电流效率。

② 有足够的加工精度和表面质量。电解液中的金属阳离子不应在阴极产生得到电子的反应而沉积在工具电极上,以免改变工具电极的尺寸。所以电解液中的金属阳离子的电极电位一定要较负,如 Na^+ 和 K^+ 等。

③ 最终产物不溶性。这主要是便于处理阳极溶解下来的物质,通常被加工工件的主要组成元素的氢氧化物大多难溶于中性盐溶液。电解加工小孔、窄缝时,则要求电解产物可溶,否则很容易堵塞小孔和窄缝,这时经常采用 HCl 溶液作为电解液。

此外,还要注意绿色制造、环境保护、性能稳定、操作安全、腐蚀性弱等要求。

2. 常用的电解液

电解液可分为中性盐溶液、酸性盐溶液和碱性盐溶液三大类。其中中性盐溶液的腐蚀性较小,使用时较为安全,故应用最广。常用的电解液有 NaCl(氯化钠)、$NaNO_3$(硝酸钠)、$NaClO_3$(氯酸钠)三种。

(1) NaCl 电解液。价格低、货源足、导电能力强,适应性好,对大多数金属而言,其电流效率均很高,加工过程中损耗小,并可在低浓度下使用,应用很广。其缺点是电解能力强,杂散腐蚀能力强,使得离阴极工具较远的工件表面也被电解,成型精度难于控制,复制精度差;对机床设备腐蚀性大,故适用于加工速度快而精度要求不高的工件加工。

(2) $NaNO_3$ 电解液。在浓度低于 30% 时,对设备、机床腐蚀性很小,使用安全。但生产效率低,需较大电源功率,故适用于成型精度要求较高的工件加工。

(3) $NaClO_3$ 电解液。杂散腐蚀能力小,故加工精度高,对机床、设备等的腐蚀很小,广泛地应用于高精度零件的成型加工。然而,$NaClO_3$ 是一种强氧化剂,虽不自燃,但遇热分解的氧气能助燃,因此使用时要注意防火安全。

3. 电解液中的添加剂

几种常用的电解液都有一定的缺点,因此为了改善其性能,可以考虑增加添加剂。例如 NaCl 溶液的杂散腐蚀比较大,可以增加一些含氧酸盐(如磷酸盐),使表面产生一定的钝化膜,提高成形精度;又如 $NaNO_3$ 电解液的成形精度虽高,但电流效率相对较低,可以添加少量的 NaCl 来平衡电解效率和加工精度。为改善加工表面质量,可添加结合剂、光亮剂、缓蚀剂等,如加入少量 NaF(氟化钠)可以改善表面粗糙度。

4. 电解液对加工参数的影响

电解液的参数除了成分外,质量分数、温度、pH 值、黏度等对加工过程都有显著的影响。在一定的范围内,电解液的质量分数越大,温度越高,则电导率越高,腐蚀能力越强。

电解液温度受到机床夹具、绝缘材料和电极间隙间电解液的沸腾等限制,一般不能超过 60℃,常用 30℃~40℃。

NaCl 电解液的质量分数一般为 10%~15%,不超过 20%,加工精度要求高时甚至可以小于 5%。$NaClO_3$ 电解液与 $NaNO_3$ 电解液的溶解度大,但质量分数超过一定的数值时,非线性性能就很差了(如 $NaNO_3$ 电解液超过 30%),不利于加工精度的提高,所以常用 20%,而 $NaClO_3$ 电解液的质量分数为 15%~ 35%。

实际生产中 NaCl 电解液的应用最为广泛,基本上适用于钢、铁及其合金,表 4-5 为常见金属材料所用的电解液的配方和电参数。

表 4-5　电解液配方和电参数

加工材料	电解液配方(质量分数)	加工电压/V	电流密度/(A/dm²)
各种碳钢、合金钢、耐热钢、不锈钢等	NaCl(10%～15%)	5～15	10～200
	NaCl(10%)+NaNO₃(25%) 或 NaCl(10%)+NaClO₃(30%)	10～15	10～150
硬质合金	NaCl(15%)+NaOH(15%)+酒石酸(25%)	15～25	50～100
铜和铜合金、铝合金	NH₄Cl(18%)或 NaNO₃(12%)	15～25	10～100

电解液的质量分数经常随加工过程变化,原因之一是水的电解和水的蒸发,原因之二是 ClO_3^- 和 NO_3^- 减少。电解液的 pH 值随 H_2 的逸出产生碱化,需要让溶液中的 OH^- 离子与溶液中的金属离子结合。水的蒸发和氢氧化物在溶液中的增加,会增加溶液的黏度。总而言之,在加工过程中需对溶液的质量分数、pH 值和黏度等进行控制,才能保证电解加工的顺利进行和加工质量的提高。

5. 电解液的流动

(1) 电解液的流速

在加工过程中,电解液必须具有足够的速度,以将电解产物和热量及时带离加工间隙。电解液的流速一般为 10 m/s,当电流密度增大时,流速也需相应增大,否则很容易产生加工缺陷。流速的改变是通过调节电解液泵的出水压力来实现的。

(2) 电解液的流向

电解液一般有正向流动、反向流动和横向流动三种方式(见图 4-7)。正向流动是指电解液从工具阴极中心流出,经由加工间隙,从四周流出。其优点是密封简单,缺点是加工型孔侧面时已经含有大量的电解产物,从而影响加工精度和表面粗糙度。反向流动是指电解液先从型孔周边流入,经由加工间隙后从阴极中心吸出,其优缺点与正向流动恰好相反。横向流动是指电解液从一个侧面流入,另一个侧面流出,一般只用于如发动机、汽轮机叶片等一些型腔较浅的零件的修复加工。

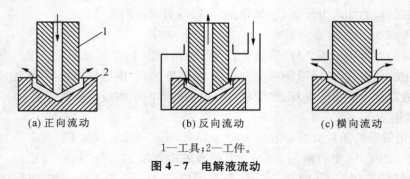

(a) 正向流动　　　　　　(b) 反向流动　　　　　　(c) 横向流动
1—工具;2—工件。
图 4-7　电解液流动

(3) 电解液的流场

电解液的流动原则上需要在间隙内处处均匀,但是做到处处均匀实际是不可能的,在设计阴极出水口时要使流场尽量均匀,应绝对避免产生死水区或产生涡流。图 4-8 为出水口设计不佳产生的死水区和改进措施。

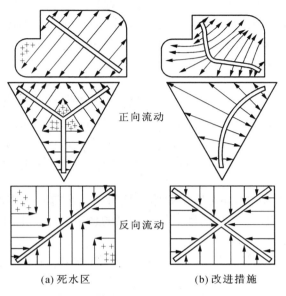

正向流动

反向流动

(a) 死水区　　　　　　　(b) 改进措施

图 4-8　出水口设计不佳产生的死水区和改进措施

在死水区由于电解液没有流动,工件的溶解速度大幅下降,容易产生电火花或短路,影响加工精度。

出水口的形状一般为窄缝和小孔两类,其布局应该根据所加工的型腔来考虑,使流场尽可能均匀。目前型腔加工主要采用窄槽供液,而电解液供给不足的地方也用增液孔来弥补。对于筒形零件,如圆孔、花键、膛线等,仍然采用喷液孔。

4.2.2.5　电解加工的阴极设计

1. 阴极材料的选择

阴极材料的选择取决于很多因素,主要是要有好的耐蚀性和导电性,此外还要有强度、尺寸稳定性和易加工性等。常用的阴极材料有纯铜、黄铜、青铜、不锈钢、碳钢和铜钨合金等。

纯铜导电性好、耐腐蚀、好修复,但强度差,不能用反拷法制造。当加质量分数为 1% 的 Cr 后,其加工性能得到很好的改善。所谓反拷法,就是将阴极工具作为被加工对象接阳极,而把已加工好的零件(如叶片、锻模等)作为工具接负极进行混气电解加工,在进行一些试验和修整后就可以作为加工的阴极工具了。

黄铜和青铜的导电性能比纯铜差,同样有耐腐蚀和易修复的特点。但强度和加工性的提高,也不能用反拷法来制造。

不锈钢虽导电性差,尺寸稳定性也差,但适合于用反拷法制造阴极。

碳钢(35 和 45)近年来广泛应用于穿孔和型腔加工的阴极,碳钢材料价格低,能反拷制造阴极,好修复,强度理想,制造前进行回火处理后,尺寸稳定性也好。缺点是耐蚀性差。在加工时如果有足够的电解液从间隙流过,碳钢阴极也不会过热。碳钢在加工过程中是不会腐蚀的,如果使用完后马上拆下,浸入亚硝酸钠溶液中,则使用寿命可以大大延长。

铜钨合金的加工性好,发生火花时也不容易损坏,同时还具有高的强度。但其价格高,一般用于制造穿孔加工的薄片阴极,特别是加工整体叶轮等零件时,这种电极片寿命长,是保证叶轮等零件加工质量的重要条件。

2. 阴极的绝缘和导电

(1) 阴极的绝缘

为了达到高的电流密度,防止二次电解影响加工面的尺寸,在绝大多数情况下对阴极的非工作面要进行绝缘处理。加工型面、型腔阴极时,其侧面一般没有绝缘问题,但在加工叶片等零件时,为减轻杂散腐蚀,也需对阴极的非工作面进行绝缘。

当前最常用的绝缘材料是环氧树脂,这种绝缘层与金属基体之间的附着力取决于操作时的工艺方法。

除液体环氧树脂涂料外,还可以用固体环氧粉末。涂覆时将零件清洗干净后加热到200℃左右放入喷粉设备中,飞扬的环氧粉在灼热的金属表面熔化而均匀地涂覆在工具阴极表面。

在国外还用橡胶做绝缘涂层,它适合用涂覆纯铜阴极(表面经氧化处理,形成氧化层),其优点是绝缘层厚度为 0.25～6.25 mm,适合用于很薄的涂层。

高温陶瓷也是一种绝缘材料,适合于不锈钢表面的绝缘。这是将一种以氧化铬为主的水溶液涂在待绝缘的表面,在 1 020℃下焙烧而成,一般需要多次涂覆和焙烧才能达到可靠的绝缘。

利用金属本身的氧化膜绝缘是个很好的设想,如不锈钢等材料在 920℃温度下氧化30 min～120 min,可得到电阻为几兆欧的极薄的绝缘层。

(2) 阴极的导电

电解加工时的电流很大,因此阴极的导电问题必须足够重视。

① 阴极与工件的导电面积必须足够大,导电能力也要足够,一般需达到 40 A/cm²。

② 由于电流大,电解过程产生的热量也多,阴极需要用水冷或工作液冷却,夹具上的定位导电部分也要考虑充分冷却。

③ 尽量减小导电回路中的接触电阻。

④ 导电电缆的外皮与接线片间要密封良好,避免电解液的渗入。

3. 平衡间隙理论

电解加工中,电流密度越大,加工速度越大,但电流密度过大将会出现电火花放电,析出氧气和氯气等,并使电解液温度过高,甚至在间隙内造成沸腾气化而引起局部短路等。实际上,电流密度取决于电源电压、电极间隙和电解液的电导率。因此,要定量计算蚀除速度,必须推导出蚀除速度与间隙大小、电压等的关系。

(1) 端面平衡间隙

端面平衡间隙是指加工过程达到稳定时的间隙。在此之前,加工间隙处于初始间隙 Δ_0 向平衡间隙 Δ_b 过渡的状态。如图 4-9 所示,在经过 t 时间后,阴极工具进给了

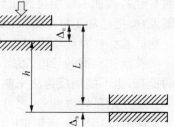

图 4-9 加工间隙的变化

L,工件表面电解了 h,此时加工间隙为 Δ,随时间的推移加工间隙 Δ 趋近于平衡间隙 Δ_b,初始间隙与平衡间隙差别越大,进给速度越小,则过渡时间越长。然而实际加工时间取决于加工深度及进给速度,不能再拖延很长,因此加工结束时的加工间隙往往大于平衡间隙。

当进给速度大时,端面平衡间隙就小,在一定范围内它们成反比关系,能相互平衡补偿。当然,进给速度不能无限增加,因为进给速度过大,平衡间隙过小,容易引起局部堵塞,造成火花放电或短路。端面平衡间隙一般为 0.8 ~0.12 mm,比较合适的为 0.25 ~0.3 mm。实际上,端面平衡间隙主要取决于加工电压和进给速度。

（2）法向平衡间隙

上述端面平衡间隙是垂直于进给方向的阴极端面与工件的间隙,对于型腔类模具来说,工具的端面不一定垂直于进给方向,而是成一定的角度（见图 4 - 10）,倾斜部分各点的法向进给分速度 Δ_n 有

$$\Delta_n = \frac{v_b}{\cos\theta} \tag{4-13}$$

由此可见,法向平衡间隙比端面平衡间隙要大。此式简单又便于计算,但是要注意此式在进给速度和蚀除速度达到平衡、间隙是平衡间隙而不是过渡间隙时才正确,实际上倾斜底面上在进给方向的加工间隙往往没有达到平衡间隙 Δ_b 值。底面倾斜的角度越大,Δ_n 的计算值与实际值的偏差越大。因此当 $\theta \leqslant 45°$ 且精度要求不高时可以采用此值;当 $\theta \geqslant 45°$ 时应按下面的侧面平衡间隙计算,并适当修正。

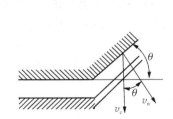

图 4 - 10　法向进给速度和法向间隙

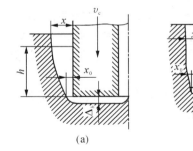

图 4 - 11　侧面平衡间隙

（3）侧向平衡间隙

当电解加工型孔时,决定尺寸和精度的是侧面平衡间隙 Δ_s。电解液为 NaCl,阴极侧面不绝缘时,工件型孔侧壁始终处于电解状态,势必形成喇叭口[见图 4 - 11（a）]。如果对侧面进行绝缘,只留下宽度为 b 的工作圈,则侧面间隙 Δ_s 只跟工作圈宽度 b 相关[见图4 - 11（b）],侧面间隙 $\Delta_s = x$,则有

$$\Delta_s = \Delta_b \sqrt{\frac{2b}{\Delta_b} + 1} \tag{4-14}$$

4. 阴极的尺寸计算

利用平衡间隙理论设计阴极尺寸是最重要的应用。一般在已知工件截面的情况下,

工具阴极的侧面尺寸、端面尺寸及法向尺寸均可根据平衡间隙理论计算。当设计一个圆弧面加工的阴极时，通常用基于式(4-13)的 $\cos\theta$ 法。

$\cos\theta$ 法的具体作法为：选择工件圆弧上的任一点 A_1（见图 4-12），作该点的切线和法线，同时做一条平行于进给方向的直线，在这条直线上取一长度等于 Δ_b 的线段 A_1C_1，过 C_1 做一直线垂直于进给方向交法线与 B_1，该点就是工件上 A_1 所对应的阴极工具上的点。同样可以对 A_2 点进行相同的作图，得到 B_2 点。如此求出所有点，并连成光滑曲线，即可得到加工该曲线的阴极工具。当然，这里有个条件就是法线和进给方向的夹角必须小于 $45°$，否则需按侧面平衡间隙理论进行修正。

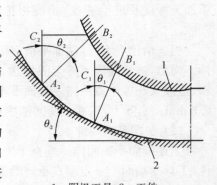

1—阴极工具；2—工件。

图 4-12 用作图法设计阴极工具

4.2.2.6 电解加工质量的提高

1. 影响加工精度的因素

前面已经叙述过，加工精度包括复制精度、重复精度和绝对精度三方面。影响电解加工精度的因素有以下几点。

（1）机床及工艺设备。机床刚度、进给机构精度及运动的平稳性、夹具结构与定位精度等，都会直接影响到加工精度。直流电压的稳定、电解液的清洁、流速、压力和流向等也会影响到加工精度。

（2）电解液。电解液的钝化性能强，浓度、温度、pH 值小，则加工精度高。

（3）工艺参数。工艺参数是指进给速度、加工间隙、电解液的压力与流速、电流密度。适当地提高进给速度，减小加工间隙，以及适中的压力和流速、较小的电流密度，都有利于提高加工精度。

（4）工件。工件材料和组织均匀，毛坯的余量均匀，则具有较好的表面粗糙度，也可以提高加工精度。

（5）工具。工作液的出液口安排合理，型面设计合理，非加工面进行绝缘，都有利于提高加工精度。

2. 提高电解加工精度的方法

（1）传统途径

传统提高电解加工精度的方法主要是从影响加工精度的因素入手，用改善工艺或设备的方式来提高加工精度，主要措施见表 4-6。

表 4-6 提高加工精度的主要措施

序号	影响因素	具体措施
1	加工工件	① 毛坯余量足够、均匀和稳定 ② 材料组织均匀 ③ 工件表面清洁，没有油污和氧化皮

续表

序号	影响因素	具体措施
2	电解液	① 电解液的电流效率特性良好 ② 严格控制浓度、温度和 pH 值 ③ 采用复合电解液 ④ 提高电解液的过滤效果
3	工具阴极	① 正确而光洁的型面 ② 合适的流动方向和合理的出液口设计 ③ 足够的刚度和强度 ④ 正确可靠的安装定位
4	加工工艺参数	① 尽可能采用高的进给速度 ② 足够的电解液压力和流速 ③ 适当的背压
5	机床设备	① 高的传动精度和机床刚度 ② 可靠的电源稳定性
6	其他	① 脉冲电解、振动进给 ② 混气电解

（2）混气电解

混气电解是在电解液中混入一定比例的气体，使气液混合物进入加工间隙的一种电解加工方法，图 4-13 是混气电解的加工原理图。在电解液中混入气体之后可使加工间隙内的电极反应、流场分布和电阻率趋于均匀，电流密度的分布也趋于均匀。

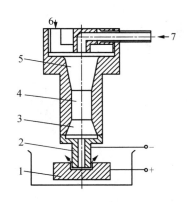

1—工件；2—工具阴极；3—扩散部；
4—混合部；5—引导部；6—电解液入口；
7—气源入口。

图 4-13　混气电解的加工原理图

混气电解的特点如下。

① 提高了加工质量。因为气体不导电，电解液中混入气体以后，加工间隙内的电阻率增大，而且随压力的变化而变化。在间隙小的地方，压力高，气泡体积小，电阻率低，电解作用强；而在加工间隙大的地方压力低，气泡体积大，电阻率高，电解作用减弱。这可使加工间隙趋于均匀，提高复制精度。此外，气液混合物中的气体具有压缩性，气体密度在气液混合物中具有可变性，产生了强烈的搅拌和冲击作用，大大改善了加工间隙内流场的分布。

② 简化了阴极设计。与一般的电解加工相比，混气电解加工的间隙小而均匀，因此工具阴极的设计及制造就比较简单，而且混气电解可以得到比较高的复制精度，所以大大减少了钳工的修磨工作量。

③ 加工速度降低。混气电解时,由于电阻率增大及电流密度减小,所以加工速度低于一般的电解加工,例如用 NaCl 电解液混气电解加工时的加工速度为一般电解加工的 1/3～1/2。

如图 4-14(a)所示,侧面间隙很大,模具上腔有喇叭口,成形精度差,阴极工具设计与制造比较困难,需多次反复修正。图 4-14(b)所示为混气电解加工的情况,成形精度高,侧面间隙小而均匀,表面粗糙度小,阴极工具容易设计。

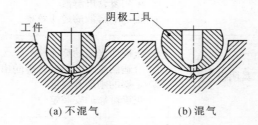

(a) 不混气   (b) 混气

图 4-14   混气电解加工效果对比

混气电解加工成形精度较不混气时有了很大的提高,在型面的电解加工中得到了较多的应用。洛阳拖拉机厂加工发动机连杆锻压模具时,用原来的铣削工艺需加工 56 h,采用不混气电解加工只需 4 h,而采用混气电解加工需要 4.2 h,但是成形精度有了较大的提高,减小了打磨余量,混气电解钳工工时为 16 h,而不混气电解时钳工工时为 24 h。混气电解的工艺参数为:电解液为质量分数为 7%～10% 的 NaCl 溶液,温度为 25℃～40℃,气体压力为 0.4～0.5 MPa,电解液压力加气前为 0.15 MPa,加气后为 0.34 MPa,初始间隙为 0.5 mm,加工电压为 10 V,模具材料为 5CrMnMo。图 4-15 为电解加工连杆模锻阴极肋部情况。

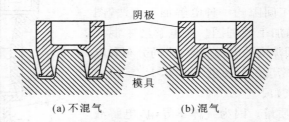

(a) 不混气   (b) 混气

图 4-15   电解加工连杆模锻阴极肋部

由于混气电解提高了成形精度,可以采用反拷法制造阴极,大大简化了阴极的设计和制造。

(3) 脉冲电流电解

脉冲电解加工是以周期性间隙供电代替连续供电的加工方法。脉冲电解技术从根本上改善了电解加工间隙的流场、电场和电化学过程,从而得到了较高的蚀除能力和较小的加工间隙,也证明了在保证加工效率的条件下可以较大幅度地提高电解加工精度的可能性和现实性。

脉冲电解加工的特点有以下几点。

① 改善流场,提高电解过程的稳定性。脉冲电流周期性的脉动变化,在加工间隙产生同步的气体压力波,推动电解液的扰动,从而改善电解液的流动。

② 有利于电解产物的排出。利用产生的气体压力冲击波,在脉冲间隙间排出电解产物。

③ 有利于改善电场。加工区常处于新鲜的电解液中,在没有沉积电解产物的情况下进行加工,提高了电流效率。

④ 提高加工精度。由于加工区的流场、电场得到了改善,从而有利于实现小间隙加工,提高加工精度。

⑤ 生产率低于直流电解加工。脉冲占空比数值减小,加工速度减慢。

3. 电解加工常见缺陷分析

电解过程中有许多因素都会影响到加工质量和加工精度,上面已经分析过影响加工精度的因素和提高加工精度的方法和途径,这里分析电解加工过程中产生的一些常见缺陷,并提出相应的处理措施。表 4-7 是电解加工常见缺陷和消除方法。

表 4-7　电解加工常见缺陷和消除方法

序号	缺陷种类	缺陷特征	产生原因	消除方法
1	表面粗糙	表面呈细小纹理或点状	① 工件金相组织不均,晶粒粗大 ② 电解液中杂质多 ③ 工艺参数不匹配,流速过低	① 采用均匀的金相组织 ② 控制电解液中的杂质 ③ 合理选择参数,提高流速
2	纵向条纹	与电解液流动方向一致的沟痕和条纹	① 加工区域流场分布不均 ② 电解液流速与电流密度不配 ③ 阴极绝缘物破损	① 调整电解液的压力和电流密度 ② 检查阴极绝缘
3	横向条纹	在工件横截面方向上的沟痕和条纹	① 机床进给不稳,有爬行 ② 加工余量小,机加工痕迹残留	① 检查机床,消除爬行,检查工件与阴极的配合 ② 合理选择加工余量
4	小凸点	呈很小的料状突起,高于表面	① 杂质附于工件表面 ② 零件表面铁锈未除干净	① 加强电解液的过滤 ② 仔细擦洗加工零件表面
5	鱼鳞	鱼鳞状波纹	流场分布均匀,流速过低	提高压力,加大流速
6	瘤子	块状表面凸起	① 加工表面不干净 ② 阴极上绝缘物剥落,阻碍流动 ③ 材料中含有非金属杂质 ④ 加工间隙有非导电物阻塞	① 加工前清理表面 ② 检查过滤网和阴极绝缘
7	表面严重凹凸不平	表面块状规则凸起	① 阴极出水口堵塞,流场不均 ② 电解液流速低,流量不足	① 电解液中非钠盐成分过高 ② 调整电解液压力和流速

4.2.2.7　电解加工工艺及应用

我国 1958 年在膛线加工方面成功采用电解加工工艺,目前电解加工已广泛应用于机械制造业中,如深孔加工、花键加工、内齿轮加工、链轮加工、叶片加工、异形零件加工和模具加工等。

(1) 深孔扩孔加工

深孔加工可根据阴极是否运动分固定式和移动式两种。

① 固定式

固定式是工具和工件之间没有相对运动,如图 4-16 所示。其优点是:设备简单,只需一套夹具来保持阴极和工具的同心,以及导电和引进电解液的作用;生产率高,因为整个加工面可以同时加工;操作简单,不需要有任何运动。其缺点是:阴极比工件长,电源的功率要求大;电解液在进出口的温度和电蚀产物浓度不均匀,会引起加工表面粗糙度和尺寸精度的不均匀现象;当加工表面过长时,阴极刚度容易不足。

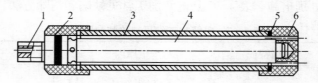

1—入水口;2—绝缘固定套;3—工件;4—固定阴极;5—密封面;6—出水口。

图 4-16　固定式阴极扩孔原理图

② 移动式

移动式深孔电解通常采用卧式,阴极在零件内孔做轴向移动。移动工具电极较短,精度要求较低,制造容易,可加工任意长度的工件而不受电源功率的限制,但需要有效长度大于工件长度的机床,同时工件两端由于加工面积不断变化而引起电流密度的变化,故容易出现收口和喇叭口,需要自动控制。

阴极设计要结合工件的具体情况,尽量使加工间隙内任何地方的流速保持一致,流场均匀,不允许有死水区和涡流。圆柱形阴极(见图 4-17)加工时加工间隙各处是不一致的,为此阴极工具应该设计成圆锥形,这样加工间隙基本一致,流场均匀,加工效果好。为了避免产生涡流,在进入和离开加工区时应设置导流段。

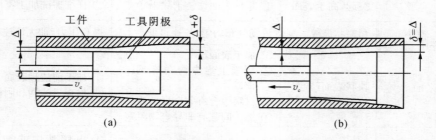

图 4-17　移动式阴极深孔扩孔示意图

实际深孔扩孔用移动式阴极如图 4-18 所示,阴极锥体 2 用黄铜或不锈钢制成。而非工作面用有机玻璃或环氧树脂等绝缘材料遮盖,前引导 4 和后引导 1 起绝缘和定位作用。电解液从接头及入水孔 6 引进,从出水孔 3 喷出,经过一段导流进入加工区。加工花键、膛线等原理与此类似。

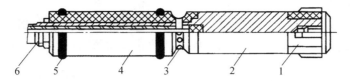

1—后引导；2—阴极锥体；3—出水孔；4—前引导；5—密封面；6—接头及入水孔。

图 4-18　深孔扩孔用移动式阴极

（2）型孔加工

在生产实际中经常会遇到一些形状复杂的方孔、椭圆孔、半圆孔等，有些是通孔，有些甚至还是不通孔，机械加工难度很大，如果采用电极加工则可以大大提高生产率和加工质量（见图 4-19）。型孔加工一般采用端面进给法，为了避免锥度，阴极侧面必须绝缘；为了提高加工速度，可适当增加端面工作面积，使阴极内圆锥的高度为 1.5～3.5 mm，工作端及侧面成形环面的高度一般为 0.3～0.5 mm，出水孔的截面积应大于加工间隙的截面积。

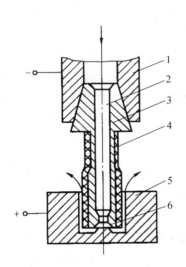

1—主轴套；2—进水孔；3—阴极主体；
4—绝缘层；5—工件；6—工作端面。

图 4-19　端面进给型孔电解加工示意图

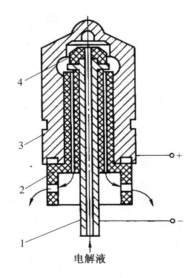

1—工具阴极；2—绝缘层；
3—工件阳极；4—绝缘层。

图 4-20　电解加工喷油嘴内圆弧槽

图 4-20 所示为加工喷油嘴内圆弧槽的例子，如果采用机械加工是很困难的，而用固定阴极电解扩孔则很容易实现，而且可以同时加工多个工件，提高生产率。

（3）型腔加工

锻压模、塑料模、粉末冶金模等都是型腔模，由于电火花加工比电解加工更容易控制，所以大部分都采用电火花加工。然而，电火花加工的生产率很低，所以当模具消耗量大、精度要求不高时，多采用电解加工。

型腔模具的成形表面大多比较复杂，当采用 $NaClO_3$ 电解液与 $NaNO_3$ 电解液等成形精度好的电解液加工或采用混气电解时，阴极比较容易设计，因为加工比较容易控制，还可以采用反拷法制造阴极;当采用 NaCl 溶液电解时则比较复杂。

复杂型腔表面加工时,电解液流场不易均匀,在流速和流量不足的区域电解腐蚀量偏小,容易短路,此时应在阴极相应的地方加开增液孔或增液槽,如图 4-21 所示。

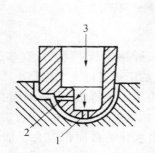

1—喷液槽;2—增液孔;3—电解液。

图 4-21 增液孔的设置

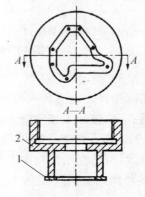

1—金属片;2—阴极体。

图 4-22 套料加工的阴极

（4）套料加工

用套料加工的方法可以加工等截面大面积的异形孔或零件下料。图 4-22 为套料加工的阴极,可以加工形状如主视图所示的零件,这种形状的零件用这些加工方法将是十分麻烦的。图中阴极片 1 为 0.5 mm 厚的纯铜片,用软钎焊焊在阴极体 2 上,零件尺寸精度由阴极片内腔口保证,当加工中偶尔发生短路烧伤时,只需更换阴极片,阴极体则可以长期使用。

在套料加工中,电流密度为 100～200 A/cm³,工作电压为 13～15 V,端面间隙为 0.3～0.4 mm,侧面间隙为 0.5～0.6 mm,电解液压力为 0.8～1 MPa,温度为 20℃～40℃,NaCl 溶液的质量分数为 12%～14%,进给速度为 1.8～2.5 mm/min。

（5）叶片加工

叶片是发动机、汽轮机中的重要零件,叶片的型面复杂、加工要求高、加工批量大,采用机械加工,难度大、生产率低、加工周期长。如果采用电解加工,不受材料力学性能的影响,一次性加工复杂的叶片生产率高、表面粗糙度好。

叶片加工的方式有单面加工和双面加工两种。机床也有立式和卧式两种,立式大多用于单面加工,而卧式大多用于双面加工。叶片加工的电解液大多采用侧流供液法,在工作箱内进行加工。目前叶片加工多用 NaCl 溶液混气电解加工,也有用 NaClO₃ 电解液的,这两种方法的加工精度高,阴极工具也可以采用反拷法制造。

图 4-23 是电解加工整体叶轮的原理图。叶轮上的叶片逐个采用套料法加工,加工完一个叶片后退出阴极,分度后加工下一个叶片。在采用电解加工前,叶片是经锻造、机加工、抛光后镶嵌到榫槽中焊接而成的,加工周期长、加工量大,质量不能保证。电解加工叶轮,只要做好叶轮坯就可以在轮坯上直接加工叶片,加工周期大大缩短,叶片的强度高、质量好。

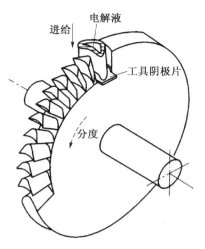

图 4‑23　电解加工整体叶轮

（6）电解刻蚀

为了在零件表面打标记或加工出浅槽,传统的加工方式是采用冲压或雕刻,但有些零件的表面硬度很大,或要求在零件内表面加工浅槽或刻标记,这时采用传统的加工方法就无法完成,而电解刻蚀工艺则完全能够胜任。

电解刻蚀是采用模板或成形阴极与工件保持相对静止,在其间通入电解液并施加直流电压,从而对工件表面进行电解加工的新工艺。模板或成形阴极的形状是根据所要刻蚀的图案制作的,非工作面需要可靠绝缘,电解液从阴极工件中央喷出。

当加工批量很大时,刻蚀装置应采用自动控制,以提高效率。电解刻蚀时,工件接正极,工具电极接负极,阴极工具用铜或锌制成。

（7）电解车削

电解车削目前经常用于航空发动机的环形件、薄盘件以及定子整流叶片等的加工。图 4‑24 为电解加工细长轴类零件示意图。

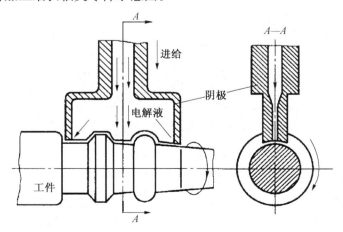

图 4‑24　电解加工细长轴类零件示意图

电解车削是以工件旋转,阴极作径向或轴向进给而加工的,因此它能提高工件的加工精度,降低表面粗糙度,延长工具阴极的寿命。同时采用小面积的阴极加工,可以用有限的电源容量加工较大的加工面积。

(8) 倒棱去毛刺

机械加工中去毛刺的工作量很大,尤其是去除硬而韧的金属毛刺。电解倒棱去毛刺可以大大提高工效和节省费用。图 4-25 是齿轮的电解去毛刺装置。

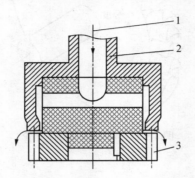

1—电解液;2—工具电极;3—齿轮。

图 4-25　齿轮的电解去毛刺装置

工件齿轮套在绝缘柱上,环形电极工具也靠绝缘柱定位安装在齿轮面,保持 3~5 mm 的间隙,具体根据毛刺大小而定。电解液在阴极端部和齿轮的端面齿面流过,阴极和工件通上 20 V 以上的电压,因为电压高时间隙可以适当大点,约 1 min 就可去掉毛刺。

(9) 小孔束流电解加工

图 4-26 所示为电解液束流小孔加工原理,专门用于小深孔加工。加工孔是玻璃毛细管喷嘴或外表面涂绝缘层的无缝钛合金管(内含导电芯管作为阴极)。电解液用 10% 的硫酸,工作电压为 250~1 000 V。此法可获得直径为 0.2~0.8 mm,深度达孔径 50 倍的小深孔。

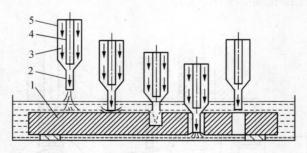

1—玻璃管;2—金属芯杆;3—电解液;4—毛细管;5—工件。

图 4-26　电解液束流小孔加工

小孔束流电解加工与电火花、激光、电子束加工的不同之处在于加工表面不会形成微裂纹和热影响层,而且可以加工叶片上的倾斜 45°,直径为 0.8 mm 的冷却孔。

（10）电解冶炼

电解冶炼是利用电解原理对非铁和稀有金属进行提炼和精炼,分为水溶液电解冶炼和焙盐电解冶炼两种。

水溶液电解冶炼在冶金工业中广泛用于提取和精炼铜、锌、铅、镍等金属。例如铜的电解提纯,将粗铜（含铜 99%）预先制成厚板作为阳极,纯铜制成薄片作阴极,以硫酸（H_2SO_4）和硫酸铜（$CuSO_4$）的混合液作为电解液。通电后,铜从阳极溶解成铜离子（Cu^{2+}）向阴极移动,到达阴极后获得电子而在阴极析出纯铜（亦称电解铜）。粗铜中的杂质,如比铜活泼的铁和锌等会随铜一起溶解为离子（Zn^{2+} 和 Fe^{2+}）,由于这些离子与铜离子相比不易析出,所以电解时只要适当调节电位差即可避免这些离子在阳极上析出;而不如铜活泼的杂质,如金和银等沉积在电解槽的底部。

焙盐电解冶炼用于提取和精炼活泼金属（如钠、镁、钙、铝等）。例如,工业上提取铝,将含氧化铝（Al_2O_3）的矿石进行净化处理,将获得的氧化铝放入熔融的冰晶石（Na_3AlF_6）中,使其成为熔融状的电解体,以碳棒为电极,两极的电化学反应为

$$4Al^{3+} + 6O^{2-} + 3C \rightarrow 4Al + 3CO$$

4.2.3　电解磨削

电解磨削是结合电解和磨削加工的复合加工方法,是电解加工和机械切削加工的复合。电解是主要的,所要去除的材料都要进行电解加工;而磨削则主要在电解中起活化作用,其作用是把被蚀而又不能及时溶解的材料刮掉。

4.2.3.1　电解磨削的原理和特点

1. 电解磨削的原理

电解磨削是电解加工的一种特殊形式,是电解与机械的复合加工方法。它是靠金属的溶解（占 95%～98%）和机械磨削（占 2%～5%）的综合作用来实现加工的。

电解磨削加工原理如图 4-27 所示。加工过程中,磨轮（砂轮）不断旋转,磨轮上凸出

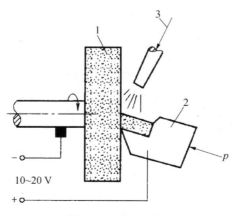

1—砂轮;2—工件;3—电解液。

图 4-27　电解磨削加工原理图

的砂粒与工件接触,形成磨轮与工件间的电解间隙。电解液不断供给,磨轮在旋转中将工件表面由电化学反应生成的钝化膜除去,电化学反应可以继续进行,如此反复不断,直到加工完毕。

电解磨削的阳极溶解机理与普通电解加工的阳极溶解机理是相同的(见图4-28)。不同之处在于:电解磨削中,阳极钝化膜的去除是靠磨轮的机械加工去除的,所以电解液腐蚀力可以较弱;而一般电解加工中的阳极钝化膜的去除是靠高电流密度去破坏(不断溶解)或靠活性离子(如氯离子)进行活化,再由高速流动的电解液冲刷带走的。

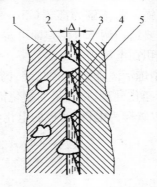

1—磨料砂轮;2—导电砂轮;3—工件;4—电解产物;5—电解液。

图4-28 电解磨削加工过程机理

2. 电解磨削的特点

(1)加工效率高,磨削力小,加工范围广。这是由于电解磨削具有电解加工和机械磨削加工的优点,电解腐蚀降低了材料的强度和硬度,减小磨削加工力;磨削刮除了阳极钝化膜,加速了电解速度。因此电解加工与材料力学性能无关,增大了加工范围。

(2)加工精度高,表面加工质量好。因为电解磨削加工中,一方面工件尺寸或形状是靠磨轮刮除钝化膜得到的,故能获得比电解加工好的加工精度;另一方面,材料的去除主要靠电解加工,加工中产生的磨削力较小,不会产生磨削毛刺、裂纹等现象,故加工工件的表面质量好。

(3)砂轮的磨损小。因为无论工件材料硬度、强度、塑料和韧性如何,电解后都较软。如用碳化硅砂轮磨削硬质合金,砂轮的磨损量是硬质合金去除量的4～6倍,而用电解磨削,砂轮损耗只有工件材料去除量的60%～100%。

(4)设备投资较高。其原因是电解磨削机床需加电解液过滤装置、抽风装置、防腐处理设备等。而且磨削刀具时的刃口不够锋利,需要防腐夹具。

4.2.3.2 电解磨削的加工规律

一、影响生产率的主要因素

1. 电化学当量

电化学当量为按照法拉第定律,单位电量理论上所能电解蚀除的金属量。例如铁的电化学当量为 $133 \ mm^3/(A \cdot h)$。可以根据要去除的材料来计算所需要的电流和加工时间,一般电化学当量越大,加工生产率越高。但是由于材料是有多种成分,每种成分的电化学当量也不同,所以电解速度是有差别的,特别是在晶界,这是造成表面粗糙度不好的重要原因。

2. 电流密度

电流密度是影响电解磨削加工效率的重要因素,在一定的范围内,电流密度越高,加工效率也越高。提高电流密度的途径主要有:① 提高电压;② 缩小加工间隙;③ 增加电解液的电导率;④ 提高电解液的温度。

3. 导电面积

当电流密度一定时,如果导电面积增大,通过的电量也变大,单位时间内去除的材料也越多,所以可以增加两极之间的导电面积来提高生产率,而且这样加工稳定性也高。当磨削外圆时,工件和砂轮之间的接触面积也小,这时需要采用中极法来增加接触面积(见图 4-29)。其原理是:在普通砂轮之外再增加一个中间电极作为阴极,工件接正极,砂轮不导电,电解作用只在工件和中间阴极之间产生,而砂轮只起刮除钝化膜的作用,这样大大提高了生产率。其缺点是磨削不同外径的零件时,中间电极需要更换。

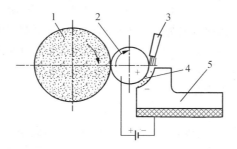

1—砂轮;2—工件;3—电解液;4—钝化膜;5—中极。

图 4-29　中极法电解磨削原理

4. 其他

磨削压力、工件和磨轮间的运动速度以及电解液的清洁程度等都对加工效率有影响。磨削压力增大,工件和磨轮间的运动速度加大,阳极金属被活化的程度增加,有利于加工速度的提高。但磨削压力太大,机械磨削的成分增加,砂轮损耗增大,而且工件和砂轮间的间隙减小,不利于电解液进入加工区。

二、影响加工精度的因素

电解磨削最佳加工精度加工内外圆时可以达到 0.002～0.003 mm,正常情况下平面磨尺寸精度控制在 0.01～0.02 mm。电解磨削的精度几乎和普通机械磨削相当,比精密磨削略低,但在保证棱边和尖角方面是弱点。

1. 电解液

电解液的成分对加工精度有很多的影响,当电解液是金属氧化后生成的低价氧化物时,结构紧密,电阻大,一定程度上阻碍了阳极溶解,具有良好的钝化性,有利于加工精度。反之,生成的高价氧化物结构疏松,加工表面产生非控制的溶解,不利于加工精度。所以在加工硬质合金时加入硼酸盐和磷酸盐,提高电解液的钝化性,可以提高加工精度。另外,电解液的 pH 值对电解产物溶解性有很大的影响,如果 pH 值高,容易破坏钝化膜,电解后的氧化物容易溶解于碱性溶液。一般需要将 pH 值控制在 7～9 为宜。

2. 导电面积

电解磨削平面时,常常采用碗形砂轮磨削,以增大阴极面积,但工件往复时,阴阳极各点的相对运动速度和轨迹的重复程度并不相等,砂轮边缘的线速度高,进给方向两侧轨迹的重复程度大,磨削量大,产生了中间凸出的现象,称为面积效应。为了提高精度,需要采用增大砂轮直径、增大阴阳两极导电面积、提高相对运动速度等方法,减小面积效应,从而提高工件的平面度。

3. 加工材料

被加工材料疏松,加工速度快,但加工精度低。对于合金,加工精度更难保证,因为各种金属的电极电位不同,相同的电压下有的溶解快,有的溶解慢,造成加工的不平整;另外,相同电解液对不同成分的钝化活化作用不同,如在以亚硝酸盐为主的电解液中,普通碳钢的钝化比硬质合金的强烈,解决这个问题的方法就是获得一种对两者平衡的电解液。

4. 机械因素

电解磨削过程在阳极表面的活化主要是靠机械刮削作用,因此机床的成形运动精度、夹具精度、磨轮的精度对电解磨削精度有很大的影响。磨轮的影响尤为重要,因为其不但直接影响加工精度,而且还影响加工间隙的稳定性。所以除了精确修整砂轮外,选择砂轮磨料、硬度等也十分重要。采用中极法加工时要特别注意中极的形状和尺寸精度。

三、影响表面粗糙度的因素

1. 电参数

工作电压低,工件溶解速度慢,钝化膜不宜被穿透,因此溶解只在表面的凸处产生,有利于精度和表面粗糙度的提高。当然工作电压是不能低于合金元素中的最高分解电压;二是考虑到电解作用过弱,机械磨削加强,其磨削温度、磨削力等增大,不利于表面粗糙度的提高。

电流密度过高,电解作用过强,表面粗糙度下降,而如果电流密度过低,机械作用又过强,也会使表面粗糙度下降。

2. 电解液

电解液成分和质量分数是影响钝化膜的重要因素,为了减小加工表面粗糙度,常常选用钝化型或半钝化型电解液。另外,电解液的供应要充足,电解液要清洁。

3. 机械因素

磨粒细能均匀去除凸起部分的钝化膜,同时阴阳两极的间隙也小,加快了平整速度。当磨粒过细,间隙过小,溶液产生电火花等,反而影响加工表面粗糙度。所以一般粒度选择 40♯～100♯。改善表面粗糙度的一个很好的办法是在停止通电电解后继续 1 min～3 min 的机械修磨,可明显改善表面粗糙度和光亮度。

4. 工件材料

其影响原因如前面所述。

四、电解液的选择需要考虑以下几个方面的要求

(1) 能产生结构紧密、附着力强的钝化膜,以获得良好的表面粗糙度和加工精度。

(2) 导电性好,以获得高的加工效率。

（3）不锈蚀机床和夹具，对人体无害，经济，不易损耗。

要同时满足所有的要求是困难的，实际生产中应根据不同产品的技术要求，选用不同的电解液。表4-8是电解磨削用电解液的配方。

表4-8　电解磨削用电解液的配方

材料	电解液质量分数（%）		电流效率（%）	电流密度/(A/cm²)	表面粗糙度值Ra/μm
硬质合金	$NaNO_2$	9.6	80～90	10	0.1
	$NaNO_3$	0.3			
	Na_2HPO_4	0.3			
	$K_2Cr_2O_7$	0.1			
	H_2O	89.7			
	$NaNO_2$	7.0	85		
	$NaNO_3$	5.0			
	H_2O	88.0			
	$NaNO_2$	10	90		
	$NaKC_4H_4O_6$	2			
	H_2O	88.0			
双金属	$NaNO_2$	5.0	70	10	0.1
	Na_2HPO_4	1.5			
	KNO_3	0.3			
	$Na_2B_4O_7$	0.3			
	H_2O	92.9			
中低碳钢	Na_2HPO_4	7.0	78	10	0.4
	KNO_3	2.0			
	$NaNO_2$	2.0			
	H_2O	89			

4.2.3.3　电解磨削的设备

与普通磨床结构不同，电解磨削机床具有普通机床结构外，还需要电源、导电砂轮和电解液供应系统等。下面逐个进行简单的介绍。

1. 电源

电解磨削用的直流电源要求电压在5～20 V可调，最大工作电流根据加工面积和生产率要求在10～1 000 A可调。在功率匹配的情况下可以选择电解加工用的直流电源。

2. 电解液供应系统

电解液供应系统由泵、管道、阀、过滤器和喷嘴等组成。供应电解液的泵一般选用小型离心泵，要求耐酸、耐碱和有过滤装置。在电解过程会产生 CO、NO、NO_2 等有毒气体，因此需要有相应的排气和中和系统。电解液的喷淋与普通机床类似，一般采用扁喷嘴。

电解磨床和普通磨床相仿，所以可以在普通磨床的机床上改装，改装的主要工作包括：增加电刷导电装置，将主轴和床身绝缘，将工件、夹具和机床绝缘，增加电解液防溅防锈装置。

　　机床还要做好耐腐蚀的工作,机床主轴应保证砂轮工作面的振摆量小于 $0.01 \sim$ 0.02 mm,以保证磨削时接触均匀和合理的电极间隙。

　　3. 导电砂轮

　　电解磨削需要导电砂轮,常用的有铜基和石墨基两种。铜基导电砂轮的导电性好,加工间隙可采用反电解法得到,即把电解砂轮接阳极进行电解,使铜基逐渐溶解得到所需要的间隙量。间隙量等于电解后铜基与裸露出来的磨粒之间的尺寸,这种砂轮的加工效率比较高。而石墨基砂轮不能进行反电解,但磨削时经常会产生电火花,这样就具备电解和电火花的双重作用,有利于加工效率,另外,断电后精磨,石墨的润滑抛光作用使得加工表面具有好的表面粗糙度。

　　导电砂轮的磨料一般有烧结刚玉、白刚玉、高强度陶瓷、碳化硅、碳化硼、人造金刚石等多种。最常用的是金刚石导电砂轮,因为其具有很好的耐磨性,能比较稳定地保持加工间隙,而且断电后可以对如硬质合金等高硬材料进行精磨,提高精度和表面粗糙度。金刚石砂轮由铜、镍、钴、铸铁等多种粉末冶金得到,可以通过反电解得到加工间隙。

4.2.3.4　电解磨削的应用

　　电解磨削集中了电解和机械磨削的优点,常用来加工硬质合金刀具、量具、挤压拉丝模、轧辊等。对普通磨削很难的小孔、深孔、薄壁筒、细长杆的加工,显示出其优势。

　　目前,电解磨削广泛应用于平面磨削、成形磨削和内外圆磨削,图 4-30 分别为立轴矩台平面磨削、卧轴矩台平面磨削的示意图。图 4-31 为电解成形磨削示意图,其磨削原理是将导电磨轮的外圆圆周按需要的形状进行预先成形,然后进行电解磨削。此外,如用氧化铝导电砂轮刃磨硬质合金刃具,刃口半径可小于 0.02 mm,表面粗糙度值 R_a 可达 $0.012 \mu m$;用金刚石导电砂轮刃磨,刃口和表面粗糙度更好。

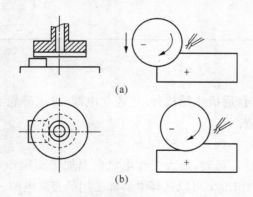

（a）立轴矩台　（b）卧轴矩台

图 4-30　立轴矩台平面磨削、卧轴矩台平面磨削的示意图

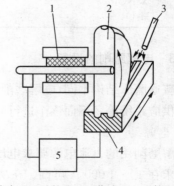

1—绝缘套;2—砂轮;3—工作液;4—工件;5—电源。

图 4-31　电解成形磨削示意图

　　1. 硬质合金刀具的电解磨削

　　用氧化铝导电砂轮电解磨削硬质合金车刀或铣刀,表面粗糙度值 R_a 达 $0.1 \sim$ $0.2 \mu m$,刃口半径小于 0.02 mm,平直度较普通砂轮磨削好。

采用金刚石导电砂轮磨削加工精密丝杆的硬质合金成形车刀,表面粗糙度值 R_a 小于 $0.016~\mu m$,刃口非常锋利。电解液用 9.6% $NaNO_2$、0.3% $NaNO_3$、0.3% Na_2HPO_4,再加少量的甘油,可以改善表面粗糙度。电压为 6～8 V,加工时的压力为 0.1 MPa。实践证明,这样的电解磨削比普通磨削的效率提高 2～3 倍,金刚石砂轮用量大大节省。

2. 硬质合金轧辊的电解磨削

采用金刚石导电砂轮成形磨削硬质合金轧辊,表面粗糙度值 R_a 小于 0.2 μm,槽型精度为±0.02 mm,槽型位置精度为±0.01 mm,工件表面不会产生裂纹和残余应力等缺陷,加工效率高,砂轮损耗小(磨削量和磨轮损耗比达到 138)。

采用的导电砂轮的黏结剂为铜,磨粒粒度为 60♯～1000♯,砂轮外径为 300 mm,磨削型槽的砂轮直径为 260 mm。

电解液用 9.6% $NaNO_2$、0.3% $NaNO_3$、0.3% Na_2HPO_4、0.1% $NaKC_4H_4O_6$。粗磨加工参数:电压为 12 V,电流密度 15～25 A/cm^2,砂轮转速 2 900 r/min,工件转速 0.025 r/min,一次进刀深度 2.5 mm。精加工参数:电压 10 V,工件转速 16 r/min,工作台移动速度 0.6 mm/min。

3. 电解珩磨

对于小孔、深孔、薄壁零件等,可以采用电解珩磨,图 4-32 为电解珩磨加工深孔示意图。

电解珩磨的电参数可以在很大的范围内变化,电压为 3～30 V,电流密度为 0.2～1 A/cm^2。电解珩磨的生产率比普通珩磨的要高,表面粗糙度也要好。目前应用比较广泛的是齿轮的电解珩磨。

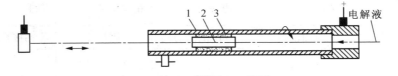

1—工件;2—珩磨头;3—磨石

图 4-32　电解珩磨加工深孔示意图

4. 电解研磨

电解研磨是电解加工和机械研磨的复合加工,其原理可见图 4-33。电解研磨采用钝化型电解液,利用机械研磨去除表面微观不平度各高点的钝化膜,使其露出基体金属并再次腐蚀形成钝化膜,实现表面的镜面加工。

电解研磨的磨料按是否粘固在弹性合成无纺布上可分两类:固定和移动磨料加工。固定磨料加工是将磨料粘在无纺布上后包裹在工件阴极上,无纺布的厚度即为电解间隙。当工具阴极与工件表面充满电解液并作相对运动时,工件表面将依次被电解,形成钝化膜,同时受到磨粒的研磨

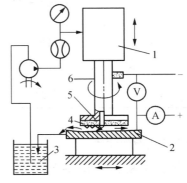

1—回转装置;2—工件;3—电解液;
4—研磨材料;5—工具电极;6—主轴。

图 4-33　电解研磨加工原理

作用,实现复合加工。流动磨料研磨加工时工具阴极只包裹弹性无纺布,极细的磨料则悬浮在电解液中,因此磨料研磨时的研磨轨迹就更加复杂和无序,这样才能获得镜面磨的效果。

电解研磨可以对碳钢、合金钢、不锈钢等进行加工。电解液一般选用20％ $NaNO_3$,电解间隙为1～2 mm,电流密度为1～2 A/cm^2。这种加工目前已应用到金属冷轧轧辊、大型船用柴油机轴类零件、大型不锈钢化工容器及大型太阳能电池板的镜面加工。

4.2.4　电铸、涂镀和复合镀加工

电铸、涂镀和复合镀工艺原理上属于阴极沉积的电镀工艺与电解加工相反,是金属正离子在电场的作用下运动到阴极,并得到电子在阴极沉积下来的过程。但这几种工艺之间也有明显的差异,具体见表4－9。

表4－9　电铸、涂镀和复合镀工艺比较

工艺名称 工艺 目的 工艺要求	电镀	电铸	涂镀	复合镀
	表面装饰、 防腐蚀	复制、成形加工	增大尺寸、 表面改性	镀耐磨层 磨具、刀具制造
镀层厚度/mm	0.001～0.05	0.05～5	0.001～0.5	0.05～1
精度要求	表面光亮、 光滑	尺寸和形状 精度要求	尺寸和形状 精度要求	尺寸和形状精度 要求
镀层牢固	牢固粘接	可与原模分离	牢固粘接	粘接基本牢固
阳极材料	同镀层金属	同镀层金属	石墨、铂等 材料	同镀层金属
镀液	自配电镀液	自配电镀液	按被镀金属 选购电镀液	自配电镀液
工作方式	需镀槽 工件浸泡在镀液中 无相对运动	需镀槽 工件与阳极可有或无相对运动	不需镀槽 镀液浇注在相对运动的工件和阳极间	需镀槽 被复合镀的硬质材料放在工件表面

4.2.4.1　电铸加工

一、电铸加工的原理和特点

1. 电铸加工的原理

电铸加工的原理如图4－34所示。电铸加工是用导电的原模作阴极,用电铸材料作阳极,用电铸材料的金属盐溶液作电铸液。在直流电的作用下,阳极上的金属原子失去电子成为离子,不断溶入溶液,补充电铸液;在阴极上的金属离子不断得到电子成为原子,不

断沉积在原模表面,达到预期的厚度时,把被铸材料与原模分开,即可得到铸件。

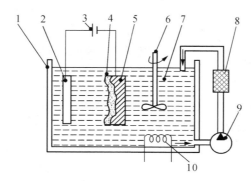

1—电镀槽;2—阳极;3—直流电源;4—电铸层;5—原模(阴极);
6—搅拌器;7—电铸液;8—过滤器;9—泵;10—加热器。

图 4 - 34　电铸加工原理图

2. 电铸加工的特点

(1) 可加工特殊复杂的内表面,因为电铸把难加工的材料和内表面的加工转化为易成形原模材料的外表面的加工。

(2) 可获得尺寸精度高、表面粗糙度好的工件,且零件之间的互换性好。

(3) 可获得高纯度的金属零件。

(4) 能准确复制表面轮廓和细微纹路。

(5) 只要改变电铸液的成分和工作条件,使用添加剂,改变电铸层的性能,就可适应不同加工的需要。

(6) 电铸生产期长,尖角、凹部的铸层不均匀,铸层存在一定的内应力,原模的缺陷会带到工件上去。

二、电铸加工的设备和工艺

1. 电铸加工的设备

电铸设备(见图 4 - 33)主要包括电铸槽、直流电源、搅拌和循环过滤系统、恒温控制系统等。

(1) 电铸槽。电铸槽材料的选取以不与电解液作用引起腐蚀为原则。一般用钢板焊接,内衬铅板或聚氯乙烯薄板等。

(2) 直流电源。电铸采用低电压大电流的直流电源。常用硅整流,电压为 6~12 V 左右,并可调。

(3) 搅拌和循环过滤系统。为了降低电铸液的浓差极化,加大电流密度,减少加工时间,提高生产速度,最好在阴极运动的同时加速溶液的搅拌。搅拌的方法有循环过滤法、超声波法和机械搅拌法。循环过滤法不仅可以使溶液搅拌,而且可在溶液不断反复流动时进行过滤。

(4) 恒温控制系统。电铸时间很长,所以必须设置恒温控制设备。它包括加热设备(加热玻璃管、电炉等)和冷却设备(冷水或冷冻机等)。

2. 电铸加工工艺

电铸加工的主要工艺为：

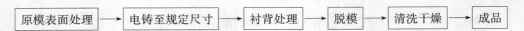

（1）原模表面处理。原模的材料根据精度、表面粗糙度、生产批量、成本等要求，可采用不锈钢、碳钢等表面镀铬、镍、铝、低熔合金、环氧树脂、塑料、石膏、石蜡等不同材料。表面清洗干净后，凡是金属材料一般在电铸前需要进行表面钝化处理（经常用重铬酸盐溶液处理），使其形成不太牢固的钝化膜，以便于电铸后脱模；对于非金属原模，则需要进行导电化处理。

导电化处理的方法有如下几种。

① 以极细的石墨粉或铜粉、银粉调入少量的黏结剂做成导电液，在表面涂敷均匀薄层。

② 用真空镀或离子镀在原模表面覆盖一层金或银的金属膜。

③ 用化学镀的方法在表面沉积银、铜或镍的薄层。

（2）电铸过程。电铸过程通常时间很长，生产率较低。如果电流密度太大容易使沉积的金属的晶粒粗大，强度下降。一般电铸层每小时铸 $0.02 \sim 0.5$ mm。

电铸常用的金属是铜、镍和铁三种。相应的电铸液为含有电铸金属离子的硫酸盐、氨基磺酸盐、氟硼酸盐和氯化物等水溶液，表 4-10 为铜电铸液的组成和操作条件。

表 4-10　铜电铸液的组成和操作条件

	质量浓度 /(g/L)		操作条件			
			温度 /℃	电压 /V	电流密度 /(A/dm³)	溶液比重 /Be*
硫酸盐溶液	硫酸铜 190～200	硫酸 37.5～62.5	25～45	<6	3～15	
氟硼酸盐溶液	氟硼酸铜 190～375	氟硼酸 pH＝0.3～1.4	25～50	<4～12	7～30	29～31

* 与密度 ρ 的换算关系为：$\rho = 145/(145-\text{Be})$。

电铸过程的要点是如下几点。

① 溶液必须连续过滤，以除去沉淀、阳极夹杂物和尘土等固体悬浮物，防止电铸件产生针孔、疏松、瘤斑和凹坑等缺陷。

② 必须搅拌电铸液，降低浓差极化，以增大电流密度，缩短电铸时间。

③ 电铸件凸出部分电场强，铸层厚，凹入部分相反，为了使铸层厚度一致，需要在凸出部分进行屏蔽，而在凹入部分加辅助阳极。

④ 要严格控制电铸液成分、浓度、pH 值、温度、电流密度等，以免铸件内应力过大而

导致变形、起皱、开裂和剥落。通常开始时的电流应较小，随后逐渐增加，中途不宜停电，以免分层。

（3）衬背和脱模。有些电铸件如塑料模具和翻制印制电路板等，电铸成形后需要用其他材料作衬背处理，然后再机械加工到一定的尺寸。

塑料模具电铸件的衬背方法有浇铸铝或铅锡等低熔点合金；印制电路板则常用热固性塑料。

电铸件与原模的分离的方法有敲击捶打，加热或冷却胀缩分离，用薄刀刃撕剥分离，加热熔化、化学溶解等。

三、电铸加工的应用范围

1. 电铸加工应用范围

（1）制造形状复杂的、精度高的空心零件，如波导管等。

（2）注塑模和厚度很小的薄壁零件的加工，如剃须刀网罩。

（3）复制精细的表面轮廓，如唱片、艺术品、钱币等。

（4）制造表面粗糙度样板、反光镜、喷嘴、电加工的电极等。

2. 应用实例 1

电镀剃须刀网罩生产。电动剃须刀网罩其实就是固定刀具。网孔外面边缘倒圆，从而保证网罩在脸上能平滑移动，并使胡须容易进入网孔，而网孔的内侧锋利，能使旋转刀片很容易将胡须切断。网罩的制造工艺大致如图 4-35 所示。

(a) 照相制版抗蚀剂加工　(b) 冲压弯曲成形　(c) 电铸电镀　(d) 脱模分离

1—铝或铜片；2—光致抗蚀剂；3—电镀沉积镍。

图 4-35　电动剃须刀网罩的电镀加工

（1）原模制造。在铜或铝上涂上感光胶，再将照相底片与之靠近，进行曝光、显影、定影后即获得有规定图形的绝缘层原模。

（2）对原模进行化学处理，以获得钝化层，使铸后的工件能与原模分离。

（3）弯曲成形。将原模弯曲成所需的形状。

（4）电铸。一般控制镍层的硬度为 $500\sim550\,H\,V$，硬度过高则容易发脆。

（5）脱模。

3. 应用实例 2

刻度盘电铸制造（见图 4-36），刻度盘的电铸制造工艺大致与前同。零件如图 4-36(a)所示，原模如图 4-36(b)所示，电铸原理如图 4-36(c)所示，铸件和脱模如图 4-36(d)所示。

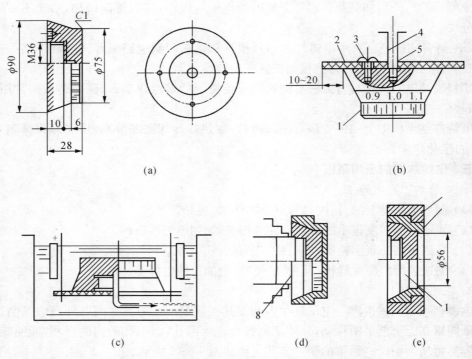

1—母模；2—绝缘板；3—螺钉；4—导电杆；5—翅料管；6—铸件；7—铜套；8—芯轴。

图 4-36 刻度盘电镀制造

4.2.4.2 涂镀加工

一、涂镀加工的原理和特点

1. 涂镀加工的原理

涂镀加工（又称刷镀或无槽镀）是利用直流电源 3，将工件 1 接负极（见图 4-37），镀笔 4 接正极，用脱脂棉 5 包住其端部的不溶性石墨电极，蘸饱镀液 2（有的也用浇淋），多余的镀液流回容器 6。加工时接通电源，工件旋转，在电化学的作用下，镀液中的离子流向阴极，并在阴极得到电子还原为原子，结晶为镀膜，其厚度一般为 $0.001 \sim 0.5\ \mathrm{mm}$。

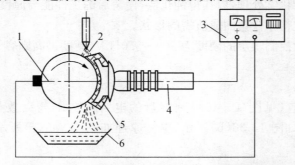

1—工件；2—镀液；3—直流电源；4—镀笔；5—脱脂模；6—容器。

图 4-37 涂镀加工原理

2. 涂镀加工的特点

（1）不需镀槽。设备简单、操作方便、灵活机动。可现场操作，不受工件大小、形状和工作条件的限制。

（2）可获得多种镀层。只要用不同的镀液，用统一设备即可镀多种金属。

（3）加工效率高。涂镀加工采用大电流密度，镀液的离子浓度大，所以涂镀的速度快。

（4）涂镀层的质量好。涂镀层均匀、致密、结合牢固，涂镀层的特点、厚度较易控制。

（5）手工操作，工作量大。

二、涂镀的工艺和设备

1. 涂镀的设备

涂镀的基本设备包括电源、镀笔、镀液双泵等辅助装置。

（1）电源。与电镀、电解等相似，涂镀需要直流电源，电压一般为 0～30 V 可调，电流为 30～100 A 可调。不同的是，为了保证镀层质量，应配置镀层厚度测量仪器和安培计。另外，电源应带有正负极转换装置，以便在镀前对工件表面进行反接电解处理，同时可以满足电镀、活化、电净等不同工艺的要求。

（2）镀笔。镀笔由手柄和阳极两部分组成，阳极上所包脱脂棉的作用是吸饱和储存镀液，并防止阳极与工件直接接触引起短路，滤除阳极上脱落下来的石墨颗粒进入镀液。

（3）镀液。涂镀用的镀液比槽镀用的镀液离子浓度要高许多，由金属络合物水溶液及少量添加剂组成。为了对被镀表面进行预处理（如电解净化和活化等），镀液中经常包含电净液和活化液等。表 4-11 为常用涂镀液的性能及用途。

表 4-11　常用涂镀液的性能及用途

序号	镀液名称	pH 值	镀液特性
1	电净液	11	清除工件表面油污杂质，轻微去锈
2	0 号电净液	10	去除表面疏松材料的油污
3	1 号活化液	2	去除氧化膜，对高碳钢、高合金钢去碳
4	2 号活化液	2	强腐蚀能力，去除氧化层，在中碳、高碳、中碳合金钢中有去碳作用
5	铬活化液	2	去旧铬层上的氧化层
6	特殊镍	2	镀底层 0.001～0.002 mm，再起清洗活化作用
7	快速镍	7.5	镀液沉积速度快，疏松材料做底层，修复各种耐热耐磨件
8	镍钨合金	2.5	耐磨零件工作层
9	低应力镍	3.5	镀层组织紧密，压应力大，用作保护性镀层和夹心层
10	半光亮镍	3	增加表面光亮度，好的耐磨和抗腐蚀性
11	高堆积碱铜	9	镀液沉积速度快，修复大磨损零件，可作复合镀层，对钢铁无腐蚀
12	锌	7.5	表面防腐

序号	镀液名称	pH 值	镀液特性
13	低氢脆镉	7.5	镀超高强钢的低氢脆性层,钢铁材料表面防腐,填补凹坑和划痕
14	钴	1.5	光亮性、导电性和磁化性
15	高速铜	1.5	沉积速度快,修补不承受过分磨损和热的零件,对钢铁有腐蚀
16	半光亮铜	1	提高表面光亮度

对于小型零件和不规则零件,只要用镀笔蘸饱镀液即可,而大型零件和回转体工件则应用小型离心泵将镀液浇注到工件和镀笔之间。

(4)回转台。回转台用以涂镀回转体工件表面。

2. 涂镀的工艺过程和要点

(1)表面预加工。去除表面毛刺、凹凸不平度、锥度等,使其基本平整并露出金属基体。通常预加工要求表面粗糙度 R_a 值小于 2.5 μm。

(2)电净处理。经脱脂除锈后,用汽油或丙酮等进行清洗,此后还需要进行电净处理,进一步去除表面油污等。

(3)活化处理。活化处理是去除工件表面的氧化层和钝化膜,同时去除碳元素微粒黑膜,使得工件表面呈均匀的银灰色,最后用水清洗。

(4)镀底层。需要用特殊镍、碱铜等预镀厚度为 0.001～0.002 mm 的薄底层,以提高工作镀层与基体的结合强度。

(5)涂镀加工。由于单一镀层随镀层厚度增加产生的内应力也增大、结晶变粗、强度下降,一般单一镀层不能超过 0.05 mm 的安全厚度。因此,常需要进行涂镀尺寸镀层,用几种镀层交替叠加,以达到既回复尺寸快,又能增强镀层强度的目的,最后才镀上一层满足表面物理、化学、力学性能的工作镀层。

(6)清洗。用自来水清洗已镀表面和邻近部位,用压缩空气或热风吹干,最后涂上防锈液(或油)。

三、涂镀加工的应用

1. 涂镀的应用范围

(1)涂镀加工主要用于零件的维修和表面处理与强化。

(2)修补表面被磨损的零件,如轴类、轴瓦、套类零件的磨损修补;补救尺寸超差的零件。

(3)修补表面划伤、孔洞、锈蚀等缺陷。

(4)大型、复杂、小批工件表面的局部镀金属,或非金属零件的金属化。

2. 涂镀加工的应用实例

机床导轨划伤的典型修复工艺如下。

(1)整形。用刮刀、磨石等工具将伤痕扩大整形,使划痕底部露出金属本体,能与镀笔和镀液充分接触。

（2）涂保护层。对镀液能流到的不需涂镀的其他表面要涂上绝缘清漆，以防产生不必要的电化学反应。

（3）脱脂。对待镀表面及相邻部位，用丙酮或汽油进行清洗和脱脂。

（4）待镀表面的保护。用涤纶透明绝缘胶带纸贴在划伤沟痕的两侧。

（5）净化和活化。电净时工件接负极，电压 12 V，时间 30 s；活化用 2 号活化液，工件接正极，电压 12 V，时间要短，清水冲洗后表面呈黑灰色，再用 3 号活化液除去炭黑，表面呈银灰色，清水冲洗后立即起镀。

（6）镀底层。用非酸性的快速镍镀底层，电压 10 V，清水冲洗，检查底层与基体的结合情况和覆盖情况。

（7）尺寸层。镀高速碱铜层为尺寸层，电压 8 V，沟痕较浅的一次镀成，较深的则需要用砂布或细磨石打磨掉高出的镀层，再经电净、清水冲洗，再镀碱铜，反复多次，达到要求的尺寸为止。

（8）修平。当沟痕镀满后，用磨石等机械方法修平，可再镀上 2～5 mm 的快速镍。

4. 2. 4. 3　复合镀加工

一、复合镀加工的原理与分类

复合镀加工是在金属表面镀覆金属镍或钴的同时，将磨料作为镀层的一部分一起镀到工件表面。依据磨料的尺寸不同可分成两类，一是将放在镀液中与金属离子络合的磨料微粉一起镀到工件表面，以增加表面的耐磨性；二是将粒度为 80♯～250♯ 的人造金刚石或立方氮化硼等超硬材料颗粒镀到工件表面上，镀层的厚度为磨料尺寸的一半左右，从而形成切削刃。

二、复合镀工艺的应用及实例

1. 复合镀工艺经常用于以下方面。

（1）用管状刀具毛坯制造套料加工刀具。

（2）制造小孔铰刀。

（3）制造切割锯片等。

2. 应用实例 1：套料刀具和小孔刀具制造

先将已加工好的管状套料刀具的毛坯待镀部分插入人造金刚石磨料中，再将含镍离子的镀液倒入磨料中，在刀具毛坯外加一个环形镍阳极。通电后，作为阴极的刀具毛坯内外圆和端面上镀上一层镍，紧贴刀具的磨料也被镀层包覆，即可制成能用于玻璃、石英等钻孔和套料的刀具。如果管状刀具毛坯换成细长轴，则可以在细长轴表面镀上金刚石磨料，制成小孔钻头和铰刀。

3. 应用实例 2：平面加工刀具制造

将平面刀具毛坯为阴极置入镀液中，然后通过镀液在毛坯表面上均匀撒布一层金刚石磨料，并镀上一层镍，即制成金刚石磨料被包覆在刀具表面的切削刃。

4.3 项目实施

1. 需用到的设备

电解加工机床及其工装设备、加工工件、分度头、量具等。

2. 电解加工工艺分析

根据零件形状和尺寸精度可选用以下加工工艺。

(1) 备料

准备符合叶轮直径的圆棒料。

(2) 车

车外圆、端面,加工至规定尺寸及精度。

(3) 钻孔

在中心处钻孔,此孔在加工时可用来装夹,工作时用来安放轴。留 0.2~0.3 mm 加工余量。

(4) 切断

将加工好的叶轮坯料切断,单面留 0.2~0.3 mm 加工余量。

(5) 热处理

热处理 40~45 HRC。

(6) 磨

磨内孔和上、下平面,保证上、下平面与内孔中心线垂直,为电解加工做准备。

(7) 电解加工

电解套料加工叶轮叶片。利用分度机构、逐个加工叶轮的叶片。

(8) 钳

在钳工台抛光。

(9) 检验

按图纸检验。

3. 加工设备选择

(1) 机床选择

根据加工方式及加工尺寸要求,查表 4-3,选取 DJL-20 双头立式电解机床,加工尺寸为 1 000×1 000×500。

(2) 电解液选择

综合考虑电解液特性,选择 NaCl 溶液混气电解加工。

(3) 电解液供给方式选择

采用侧流供液式实现电解液供给。

(4) 分度方式

采用万能分度头实现叶片加工时的分度。

4. 阴极工具设计

(1) 阴极材料选择

碳钢材料价格低,能反拷制造阴极,好修复,强度理想,制造前进行回火处理后尺寸稳定性也好。在加工时如果有足够的电解液从间隙流过,碳钢阴极也不会过热。碳钢的这些优点正好满足叶片加工,故选 45 钢作为阴极工具的材料。

(2) 阴极的绝缘

为了达到高的电流密度,防止二次电解影响加工面的尺寸,在绝大多数情况下对阴极的非工作面要进行绝缘处理,阴极工具的非工作面采用环氧树脂作为绝缘材料。

(3) 结构尺寸设计

如图 4-38(b) 所示,叶轮叶片加工的阴极工具由阴极座、空心套管和阴极片组成。空心套管的尺寸由前面 4.2.2.5 所述的 $\cos\theta$ 法设计得到。

5. 加工

采用混气电解加工,工艺参数为:电解液为质量分数 7％～10％ 的 NaCl 溶液,温度为25℃～40℃,气体压力为 0.4～0.5 MPa,电解液压力加气前为 0.15 MPa,加气后为0.34 MPa,初始间隙为 0.5 mm,加工电压为 10 V。

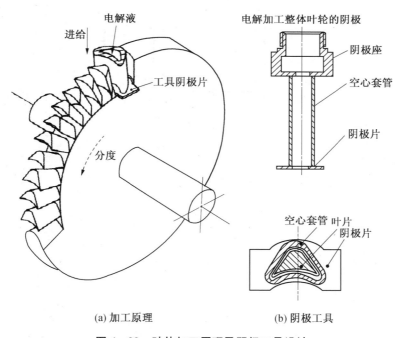

(a) 加工原理　　　　　　　　(b) 阴极工具

图 4-38　叶片加工原理及阴极工具设计

6. 检验

加工完后,检验工件是否合格。

习　题

4-1　试述电解加工的原理、特点及分类。

4-2　从原理和机理上来分析,电化学加工有无可能发展成"纳米级加工"或"原子级加工"技术? 原则上需采取哪些措施才能实现?

4-3　为什么说电化学加工过程中的阳极溶解是氧化过程,而阴极沉积是还原过程?

4-4　试述电解磨削的加工原理及特点。

4-5　何谓中极法电解磨削? 它的优点是什么?

4-6　简述电铸、涂镀和复合镀的工作原理,各适应于什么场合?

4-7　电解加工时的电极间隙蚀除特性与电火花加工时的电极间隙蚀除特性有何不同? 为什么?

4-8　在厚度为 64 mm 的低碳钢钢板上用电解加工方法加工通孔,已知阴极直径为 24 mm,端面平衡间隙为 0.2 mm,试问需要多少时间?

4-9　试作图求出电解加工图示(见图 4-39)工件的阴极形状与尺寸。

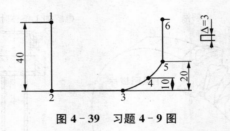

图 4-39　习题 4-9 图

项目五　激光加工

学习目标

（1）掌握激光加工的原理、特点。

（2）掌握激光加工的应用。

（3）具有使用激光加工技术加工的实际能力。

5.1　项目引入

加工如图 5-1 所示零件，零件为 3 mm 厚的不锈钢板，其上均匀分布了 580 个直径为 $\phi1.0$ mm 的小孔，且有蚀刻标记。该不锈钢板加工后需进行镀镍处理。

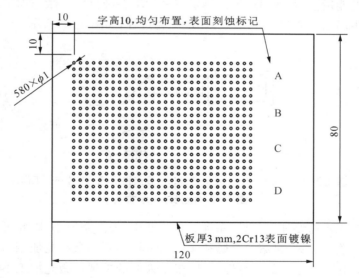

图 5-1　不锈钢孔板

该零件小孔数量众多，适合自动化连续加工，选择激光加工比较适合，外形与型孔可一次性加工。同时蚀刻标记利用激光打标机加工很适合，可得到很好的表面质量。激光加工后送电镀厂镀镍处理。

5.2　相关知识

激光技术是 20 世纪 60 年代初发展起来的一门新兴学科。所谓激光,是一种强度高、方向性好、单色性好的相干光。由于激光的发散角小,且单色性好,理论上可以聚焦到尺寸与光的波长相近的(微米甚至亚微米)小斑点上,加上它本身强度高,因此可以使其焦点处的功率密度达到 $10^7 \sim 10^{11}$ W/cm^2,温度可达 10 000℃以上。在这样的高温下,任何材料都将瞬时急剧熔化和汽化,并爆炸性地高速喷射出来,同时产生方向性很强的冲击。

激光加工几乎可以加工任何材料,加工速度快,表面变形小,光束方向性好,激光束可聚焦到波长级,可以进行选择性加工、精密加工,在生产实践中愈来愈多地显示了它的优越性。目前,激光加工已经广泛地应用于打孔、切割、焊接、表面处理及激光存储等领域中。

5.2.1　激光加工原理及特点

5.2.1.1　激光加工的原理

激光加工(La ser Beam Machining,LBM)就是利用激光的能量经过透镜聚焦后在焦点上达到很高的能量密度,从而产生光热效应来加工各种材料。激光加工过程是工件在光热效应下产生高温熔融和受冲击波抛出的综合过程,如图 5-2 所示。

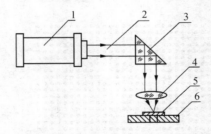

1—激光器;2—激光束;3—全反射棱镜;4—聚焦物镜;5—工件;6—工作台。

图 5-2　激光加工示意图

由于激光加工不需要加工工具,而且加工速度快,表面变形小,因此可以加工各种材料(如对各种硬、脆、软、韧、难熔的金属和非金属进行切割和微小孔加工),已经在生产实践中愈来愈多地显示出了它的优越性,所以很受人们的重视。激光加工不仅可以用于打孔、切割,而且可用于电子器件的微调、焊接、热处理以及激光存储等各个方面。

5.2.1.2　激光加工的特点

激光加工具有如下特点。

(1) 激光经过聚焦后,功率密度高达 $10^7 \sim 10^{11}$ W/cm^2,光能转化为热能后,几乎可以加工任何材料,如高硬材料、耐热合金、陶瓷、石英、金刚石等硬脆材料和工程塑料等非金属材料。

（2）激光光斑大小可以聚焦到微米级，输出功率可以调节，因此可以用于精密微细加工。

（3）激光加工所用工具是激光束，是非接触加工，所以没有明显的机械力，没有工具损耗问题；加工速度快、热影响区小，容易实现加工过程自动化。激光加工还能通过透明体进行，如对真空管内部进行焊接加工等。

（4）和电子束加工等比较起来，激光加工装置比较简单，不要求复杂的抽真空装置。

（5）激光加工是一种瞬时、局部熔化、汽化的热加工，影响因素很多，因此，精微加工时，尤其是重复精度和表面粗糙度不易保证，必须进行反复试验，寻找合理的参数，才能达到一定的加工要求。由于光的反射作用，对于表面光泽或透明材料的加工，必须预先进行色化或打毛处理，使更多的光能被吸收后转化为热能，从而用于加工。

（6）加工速度快、效率高。一般激光打孔只需 0.01 s；激光切割可比常规方法提高效率 8～20 倍；激光焊接可提高效率约 30 倍；激光微调薄膜电阻可提高工效 1 000 倍，提高精度 1～2 个数量级。

（7）通过选择适当的加工条件，可用同一台装置对工件进行切割、打孔、焊接表面处理等多种加工，节省了工时，降低了成本。

（8）节能和节省材料。激光束的能量利用率为常规热加工工艺的 10～1 000 倍，激光切割可节省材料 15％～30％。

（9）加工中会产生金属气体及火星等飞溅物，要注意通风抽走，操作者应穿戴防护服、防护眼镜等。

5.2.2　激光加工的设备

激光加工的基本设备包括激光器、电源、光学系统及机械系统等四大部分。图 5－3 所示为激光加工装置结构方框图。

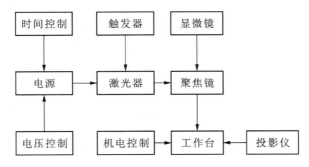

图 5－3　激光加工装置结构方框图

1. 激光器

激光器是激光加工的重要设备，它把电能转变成光能，产生激光束。

激光器按工作物质的种类可分为固体激光器、气体激光器、液体激光器和半导体激光器四大类。表 5－1 列出了激光加工中常用激光器的主要性能特点。

表 5-1　常用激光器的主要性能、特点及用途

激光器类型	激光波长/μm	输出方式	输出能量或功率	特点及应用
红宝石激光器	0.69	脉冲	数焦耳至十焦耳	早期使用较多,现大多已被钕玻璃激光器和掺钕钇铝石榴石激光器所代替
钕玻璃激光器	1.06	脉冲	数焦耳至几十焦耳	打孔、焊接
掺钕钇铝石榴石激光器(YAG)	1.06	脉冲	数焦耳至几十焦耳	价格比钕玻璃贵,性能优越,广泛用于打孔、切割、焊接、微调
		连续	100~1 000 W	
CO_2 激光器	10.63	脉冲	数焦耳	切割、焊接、热处理、微调
		连续	数千瓦至几十千瓦	

由于 He-Ne(氦-氖)气体激光器所产生的激光不仅容易控制,而且方向性、单色性及相干性都比较好,因而在机械制造的精密测量中被广泛采用。

在激光加工中要求输出功率与能量大,因而目前多采用二氧化碳气体激光器及红宝石、钕玻璃、YAG(掺钕钇铝石榴石激光器)等固体激光器。

2. 激光器电源

激光器电源为激光器提供所需要的能量及控制功能。

3. 光学系统

根据被加工工件的性能要求,光束经放大、整形、聚焦后作用于加工部位,这种从激光器输出窗口到被加工工件之间的装置称为光学系统。光学系统包括激光聚焦系统和观察瞄准系统,前者用于激光束聚焦,后者能观察和调整激光束的焦点位置,并将加工位置在投影仪上显示。

4. 机械系统

激光加工机械系统主要包括床身、能够在三维坐标范围内移动的工作台及机电控制系统等。随着电子技术的发展,许多激光加工系统已采用计算机来控制工作台的移动,实现激光加工的连续工作。

激光加工机的种类也越来越多,完善程度不同,结构形式也不单一。图 5-4 所示为常用激光加工机的外形示意图。

图 5-4　激光加工机(图片来自于互联网)

5.2.3　激光加工的应用及实例

5.2.3.1　激光加工的应用

一、激光打孔

随着近代工业技术的发展,硬度大、熔点高的材料的应用越来越多,并且常常要求在这些材料上打出又小又深的孔。例如,钟表或仪表的宝石轴承,钻石拉丝模具,化学纤维的喷丝头以及火箭或柴油发动机中的燃料喷嘴等。对于这类加工任务,常规的机械加工方法实现很困难,有的甚至是不可能实现的,而用激光打孔则能比较好地完成任务,利用激光几乎可在任何材料上打微型小孔,其加工原理如图 5-2 所示。

1. 激光打孔特点

激光打孔与传统打孔工艺相比,具有以下一些优点。

(1) 激光打孔速度快、效率高、经济效益好,现在最快每秒可以打 100 个孔。

(2) 激光打孔的直径可以小到 0.01 mm 以下,深径比可达 50∶1。

(3) 激光打孔可在硬、脆、软等各类材料上进行。

(4) 激光打孔无工具损耗,属无接触加工,因此加工出来的工件清洁、无污染。

(5) 激光打孔适合于数量多、高密度的群孔加工。

(6) 用激光可在难加工材料倾斜面上加工小孔。

2. 激光加工的影响因素

激光打孔的成形过程是材料在激光热源照射下产生的一系列热物理现象综合的结果。它与激光束的特性和材料的热物理性质有关,现在就其主要影响因素,分述如下。

(1) 输出功率与照射时间

激光的输出功率大,照射时间长时,工件所获得的激光能量也大。激光的照射时间一般为几分之一到几毫秒。当激光能量一定时,时间太长会使热量传散到非加工区,时间太短则因功率密度过高而使蚀除物以高温气体喷出,都会使能量的使用效率降低。

(2) 焦距与发散角

发散角小的激光束,经短焦距的聚焦物镜以后,在焦面上可以获得更小的光斑及更高的功率密度。焦面上的光斑直径小,所打的孔也小,而且,由于功率密度大,激光束对工件的穿透力也大,打出的孔不仅深,而且锥度小。所以,要减小激光束的发散角,并尽可能地采用短焦距物镜(20 mm 左右),只有在一些特殊情况下,才选用较长的焦距。

(3) 焦点位置

焦点位置对于孔的形状和深度都有很大影响,如图 5-5 所示。当焦点位置很低时,如图 5-5(a)所示,透过工件表面的光斑面积很大,这不仅会产生很大的喇叭口,而且由于能量密度减小而影响加工深度,或者说,增大了它的锥度。由图 5-5(a)到图5-5(c),焦点逐步提高,孔深也增加,但如果焦点太高,同样会分散能量密度而无法加工下去[图 5-5(d)、(e)]。一般激光的实际焦点在工件的表面或以略微低于工件表面为宜。

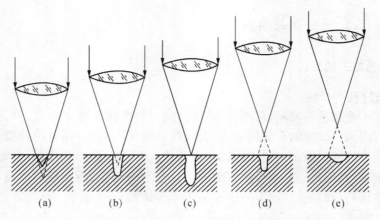

图 5-5　焦点位置与孔的断面形状

（4）工件材料

由于各种工件材料的吸收光谱不同,经透镜聚焦到工件上的激光能量不可能全部被吸收,而有相当一部分能量将被反射或透射而散失掉,其吸收效率与工件材料的吸收光谱及激光波长有关。在生产实践中,必须根据工件材料的性能(吸收光谱)去选择合理的激光器,对于高反射率和透射率的工件应作适当处理,例如打毛或黑化,增大其对激光的吸收效率。

图 5-6 是用红宝石激光器照射钢表面时所获得的工件表面粗糙度与加工深度关系的试验曲线。结果表明,工件表面粗糙度愈小,其吸收效率就愈低,打的孔也就愈浅。由图可知,表面粗糙度大于 5 μm 时,打孔深度与其关系不大;但当表面粗糙度小于 5 μm 时,影响就会明显,特别在镜面(R_a< 0.025 μm)时,就几乎无法加工。上述试验是用一次照射获得的,如果用激光多次照射,则因激光照射后的痕迹出现不平而提高其吸收效率,有助于激光加工。

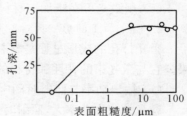

图 5-6　表面粗糙度对加工深度的影响

3. 加工过程

激光打孔可分为五个阶段:表面加热、表面熔化、汽化、气态物质喷射和液态物质喷射,如图 5-7 所示。

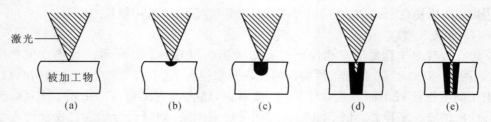

（a）表面加热;（b）表面熔化;（c）汽化;（d）气态物质喷射;（e）液态物质喷射

图 5-7　激光打孔过程示意图

激光打孔适合于自动化连续打孔,如加工钟表行业红宝石轴承上 ϕ0.12～ϕ0.18 mm、深

0.6～1.2 mm 的小孔,采用自动传送每分钟可以连续加工几十个宝石轴承。又如生产化学纤维用的喷丝板,在 ϕ100 mm 直径的不锈钢喷丝板上打一万多个直径为 0.06 mm 的小孔,采用数控激光加工,不到半天即可完成。采用脉冲激光器可进行打孔,脉冲宽度为 0.1～1 ms,特别适用于打微孔和异形孔,孔径为 0.005～1 mm。

二、激光切割

激光切割的原理和激光打孔原理基本相同(见图 5-8)。所不同的是,工件与激光束要相对移动,在生产实践中,一般都是移动工件。如果是直线切割,还可借助于柱面透镜将激光束聚焦成线,以提高切割速度。激光切割大都采用重复频率较高的脉冲激光器或连续输出的激光器,但连续输出的激光束会因热传导而使切割效率降低,同时热影响层也较深。因此,在精密机械加工中,一般都采用高重复频率的脉冲激光器。

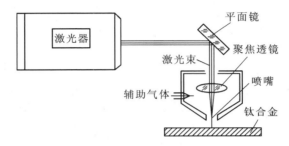

图 5-8 激光切割钛合金示意图

激光切割有以下特点。

(1) 激光切割无接触,无工具磨损。

(2) 切缝窄,热影响区小,工件变形小。

(3) 切边洁净,切口平行度好,加工精度高,表面粗糙度低。

(4) 切割速度快,效率高,易于数控和计算机控制,自动化程度高,并能切割盲槽或多工位操作。

(5) 几乎不受切割材料的限制,能切割硬、脆和软的材料,既可以切割金属,也可以切割非金属,适应性好。

(6) 噪声小,无公害。

激光切割是目前激光加工最为广泛的一种应用方式,它占激光加工的 60% 左右,现已广泛应用在汽车行业、机车车辆制造、计算机、航空、化工、轻工、电器与电子、石油和冶金等工业部门。例如,电气机壳、木刀模业、各种金属零件和特殊材料的切割;圆形锯片、压克力、弹簧垫片、2 mm 以下的电子机件用铜板、一些金属网板、钢管、镀锡铁板、镀铅钢板、磷青铜、电木板、薄铝合金、石英玻璃、硅橡胶、氧化铝陶瓷片、航天工业使用的钛合金等加工都已大量使用激光切割。近年来,激光切割技术发展很快,国际上每年都以20%～30%的速度增长。

YAG激光器输出的激光已成功地应用于半导体划片,重复频率为 5～20 Hz,划片速度为 10～30 mm/s,宽度 0.06 mm,成品率达 99% 以上,比金刚石划片优越得多,可将 1 cm² 的硅片切割成几十个集成电路块或几百个晶体管管芯。同时,还用于化学纤维喷丝头的 Y 形、十字形等型孔加工、精密零件的窄缝切割与划线以及雕刻等精细加工。

实践表明,切割金属材料时,采用同轴吹气工艺可以大大提高切割速度,而且表面粗糙度也有明显改善。切割布匹、纸张、木材等易燃材料时,则采用同轴吹保护气体(二氧化碳、氮气等),能防止烧焦和缩小切缝。

英国生产的二氧化碳激光切割机附有氧气喷枪,切割 6 mm 厚的钛板时速度达 3 m/min 以上。美国已用激光代替等离子体切割,速度可提高 25%,费用降低 75%。目前国外动向是发展大功率连续输出的二氧化碳激光器。大功率二氧化碳气体激光器所输出的连续激光,可以切割钢板、钛板、石英、陶瓷,以及塑料、木材、布匹、纸张等,其工艺效果都较好。

激光切割过程中,影响激光切割的主要因素有激光功率、吹气压力、材料厚度等。

三、激光打标

激光打标是指利用高能量的激光束照射在工件表面,光能瞬时变成热能,使工件表面迅速产生蒸发,从而在工件表面刻出任意所需要的文字和图形,以作为永久防伪标志。图 5-9 所示为激光打标原理图。

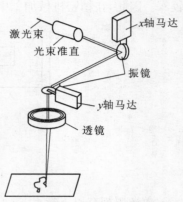

图 5-9　振镜式激光打标原理图

激光打标的特点是非接触加工,可在任何异型表面标刻,工件不会变形和产生内应力,适用于金属、塑料、玻璃、陶瓷、木材、皮革等各种材料;标记清晰、永久、美观,并能有效防伪;标刻速度快,运行成本低,无污染,可显著提高被标刻产品的档次。

激光打标广泛应用于电子元器件、汽(摩托)车配件、医疗器械、通信器材、计算机外围设备、钟表等产品和烟酒食品防伪等行业。

四、激光焊接

当激光的功率密度为 $10^5 \sim 10^7$ W/cm^2,照射时间约为 0.01 s 时,可进行激光焊接。激光焊接一般无需焊料和焊剂,只需将工件的加工区域"热熔"在一起即可,如图 5-10 所示。

1—激光;2—被焊接零件;3—被熔化金属;4—已冷却的熔池。

图 5-10　激光焊接过程示意图

激光焊接速度快,热影响区小,焊接质量高,既可焊接同种材料,也可焊接异种材料,还可透过玻璃进行焊接。

五、激光表面处理

当激光的功率密度约为 103～105 W/cm^2 时,便可实现对铸铁、中碳钢,甚至低碳钢等材料进行激光表面淬火。淬火层深度一般为 0.7～1.1 mm,淬火层深度比常规淬火约高 20%。激光淬火变形小,还能解决低碳钢的表面淬火强化问题。

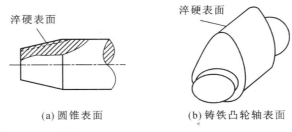

(a) 圆锥表面　　　　　　　　　(b) 铸铁凸轮轴表面

图 5‑11　激光表面强化处理应用实例

5.2.3.2　激光加工应用实例

在实际工业应用中,目前激光已广泛应用到激光焊接、激光切割、激光打孔、激光淬火、激光热处理、激光打标、玻璃内雕、激光微调、激光光刻、激光制膜、激光薄膜加工、激光封装、激光修复电路、激光布线技术、激光清洗等激光加工,广泛应用于电子、珠宝、眼镜、五金、汽车、通信产品、塑料按键、集成电路 IC、医疗器械、模具、通信、钟表、标牌、包装、工艺品、皮革、木材、纺织、装饰等行业。图 5‑12 所示为激光加工应用的产品示意图。

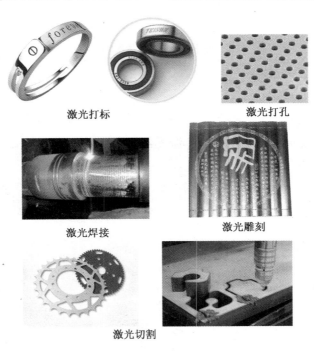

激光打标　　　　　　　　　　　激光打孔

激光焊接　　　　　　　　　　　激光雕刻

激光切割

图 5‑12　激光加工应用实例(图片来自于互联网)

5.3　项目实施

1. 需用到的设备

激光加工机床及其工装设备、加工工件、量具等。

2. 激光加工工艺分析

根据零件形状和尺寸精度可选用以下加工工艺。

（1）备料

准备厚度为 3.2 mm 的不锈钢板料。

（2）下料

用锯床下料，尺寸为 80.5×120.5。

（3）热处理

热处理 40～45 HRC。

（4）铣

铣削工件上、下表面及侧边，保证上、下面平行及工件尺寸 80×120，为激光加工做准备。上、下表面不需要很高的表面精度，因为表面精度太高反倒不利于激光加工。

（5）激光打孔

激光加工 580 个直径为 $\phi1.0$ mm 的小孔。

（6）激光打标

激光刻蚀英文字母：A、B、C、D。

（7）检验

按图纸检验。

3. 加工设备选择

（1）机床选择

激光打孔机、激光打标机。

（2）激光类型选择

综合考虑工件要求，选择 YAG 固体激光器加工。激光波长为 1.06，脉冲输出方式，输出能量为几个到几十焦耳。

4. 加工

用激光加工机床进行加工。

5. 镀镍

对加工好的工件进行镀镍处理。

6. 检验

加工完后，检验工件是否合格。

习　题

5-1　激光加工的原理是什么？

5-2　激光加工有何特点？

5-3　目前，激光加工都有哪些应用？试举例说明。

扫一扫可见本
项目学习重点

项目六　电子束和离子束加工

（1）掌握电子束加工原理、特点及应用。

（2）掌握离子束加工原理、特点及应用。

（3）具有正确选择电子束或离子束加工零件的能力。

6.1　项目引入

加工如图 6-1 所示工件，要求保证零件尺寸精度及形状精度。

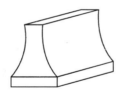

图 6-1　双曲面零件

传统加工方式很难加工圆弧面，尤其两面都是圆弧的工件，无论是加工尺寸和加工精度都很难保证。利用电子束在磁场中偏转的原理，使电子束在工件内部偏转，控制电子速度和磁场强度，即可控制曲率半径，也就可以加工出弯曲的孔。如果同时改变电子束和工件的相对位置，就可进行圆弧面的切割。

6.2　相关知识

电子束加工（Electron Beam Machining，简称 EBM）和离子束加工（Ion Beam Machining，简称 IBM）是近年来得到较大发展的新兴特种加工方法。它们在精密微细加工方面，尤其是在微电子学领域中得到较多的应用。电子束加工主要用于打孔、焊接等热加工和电子束光刻化学加工。离子束加工主要用于离子刻蚀、离子镀膜和离子注入等加工。近期发展起来的亚微米加工和纳米加工技术主要用的是离子束加工和电子束加工。

6.2.1 电子束加工

6.2.1.1 电子束加工的原理及特点

1. 电子束加工的原理

如图 6-2 所示,电子束加工是在真空条件下,利用聚焦后能量密度极高($10^6 \sim 10^9 \, \text{W/cm}^2$)的电子束,以极高的速度冲击到工件表面极小面积上,在极短的时间(几分之一微秒)内,其能量的大部分转变为热能,使被冲击部分的工件材料达到几千摄氏度以上的高温,从而引起材料的局部熔化和汽化,再用真空系统抽走汽化的材料的加工方法。

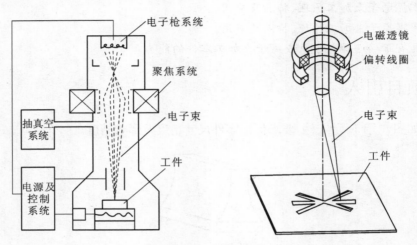

图 6-2 电子束加工原理

控制电子束能量密度的大小和能量注入时间,就可以达到不同的加工目的。如只使材料局部加热就可进行电子束热处理;使材料局部熔化就可以进行电子束焊接;提高电子束能量密度,使材料熔化和汽化,就可进行打孔、切割等加工;利用较低能量密度的电子束轰击高分子材料时产生化学变化的原理,即可进行电子束光刻加工。

2. 电子束加工的特点

(1)由于电子束能够极其微细地聚焦,甚至能聚焦到 $0.1 \, \mu\text{m}$,因此加工面积可以很小,是一种精密微细的加工方法。微型机械中的光刻技术可达到亚微米级。

(2)电子束能量密度很高,使照射部分的温度超过材料的熔化和汽化温度,去除材料主要靠瞬时蒸发。它是一种非接触式加工,工件不受机械力作用,不产生宏观应力和变形。加工材料范围很广,对脆性、韧性、导体、非导体及半导体材料都可加工。

(3)电子束的能量密度高,因而加工生产率很高。例如,每秒钟可以在 2.5 mm 厚的钢板上钻 50 个直径为 0.4 mm 的孔;厚度为 200 mm 的钢板,电子束焊接能以 4 mm/s 的速度一次将工件焊透。

(4)可以通过磁场或电场对电子束的强度、位置、聚焦等进行直接控制,所以整个加工过程便于实现自动化。特别是在电子束曝光中,从加工位置找准到加工图形的扫描都可实现自动化。在电子束打孔和切割时,可以通过电气控制加工异形孔,实现曲面弧形切割等。

(5) 由于电子束加工是在真空中进行的,因而污染少,加工表面不氧化,特别适用于加工易氧化的金属、合金材料,以及纯度要求极高的半导体材料。

(6) 电子束加工需要一整套专用设备和真空系统,价格较贵,生产应用有一定局限性。

6.2.1.2　电子束加工的装置

电子束加工装置的基本结构如图6-3所示,它主要由电子枪、真空系统、控制系统和电源等部分组成。

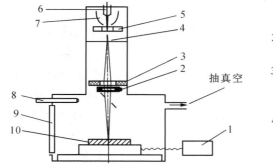

1—工作台系统;2—偏转线圈;3—电磁透镜;4—光阑;
5—加速阳极;6—发射电子的阴极;7—控制栅极;
8—光学观察系统;9—带窗真空室门;10—工件。

图6-3　电子束加工装置结构示意图

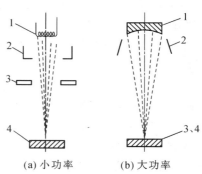

(a) 小功率　　　(b) 大功率

1—发射电子的阴极;2—控制栅极;
3—加速阳极;4—工件。

图6-4　电子枪

1. 电子枪

电子枪是获得电子束的装置,它包括发射电子的阴极、控制栅极和加速的阳极等,如图6-4所示。阴极经电流加热发射电子,带负电荷的电子高速飞向带高电位的阳极,在飞向阳极的过程中,经过加速极加速,又通过电磁透镜把电子束聚焦成很小的束斑。

发射阴极一般用钨或钽制成,在加热状态下发射大量电子。小功率时用钨或钽做成丝状阴极,如图6-4(a)所示;大功率时用钽做成块状阴极,如图6-4(b)所示。控制栅极为中间有孔的圆筒形,其上加以较阴极为负的偏压,既能控制电子束的强弱,又有初步的聚焦作用。加速阳极通常接地,而阴极为很高的负电压,所以能驱使电子加速。

2. 真空系统

真空系统用于保证在电子束加工时维持 $1.33 \times 10^{-2} \sim 1.33 \times 10^{-4}$ Pa 的真空度。因为只有在高真空中,电子才能高速运动。此外,加工时的金属蒸汽会影响电子发射,产生不稳定现象,因此,也需要不断地把加工中生产的金属蒸汽抽出去。

真空系统一般由机械旋转泵和油扩散泵或涡轮分子泵两级组成,先用机械旋转泵把真空室抽至 $1.4 \sim 0.14$ Pa,然后由油扩散泵或涡轮分子泵抽至 $0.014 \sim 0.00014$ Pa 的高真空度。

3. 控制系统

电子束加工装置的控制系统包括束流聚焦控制、束流位置控制、束流强度控制，以及工作台位移控制等。

束流聚焦控制用于提高电子束的能量密度，使电子束聚焦成很小的束斑，它基本上决定了加工点的孔径或缝宽。聚焦方法有两种：一种是利用高压静电场使电子流聚焦成细束；另一种是利用电磁透镜的磁场聚焦。

所谓电磁透镜，实际上是一个电磁线圈，它通电后产生的轴向磁场与电子束中心线并行，径向磁场与中心线垂直。根据左手定则，电子束在前进运动中切割径向磁场时，将产生圆周运动，而在圆周运动时，在轴向磁场中将又产生一个径向运动，所以实际上每个电子的合成运动为一个半径愈来愈小的空间螺旋线，最终聚焦于一点。为了消除像差和获得更细的焦点，常进行第二次聚焦。

束流位置控制用于改变电子束的方向，常用磁偏转来控制电子束焦点的位置。如果使偏转电压或电流按一定程序变化，则电子束焦点便按预定的轨迹运动。

为了获得较好的经济效益，必须根据工件材料的熔点、沸点等来选取电子束参数。例如，使脉冲能量的 75% 用于材料熔化，余下的 25% 能量使蚀除材料的 5% 汽化，靠汽化时的喷爆作用使熔化的材料去除，因此常在束流强度控制极上加上比阴极电位更低的负偏压来实现束流强度控制。

工作台位移控制用于在加工过程中控制工作台的位置。电子束的偏转距离只能在数毫米之内，过大将增加像差和影响线性，因此在大面积加工时需要用伺服电机控制工作台移动，并与电子束的偏转相配合。

4. 电源

电子束加工装置对电源电压的稳定性要求较高，通常电源电压波动范围不得超过百分之几，这是因为电子束聚焦以及阴极的发射强度与电压波动有密切关系，所以常用稳压设备、各种控制电压以及加速电压由升压整流或超高压直流发电机供给。

6.2.1.3　电子束加工的应用

电子束加工按其功率密度和能量注入时间的不同，可用于打孔、切割、蚀刻、焊接、热处理和光刻加工等。

1. 高速打孔

电子束打孔已在生产中实际应用，目前最小直径可达 0.003 mm 左右。打孔的速度主要取决于板厚和孔径，孔的形状复杂时还取决于电子束扫描速度（或偏转速度）以及工件的移动速度，通常每秒可加工几十到几万个孔。例如，喷气发动机套上的冷却孔、机翼的吸附屏的孔，不仅孔的密度连续变化，孔数达数百万个，而且有时还要改变孔径，此时最宜用电子束高速打孔。高速打孔可在工件运动中进行。例如，在 0.1 mm 厚的不锈钢上加工直径 0.2 mm 的孔，速度为 3 000 孔每秒。

在人造革、塑料上用电子束打大量微孔，可使其具有如真皮革那样的透气性。现在生产上已出现了专用塑料打孔机，将电子枪发射的片状电子束分成数百条小电子束同时打孔,其速度可达 50 000 孔每秒,孔径 120～40 μm 可调。

电子束打孔还能加工深孔,如在叶片上打深度 5 mm、直径 0.4 mm 的孔,孔的深径比大于 10∶1。

用电子束加工玻璃、陶瓷、宝石等脆性材料时,由于在加工部位的附近有很大温差,容易引起变形甚至破裂,因此在加工前或加工时,需用电阻炉或电子束进行预热。采用电子束预热零件时,加热用的电子束称为回火电子束。回火电子束是发散的电子束。

2. 加工型孔及特殊表面

图 6-5 所示为电子束加工的喷丝头异型孔截面的实例。出丝口的窄缝宽度为 0.03～0.07 mm,长度为 0.80 mm,喷丝板厚度为 0.6 mm。为了使人造纤维具有光泽、松软有弹性、透气性好,喷丝头的型孔都是特殊形状的。

电子束还可以用来切割各种复杂型面,切口宽度为 6～3 μm,边缘表面粗糙度可控制在±0.5 μm。

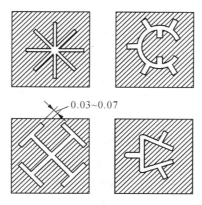

0.03～0.07

图 6-5　电子束加工的喷丝头异形孔

离心过滤机、造纸化工过滤设备中,钢板上的小孔为锥孔(上小下大),这样可防止堵塞,并便于反冲清洗。用电子束在 1 mm 厚不锈钢板上打 φ0.13 mm 锥形孔,每秒可打 460 孔,在 3 mm 厚的不锈钢板上打 φ1 mm 锥形孔,每秒可打 20 孔。

燃烧室混气板及某些叶片需要打不同方向的斜孔,使叶片容易散热,从而提高发动机的输出功率。如某种叶片需要打斜孔 30 000 个,使用电子束加工能廉价地实现。燃气轮机上的叶片、混气板和蜂房消音器等三个重要部件已用电子束打孔代替电火花打孔。

电子束不仅可以加工各种直的型孔和型面,而且可以加工弯孔和曲面。利用电子束在磁场中偏转的原理,使电子束在工件内部偏转,控制电子速度和磁场强度,即可控制曲率半径,也就可以加工出弯曲的孔。如果同时改变电子束和工件的相对位置,就可进行切割和开槽。如图 6-6(a)所示,对长方形工件 1 施加磁场之后,若一面用电子束 3 轰击,一面依箭头 2 方向移动工件,就可获得如实线所示的曲面。经如图 6-6(a)所示的加工后,再改变磁场极性进行加工,就可获得如图 6-6(b)所示的工件。同样原理,可加工出如图 6-6(c)所示的弯缝。如果工件不移动,只改变偏转磁场的极性,则可获得如图 6-6(d)所示的一个入口、两个出口的弯孔。

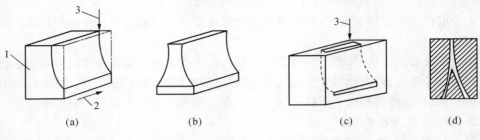

1—工件;2—工件运动方向;3—电子束。

图6-6   电子束加工曲面、弯孔

3. 刻蚀

在微电子器件生产中,为了制造多层固体组件,可利用电子束对陶瓷或半导体材料刻出许多微细沟槽和孔,如在硅片上刻出宽 $2.5\ \mu m$、深 $0.25\ \mu m$ 的细槽;在混合电路电阻的金属镀层上刻出 $40\ \mu m$ 宽的线条。还可在加工过程中对电阻值进行测量校准,这些都可用计算机自动控制完成。

电子束刻蚀还可用于制版,如在铜制印滚筒上按色调深浅刻出许多大小与深浅不一的沟槽或凹坑,其直径为 $70\sim120\ \mu m$,深度为 $5\sim40\ \mu m$,小坑代表浅色,大坑代表深色。

4. 焊接

电子束焊接是利用电子束作为热源的一种焊接工艺。当高能量密度的电子束轰击焊件表面时,使焊件接头处的金属熔融,在电子束连续不断地轰击下,形成一个被熔融金属环绕着的毛细管状的蒸汽管。如果焊件按一定速度沿着焊件接缝与电子束做相对移动,则接缝上的蒸汽管由于电子束的离开而重新凝固,使焊件的整个接缝形成一条焊缝。

由于电子束的能量密度高,焊接速度快,因此电子束焊接的焊缝深而窄,焊件热影响区小、变形小。电子束焊接一般不用焊条,焊接过程在真空中进行,因此焊缝化学成分纯净,焊接接头的强度往往高于母材。

电子束焊接可以焊接难熔金属,如钽、铌、钼等,也可焊接钛、锆、铀等化学性能活泼的金属。对于普通碳钢、不锈钢、合金钢、铜、铝等各种金属,也能用电子束焊接。电子束焊接可焊接很薄的工件,也可焊接几百毫米厚的工件。

电子束焊接还能焊接用一般焊接方法难以完成的异种金属焊接,如铜和不锈钢的焊接,钢和硬质合金的焊接,铬、镍和钼的焊接等。

由于电子束焊接对焊件的热影响小、变形小,因此可以在工件精加工后进行。又由于它能够实现异种金属焊接,因此就有可能将复杂的工件分成几个零件,这些零件可以单独地使用最合适的材料,采用合适的方法来加工制造,最后利用电子束焊接成一个完整的工件,从而获得理想的技术性能和显著的经济效益。例如,掠翼飞机的中翼盒长达 6.7 m,壁厚 12.7~57 mm,钛合金小零件可以用电子束焊接制成,共 70 道焊缝,仅此一项工艺就减轻飞机重量 270 kg;大型涡轮风扇发动机的钛合金机匣,壁厚 1.8~69.8 mm,外径

2.4 m,是发动机中最大、加工最复杂、成本最高的部件,采用电子束焊接后,节约了材料和工时,成本降低40%。此外,登月舱的铍合金框架和制动引擎的64个零部件也都采用了电子束焊接。

5. 热处理

电子束热处理也是把电子束作为热源,适当控制电子束的功率密度,使金属表面加热而不熔化,达到热处理的目的。电子束热处理的加热速度和冷却速度都很高,在相变过程中,奥氏体化时间很短,只有几分之一秒乃至千分之一秒,奥氏体晶粒来不及长大,从而能获得一种超细晶粒组织,可使工件获得用常规热处理不能达到的硬度,硬化深度可达0.3～0.8 mm。

电子束热处理与激光热处理类同,但电子束的电热转换效率高,可达90%,而激光的转换效率只有7%～10%。电子束热处理在真空中进行,可以防止材料氧化,电子束设备的功率可以做得比激光功率大,所以电子束热处理工艺很有发展前途。

如果用电子束加热金属达到表面熔化,可在熔化区添加元素,使金属表面形成一层很薄的新的合金层,从而获得更好的机械物理性能。铸铁的熔化处理可以产生非常细的莱氏体结构,其优点是抗滑动磨损。铝、钛、镍的各种合金几乎全可进行添加元素处理,从而得到很好的耐磨性能。

6. 电子束曝光

先利用低功率密度的电子束照射称为电致抗蚀剂的高分子材料,由入射电子与高分子相碰撞,使分子的链被切断或重新聚合而引起分子量的变化,这一步骤称为电子束曝光,如图6-7(a)所示。如果按规定图形进行电子束曝光,就会在电致抗蚀剂中留下潜像。然后将它浸入适当的溶剂中,由于分子量不同而溶解度不一样,就会使潜像显影,如图6-7(b)所示。将光刻与离子束刻蚀或蒸镀工艺结合,见图6-7(c)、(d),就能在金属掩模或材料表面上制出图形,见图6-7(e)、(f)。

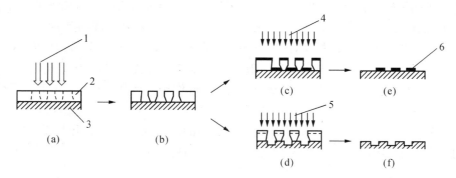

1—电子束;2—电致抗蚀剂;3—基板;4—金属蒸汽;5—离子束;6—金属。

图6-7　电子束曝光加工过程

由于可见光的波长大于0.4 μm,因此曝光的分辨率小于1 μm较难。用电子束曝光最佳可达到0.25 μm的线条图形分解率。

此外,还有电子束掺杂、电子束熔炼等,具体电子束加工的应用范围见图6-8。

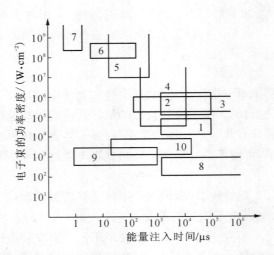

1—淬火硬化;2—熔炼;3—焊接;4—打孔;5—钻、切割;6—刻蚀;
7—升华;8—塑料聚合;9—电子抗蚀剂;10—塑料打孔。

图 6-8　电子束的应用范围

6.2.2　离子束加工

6.2.2.1　离子束加工的原理、特点及分类

1. 离子束加工的原理

离子束加工的原理和电子束加工的原理基本类似,也是在真空条件下,将离子源产生的离子束经过加速聚焦,使之打到工件表面。不同的是离子带正电荷,其质量比电子大数千、数万倍,如氩离子的质量是电子的 7.2 万倍,所以一旦离子加速到较高速度时,离子束比电子束具有更大的撞击动能,它是靠微观的机械撞击能量,而不是靠动能转化为热能来加工的。

高速电子在撞击工件材料时,因电子质量小、速度大,动能几乎全部转化为热能,使工件材料局部熔化、汽化,它主要是通过热效应进行加工的。而离子本身质量较大,速度较低,撞击工件材料时,将产生变形、分离、破坏等机械作用。例如,加速到几十电子伏到几千电子伏(keV)时,主要用于离子溅射加工;如果加速到 1 万到几万电子伏,且离子入射方向与工件表面成 $25°\sim30°$,则离子可将工件表面的原子或分子撞击出去,以实现离子铣削、离子蚀刻或离子抛光等;当加速到几十万电子伏或更高时,离子可穿入工件材料内部,称为离子注入。

电子束加工的物理过程是用空腔理论进行解释的,其本质是一种热过程,被高速轰击的工件材料产生局部蒸发,加工是通过蒸发进程重复进行而实现的,而离子束加工的物理过程与电子束加工不同,因离子的质量大、动量大,其物理本质更加复杂。实验表明,离子束加工主要是一种无热过程。当入射离子碰到工件材料时,撞击原子、分子,由于制动作用使离子失去能量。因离子与原子之间的碰撞接近于弹性碰撞,所以离子损失的能量传递给原子、分子,其中一部分能量使工件材料产生溅射、抛出,其余能量转变为材料晶格的

振动能。

2. 离子束加工的特点

(1) 由于离子束可以通过电子光学系统进行聚能扫描,离子束轰击材料是逐层去除原子的,且离子束流密度及离子能量可以精确控制,因此离子刻蚀可以达到纳米(0.001 μm)级的加工精度,离子镀膜可以控制在亚微米级精度,离子注入的深度和浓度也可极精确地控制。所以说,离子束加工是所有特种加工方法中最精密、最微细的加工方法,是当代纳米加工技术的基础。

(2) 由于离子束加工是在高真空中进行的,因此污染少,特别适用于对易氧化的金属、合金材料和高纯度半导体材料的加工。

(3) 离子束加工是靠离子轰击材料表面的原子来实现的,它是一种微观作用,宏观压力很小,所以加工应力、热变形等极小,加工质量高,适合于对各种材料和低刚度零件的加工。

(4) 离子束加工设备费用贵、成本高、加工效率低,因此应用范围受到一定限制。

3. 离子束加工的分类

(1) 离子刻蚀是用能量为 0.5～5 keV 的氩离子倾斜轰击工件,将工件表面的原子逐个剥离。如图 6-9(a)所示。其实质是一种原子尺度的切削加工,所以又称离子铣削。这就是近代发展起来的纳米(毫微米)加工工艺。

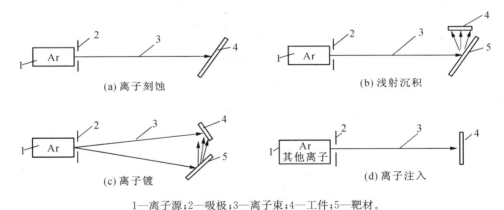

1—离子源;2—吸极;3—离子束;4—工件;5—靶材。

图 6-9 各类离子束加工示意图

(2) 离子溅射沉积也是采用能量为 0.5～5 keV 的氩离子,倾斜轰击某种材料制成的靶,离子将靶材原子击出,垂直沉积在靶材附近的工件上,使工件表面镀上一层薄膜,如图 6-9(b)所示。所以溅射沉积是一种镀膜工艺。

(3) 离子镀也称离子溅射辅助沉积,也是用 0.5～5 keV 的氩离子,不同的是在镀膜时,离子束同时轰击靶材和工件表面,如图 6-9(c)所示。目的是为了增强膜材与工件基材之间的结合力。也可将靶材高温蒸发,同时进行离子撞击镀膜。

(4) 离子注入是采用 5～500 keV 较高能量的离子束,直接垂直轰击被加工材料,由于离子能量相当大,离子就钻进被加工材料的表面层,如图 6-9(d)所示。工件表面层含有注入离子后,就改变了化学成分,从而改变了工件表面层的物理、力学和化学性能。根据不同的目的选用不同的注入离子,如磷、硼、碳、氮等。

6.2.2.2　离子束加工的装置

离子束加工装置与电子束加工装置类似,它也包括离子源、真空系统、控制系统和电源等部分,主要的不同部分是离子源系统。

离子源用以产生离子束流,产生离子束流的基本原理和方法是使离子电离。具体方法是把要电离的气态原子(惰性气体或金属蒸汽)注入电离室,经高频放电、电弧放电、等离子体放电或电子轰击,使气态原子电离为等离子体。等离子体是多种离子的集合体,其中有带电粒子和不带电粒子,在宏观上呈电中性。采用一个相对于等离子体为负电位的电极(吸极),将离子由等离子体中引出而形成离子束流,而后使其加速射向工件或靶材。根据离子束产生的方式和用途不同,离子源有很多形式,常用的有考夫曼型离子源和双等离子管型离子源。

1. 考夫曼型离子源

图 6-10 为考夫曼型离子源示意图,它由灼热的灯丝 2 发射电子,在阳极 9 的作用下向下方移动,同时受电磁线圈 4 磁场的偏转作用,做螺旋运动前进。惰性气体氩在注入口 3 注入电离室 10,在电子的撞击下被电离成等离子体,阳极 9 相引出电极(吸极)8 上各有 300 个直径为 ϕ0.3 mm 的小孔,上下位置对齐。在引出电极 8 的作用下,将离子吸出,形成 300 条准直的离子束,再向下则均匀分布在直径为 ϕ5 cm 的圆面积上。

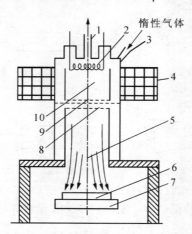

1—真空抽气口;2—灯丝;3—惰性气体入口;4—电磁线圈;
5—离子束流;6—工件;7—阴极;8—引出极;9—阳极;10—电离室。

图 6-10　考夫曼型离子源

2. 双等离子体型离子源

图 6-11 所示的双等离子体型离子源是利用阴极和阳极之间低气压直流电弧放电,将氩、氮或氙等惰性气体在阳极小孔上方的低真空中(0.1~0.01 Pa)等离子体化。中间电极的电位一般比阳极电位低,它和阳极都用软铁制成,因此在这两个电极之间形成很强的轴向磁场,使电弧放电局限在这中间,在阳极小孔附近产生强聚焦高密度的等离子体。

引出电极将正离子导向阳极小孔以下的高真空区($1.33\times10^{-5}\sim1.33\times10^{-6}$ Pa),再通过静电透镜形成密度很高的离子束去轰击工件表面。

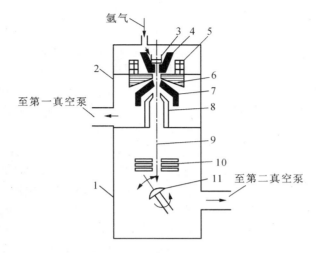

1—加工室;2—离子枪;3—阴极;4—中极;5—电磁铁;6—阳极;
7—控制极;8—引出极;9—离子束;10—静电透镜;11—工件。

图 6‐11　双等离子管型离子源

6.2.2.3　离子束加工的应用

离子束加工的应用范围正在日益扩大,不断创新。目前用于改变零件尺寸和表面物理力学性能的离子束加工有:用于从工件上作去除材料的离子刻蚀加工;用于给工件表面涂覆的离子镀膜加工;用于表面改性的离子注入加工等。

一、刻蚀加工

离子刻蚀是从工件上去除材料,是一个撞击溅射过程。当离子束轰击工件,入射离子的动量传递到工件表面的原子,传递能量超过了原子间的键合力时,原子就从工件表面撞击溅射出来,达到刻蚀的目的。为了避免入射离子与工件材料发生化学反应,必须用惰性元素的离子。氩气的原子序数高,而且价格便宜,所以通常用氩离子进行轰击刻蚀。由于离子直径很小(约十分之几个纳米),可以认为离子刻蚀的过程是逐个原子剥离的,刻蚀的分辨率可达微米甚至亚微米级,但刻蚀速度很低,剥离速度大约每秒一层到几十层原子。表 6‐1 列出了一些材料的典型刻蚀率。

表 6‐1　典型材料的刻蚀率

靶材料	刻蚀率(nm·min^{-1})	靶材料	刻蚀率(nm·min^{-1})	靶材料	刻蚀率(nm·min^{-1})
Si	36	Ni	54	Cr	20
Ag/Ga	260	Al	55	Zr	32
Ak	200	Fe	32	Nb	30
Au	160	Mo	40		
Pt	120	Ti	10		

　　刻蚀加工时,对离子入射能量、束流大小、离子入射到工件上的角度以及工作室气压等能分别调节控制,根据不同加工需要选择参数。用氩离子轰击被加工表面时,其效率取决于离子能量和入射角度。离子能量从 100 eV 增加到 1 000 eV 时,刻蚀率随能量增加而迅速增加,而后增加速率逐渐减慢。离子刻蚀率随入射角增加而增加,但入射角增大会使表面有效束流减小。一般入射角 $\theta = 40°\sim60°$ 时刻蚀效率最高。

　　目前,离子束刻蚀在高精度加工、表面抛光、图形刻蚀、电镜试样制备、石英晶体振荡器以及各种传感器件的制作等方面应用较为广泛。离子束刻蚀加工可达到很高的分辨率,适用于刻蚀精细图形,实现高精度加工。离子束刻蚀加工小孔的优点是孔壁光滑,邻近区域不产生应力和损伤,而且能加工出任意形状的小孔。

　　离子刻蚀用于加工陀螺仪空气轴承和动压马达上的沟槽,其分辨率高、精度高、重复一致性好。另外,它加工非球面透镜能达到其他加工方法不能达到的精度。

　　离子束刻蚀应用的另一个方面是刻蚀高精度的图形,如集成电路、声波表面器件、磁泡器件、光电器件和光集成器件等微电子学器件亚微米图形的离子束刻蚀。

　　用离子轰击已被机械磨光的玻璃时,玻璃表面 1 μm 左右被剥离并形成极光滑的表面。用离子束轰击厚度为 0.2 mm 的玻璃,能改变其折射率分布,使之具有偏光作用。玻璃纤维用离子轰击后,变为具有不同折射率的光导材料。离子束加工还能使太阳能电池表面具有非反射纹理表面。

　　离子束刻蚀还用来致薄材料,例如,用于致薄石英晶体振荡器和压电传感器。致薄探测器的探头可以大大提高其灵敏度,如国内已用离子束加工出厚度为 40 μm,并且自己支撑的高灵敏探测器头。离子束刻蚀还用于致薄样品,以进行表面分析,如用离子束刻蚀可以致薄月球岩石样品,从 10 μm 致薄到 10 nm。离子束刻蚀还能在 10 nm 厚的 $Au\text{-}Pa$ 膜上刻出 8 nm 的线条。

二、镀膜加工

　　离子镀膜加工有溅射镀膜和离子镀两种。

1. 离子溅射镀膜

　　离子溅射镀膜是基于离子溅射效应的一种镀膜工艺,不同的溅射技术所采用的放电方式是不同的。例如,直流二极溅射利用直流辉光放电,三极溅射利用热阴极支持的辉光放电,而磁控溅射则是利用环状磁场控制下的辉光放电。其中,直流二极溅射和三极溅射这两种方式由于生产率低、等离子体区不均匀等原因,难以在实际生产中大量应用,而磁控溅射具有高速、低温、低损耗等优点,镀膜速度快,基片温升小,没有高能电子轰击基片所造成的损伤,故其实际应用更为广泛。

　　离子溅射镀膜工艺适用于合金膜和化合物膜等的镀制。在各种镀膜技术中,溅射镀膜最适合于镀制合金膜。具体方法有三种:多靶溅射、镶嵌靶溅射和合金靶溅射。这些方法均采用直流溅射,且只适合于导电的靶材。化合物膜通常是指由金属元素的化合物镀成的薄膜。镀膜方法包括直流溅射、射频溅射和反应溅射等三种。

　　离子溅射镀膜的应用举例如下。

　　(1) 用磁控溅射在高速钢刀具上镀氮化钛(TiN)硬质膜,可以显著提高刀具的寿命。由于氮化钛具有良好的导电性,可以采用直流溅射,直流磁控溅射的镀膜速率可达

300 nm/min。镀膜过程中，氮化钛膜的色泽逐渐由金属光泽变成明亮的金黄色。

（2）在齿轮的齿面和轴承上可以采用离子溅射镀制二硫化钼（MoS_2）润滑膜，其厚度为 0.2～0.6 μm，摩擦因数为 0.04。溅射时，采用直流溅射或射频溅射，靶材用二硫化钼粉末压制成型。但为得到晶态薄膜，必须严格控制工艺参数。

2. 离子镀

离子镀是在真空蒸镀和溅射镀膜的基础上发展起来的一种镀膜技术。此时工件不仅接受靶材溅射来的原子，还同时受到离子的轰击，这使离子镀具有许多独特的优点。

离子镀膜附着力强，膜层不易脱落。这首先是因为镀膜前离子以足够高的动能冲击基体表面，清洗掉表面的脏污和氯化物，从而可提高工件表面的附着力。其次是因为镀膜刚开始时，由工件表面溅射出来的基材原子，有一部分会与工件周围气氛中的原子和离子发生碰撞而返回工件。这些返回工件的原子与镀膜的膜材原子同时到达工件表面，形成了膜材原子和基材原子的共混膜层。而后，随膜层的增厚，逐渐过渡到单纯由膜材原子构成的膜层。这种混合过渡层的存在，可以减少由于膜材与基材两者膨胀系数不同而产生的热应力，增强了两者的结合力，使膜层不易脱落。离子镀镀层的组织致密，针孔气泡少。

用离子镀的方法对工件镀膜时，其绕射性好，使基板的所有暴露的表面均能被镀覆。这是因为蒸发物质或气体在等离子区离解而成为正离子，这些正离子能随电力线而终止在负偏压基片的所有边缘。

离子镀的可镀材料广泛，可在金属或非金属表面上镀制金属或非金属材料。各种合金、化合物，某些合成材料、半导体材料、高熔点材料均可镀覆。

用离子镀方法在切削工具表面镀氮化钛、碳化钛等硬质材料，可以提高刀具的耐用度。试验表明，在高速钢刀具上用离子镀氮化钛后，刀具耐用度可提高 1～2 倍；镀碳化钛后，刀具耐用度可提高 3～8 倍。而硬质合金刀具用离子镀镀上一层氮化钛或炭化钛，刀具耐用度可提高 2～10 倍。

离子镀可以得到钨、钼、钽、铌、铍以及氧化铝等的耐热膜。如在不锈钢上镀一层氧化铝，可提高基体在 980℃ 介质中的抗热循环和抗蚀能力。在适当的基体上镀一层 ADT-1 合金，能具有良好的抗高温氧化和抗蚀性能。这种膜可用作航空涡轮叶片型面、榫头和叶冠等部位的保护层。

在表壳或表带上镀氮化钛膜，这种氮化钛膜呈金黄色，它的反射率与 18 K 金镀膜相近，其耐磨性和耐腐蚀性大大优于镀金膜和不锈钢，其价格仅为黄金的 1/60。离子镀装饰膜还用于工艺美术品首饰、景泰蓝以及金笔套、餐具等的修饰上，其膜厚仅为 1.5～2 μm。

离子镀膜代替镀铬硬膜，可减少镀铬公害。2～3 μm 厚的氮化钛膜可代替 20～25 μm 的硬铬膜；航空工业中可采用离子镀铝代替飞机部件镀镉。

三、离子注入加工

离子注入是将工件放在离子注入机的真空靶中，在几十至几百千伏的电压下，把所需元素的离子注入工件表面。离子注入工艺比较简单，它不受热力学限制，可以注入任何离子，而且注入量可以精确控制。注入离子融在工件材料中，含量可达 10%～40%，注入深度可达 1 μm 甚至更深。

由于离子注入本身是一种非平衡技术，它能在材料表面注入互不相溶的杂质而形成一般冶金工艺所无法制得的一些新的合金,而且不管基体性能如何。它可在不牺牲材料整体性能的前提下,使其表面性能优化,而且不产生任何显著的尺寸变化。但是,离子注入的局限性在于它是一个直线轰击表面的过程,不适合处理复杂的凹入的表面样品。

离子注入的典型应用主要有以下几种。

(1) 半导体注入磷、硼等形成 P - N 结,而且注入数量、P - N 结含量、注入区域都可以精确控制,适合于大规模集成电路。

(2) 在金属表面注入不同的离子,从而改善金属表面的抗蚀性、抗疲劳性、润滑性能和耐磨性能等。如把 Cr 注入 Cu 提高抗氧化性;在低碳钢中注入 N、B、Mo 等提高耐磨性;在纯铁中注入 B,增加晶格畸变,从而提高强度和硬度;在碳化钨中注入 C、N 提高润滑性能。

(3) 可以冶炼得到新的合金。如在低温铜靶中注入钨得到 W - Cu 合金;也可以增加光学材料的折射率,改善磁泡材料性能,制造超导材料。

除了常规的离子注入工艺之外,近年来又发展了几种新的工艺方法,如反冲注入法、轰击扩散镀层法、动态反冲法以及离子束混合法等,从而使得离子注入加工技术的应用更为广泛。

6.3　项目实施

1. 需用到的设备

电子束加工设备、加工工件、量具等。

2. 电子束加工工艺分析

根据零件形状和尺寸精度可选用以下加工工艺。

(1) 下料

用锯床下料,量 0.5 mm 加工余量。

(2) 热处理

热处理 40～45 HRC。

(3) 磨

磨削工件表面达到规定尺寸,为电子束加工做准备。

(4) 电子束加工

控制电子束加工设备的电子磁场,加工出符合尺寸要求的圆弧面。

(5) 检验

按图纸检验。

3. 加工设备选择

选择带磁场调节的电子束加工设备。

4. 加工

如图 6 - 12(a)所示,对长方形工件 1 施加磁场之后,若一面用电子束 3 轰击,一面依箭头 2 方向移动工件,就可获得如实线所示的曲面。经如图 6 - 12(a)所示的加工后,再改变磁场极性进行加工,就可获得如图 6 - 12(b)所示的工件。

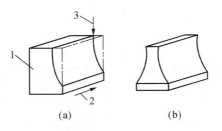

1—工件；2—工件运动方向；3—电子束。

图 6 - 12　电束加工双曲面

5. 检验

加工完后，检验工件是否合格。

习　题

6-1　电子束加工和离子束加工在原理上和应用范围上有何异同？

6-2　电子束加工、离子束加工和激光加工相比，各自的适用范围如何？各有什么优缺点？

6-3　电子束加工、离子束加工、激光加工，哪种束流和相应的加工工艺能聚集得更细？最细的焦点直径大约为多少？

6-4　电子束加工装置和示波器、电视机的原理的异同在哪里？

项目七　超声加工

（1）掌握超声加工的基本原理、特点及应用。

（2）掌握超声加工的工艺参数及其选用。

（3）具有正确选用超声加工技术加工实际零件的能力。

7.1　项目引入

如图7-1所示，在玻璃上加工出各种孔或型腔。

图7-1　超声加工异形孔

因为被加工零件为玻璃，硬度高且易碎，传统加工方式很难实现加工，而使用超声加工却能轻易实现加工，达到规定的精度要求。

7.2　相关知识

超声加工（Ultrasonic Machining，简称 USM）有时也称超声波加工。电火花加工和电化学加工都只能加工金属导电材料，不易加工不导电的非金属材料，而超声加工不仅能加工硬质合金、淬火钢等脆硬金属材料，而且更适合于加工玻璃、陶瓷、半导体锗和硅片等不导电的非金属脆硬材料，同时还可以用于清洗、焊接和探伤等，在工业、农业、国防、医疗等方面的用途十分广泛。

7.2.1　超声加工的基本原理和特点

7.2.1.1　超声加工的基本原理

超声波加工是利用工具端面作超声频振动,通过磨料悬浮液加工脆硬材料的一种成型方法,加工原理如图 7‐2 所示。加工时,在工具 1 和工件 2 之间加入液体(水或煤油等)和磨料混合的悬浮液 3,并使工具以很小的力 F 轻轻压在工件上。超声换能器 6 产生20 000 Hz 以上的超声频纵向振动,并借助于变幅杆把振幅放大到 0.05～0.1 mm,驱动工具端面作超声振动,迫使工作液中悬浮的磨粒以很大的速度和加速度不断地撞击、抛磨被加工表面,把被加工表面的材料粉碎成很细的微粒,从工件上被打击下来。虽然每次打击下来的材料很少,但由于每秒钟打击的次数多达 20 000 多次,因此仍有一定的加工速度。循环流动的悬浮液带走脱落下来的微粒,并使磨料不断更新。与此同时,工作液受工具端面超声频振动作用而产生的高频,正、负交变的液压冲击波和"空化"作用,促使工作液钻入被加工材料的微裂缝处,进一步加剧了机械破坏作用。随着加工的不断进行,最终把工具的形状"复印"在工件上,并达到要求的尺寸。

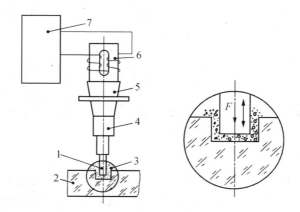

1—工具;2—工件;3—磨料悬浮液;4、5—变幅杆;6—换能器;7—超声波发生器。

图 7‐2　超声波加工原理

所谓空化作用,是指当工具端面以很大的加速度离开工件表面时,加工间隙内形成负压和局部真空,在工作液体内形成很多微空腔;当工具端面以很大的加速度接近工件表面时,空泡闭合,引起极强的液压冲击波,可以强化加工过程。此外,正、负交变的液压冲击也使悬浮工作液在加工间隙中强迫循环,使变钝了的磨粒及时得到更新。

综上所述,超声波加工是磨粒在超声振动作用下的机械撞击和抛磨作用以及超声空化作用的综合结果,其中磨粒的撞击作用是主要的。

既然超声波加工中磨粒的撞击作用是主要的作用力,因此就不难理解,越是脆硬的材料,受撞击作用遭受的破坏愈大,愈易加工。相反,脆性和硬度不大的韧性材料,由于它的缓冲作用而难以加工。根据这个原理,人们可以合理选择工具材料,使之既能撞击磨粒,又不致使自身受到很大破坏。例如,用 45 钢制作工具即可满足上述要求。

7.2.1.2　超声加工的特点

（1）适合于加工各种硬脆材料，特别是不导电的非金属材料，例如玻璃、陶瓷（氧化铝、氮化硅等）、石英、锗、硅、石墨、玛瑙、宝石、金刚石等。对于导电的硬质金属材料，如淬火钢、硬质合金等，也能进行加工，但加工生产率较低。

（2）由于工具可用较软的材料，做成较复杂的形状，因此不需要使工具和工件作比较复杂的相对运动，也因此超声波加工机床的结构比较简单，操作、维修方便。

（3）加工精度高，加工表面质量好。由于去除加工材料靠的是极小磨料瞬时局部的撞击作用，因此加工精度可达 0.01～0.02 mm，表面粗糙度也较好，可达 0.63～0.08 μm。

（4）工件表面的宏观切削力很小，切削应力、切削热很小，不会引起变形及烧伤，因此可以加工薄壁、窄缝、低刚度零件。

（5）与电火花加工、电解加工相比，采用超声波加工硬质金属材料的效率较低。

7.2.2　超声加工的设备及其组成

超声波加工设备又称超声加工装置，它们的功率大小和结构形状虽有所不同，但其组成部分基本相同，一般包括超声发生器、超声振动系统、机床本体、磨料工作液循环系统等。超声加工机床的主要组成部分如下所示。

超声加
工机床
$\begin{cases}超声发生器（超声电源）\\超声振动系统：包括超声换能器、变幅杆（振幅扩大棒）和工具\\机床本体：包括工作头、加压机构及工作进给机构和工作台及位置调整机构\\工作液及循环系统和换能器冷却系统：包括磨料工作液循环系统和换能器冷却系统\end{cases}$

7.2.2.1　超声发生器

超声发生器也称超声波或超声频发生器，其作用是将工频交流电转变为有一定功率输出的超声频振荡，以提供工具端面往复振动和去除被加工材料的能量。

超声发生器的组成方框图类似于图 7-3，分为振荡级、电压放大级、功率放大级及电源等四部分。

图 7-3　超声发生器的组成框图

超声发生器的作用原理是：振荡级由电子管或三极管接成电感反馈振荡电路，调节电容量可改变振荡频率，即可调节输出的超声频率；振荡级的输出经耦合至电压放大级进行放大后，利用变压器倒相输送到末级功率放大管；功率放大管有时用多管并联推换输出，经输出变压器输至换能器。

一般要求超声发生器应满足如下条件。

（1）输出阻抗与相应的超声振动系统输入阻抗匹配。

（2）频率调节范围应与超声振动系统频率变化范围相适应，并连续可调。

（3）输出功率尽可能具有较大的连续可调范围，以适应不同工件的加工。

（4）结构简单、工作可靠、效率高，便于操作和维修。

7.2.2.2　超声振动系统

超声振动系统的作用是把高频电能转变为机械能，使工具端面作高频率小振幅的振动，以进行加工，它是超声加工机床中很重要的部件。超声振动系统由超声换能器、振幅扩大棒及工具组成。

1. 超声换能器

超声换能器的作用是将高频电能（20 000 Hz 以上的交流电）转变为高频率的机械振荡（超声波）。目前，可利用压电效应和磁致伸缩效应两种方法实现。

（1）压电效应超声换能器

石英晶体、钛酸钡以及锆铁酸铅等物质在受到机械压缩或拉伸变形时，在它们对面的界面上将产生一定的电荷，形成一定的电势；反之，在它们的两对面上加以一定的电压，则将产生一定的机械变形，如图 7 - 4 所示，这一现象称为"压电效应"。如果两面加上 20 000 Hz 以上的交变电压，则该物质产生高频的伸缩变形，使周围的介质作超声振动。为了获得最大的超声波强度，应使晶体处于共振状态，故晶体片厚度应为超声波半个波长的整数倍。

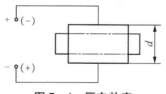

图 7 - 4　压电效应

应当注意，石英晶体的伸缩量太小，3 000 V 电压才能产生 0.01 μm 以下的变形。钛酸钡的压电效应比石英晶体大 20～30 倍，但效率和机械强度不如石英晶体。锆钛酸铅具有二者的优点，一般可用作超声波清洗、探测和小功率的超声波加工的换能器，常制成圆形薄片，两面镀银，先加高压直流电进行极化，一面为正极，另一面为负极。使用时，常将两片叠在一起，正极在中间，负极在两侧，经上下端块用螺钉夹紧，如图 7 - 5 所示装夹在机床主轴头的振幅扩大棒（变幅杆）的上端。正极必须与机床主轴绝缘。为了电极引线方便，常用镍片夹在两压电陶瓷片正极之间作为接线端片。压电陶瓷片的自振频率与其厚薄、上下端块质量及夹紧力等成反比。

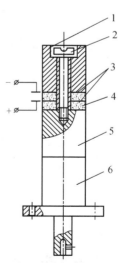

1—上端块；2—压紧螺钉；3—导电镍片；
4—压电陶瓷；5—下端块；6—变幅杆。

图 7 - 5　压电陶瓷换能器

（2）磁致伸缩效应超声换能器

钛、钴、镍及其合金的长度能随着所处的磁场强度的变化而伸缩的现象称为磁致伸缩效应。其中，镍在磁场中的最大缩短量为其长度的 0.004%；钛和钴仅在磁场中伸长，当磁场消失后又恢复原有尺寸。这种材料制成的棒杆在交变磁场中，其长度将交变伸缩，端面将产生振动。

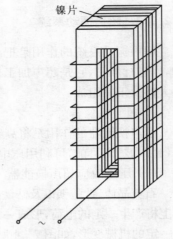

镍片

为了减少高频涡流损耗，超声波加工中常用纯镍片叠成封闭磁路的镍棒换能器，如图 7-6 所示。在两芯柱上同向绕以线圈，通入高频电流使之伸缩，它比压电式换能器有更高的机械强度和更大的输出功率，常用于中功率和大功率的超声波加工。其缺点是镍片的涡流发热损失较大，能量转换效率较低，故加工过程中需用风或水冷却，否则随着温度升高，磁致伸缩效应将变小甚至消失，也可能把线圈绕组的绝缘材料烧坏。

为了扩大振幅，镍棒的长度应等于超声波半波长的整数倍，使之处于共振状态。但即使在共振条件下，振幅一般也不超过 0.005～0.01 mm，不能直接用于加工（超声波加工需 0.01～0.1 mm 的振幅），必须通过一个上粗下细的变幅杆（振幅扩大棒）将振幅放大 5～20 倍。

图 7-6 磁致伸缩效应超声换能器

2. 振幅扩大棒（变幅杆）

为了扩大压电或磁致伸缩超声换能器的变形量，必须通过一个上粗下细的棒杆将振幅加以扩大，此杆即称为振幅扩大棒或变幅杆，如图 7-7 所示。

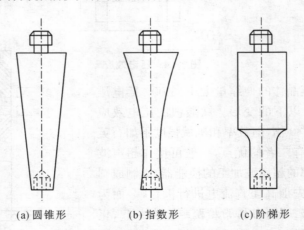

(a) 圆锥形　　　　(b) 指数形　　　　(c) 阶梯形

图 7-7 三种基本形式的变幅杆

图 7-7(a)为圆锥形的变幅杆，其振幅扩大比为 5～10 倍，制造方便；图 7-7(b)为指数形的变幅杆，其振幅扩大比为 10～20 倍，工作稳定但制造较困难；图 7-7(c)为阶梯形的变幅杆，其振幅扩大比为 20 倍以上，易于制造，但当它受负载阻力时振幅衰减严重，而且在其台阶处容易因应力集中而产生疲劳断裂，为此须加过渡圆弧。

变幅杆之所以能扩大振幅,是由于通过它的每一截面的振动能量是不变的(略去传播损耗),截面小的地方能量密度较大,振幅也就越大。

为了获得较大的振幅,应使变幅杆的固有振动频率和外激振动频率相等,处于共振状态。为此,在设计、制造变幅杆时,应使其长度 L 等于超声波振动的半波长或其整倍数。实际生产中,加工小孔、深孔常用指数形变幅杆;阶梯形变幅杆因设计、制造容易,一般也常采用。

必须注意,超声波加工时并不是整个变幅杆和工具都在作上下高频振动,它和低频或工频振动的概念完全不一样。超声波在金属棒杆内主要以纵波形式传播,引起杆内各点沿波的前进方向按正弦规律在原地作往复振动,并以声速传导到工具端面,使工具端面作超声振动。

3.　工具

超声波的机械振动经振幅扩大棒(变幅杆)放大后传递给工具,使磨粒和工作液以一定的能量冲击工件,并加工出一定尺寸和形状的工件。

工具的形状和尺寸决定于被加工表面的形状和尺寸,它们相差一个"加工间隙"(稍大于平均的磨粒直径)。当加工表面积较小或批量较少时,工具和扩大棒做成一个整体,否则可将工具用焊接或螺纹连接等方法固定在扩大棒下端。当工具不大时,可以忽略工具对振动的影响;当工具较重时,会减低声学头的共振频率;工具较长时,应对扩大棒进行修正,须满足半个波长的共振条件。

整个声学头(包括换能器、振幅扩大棒、工具)的连接部分应接触紧密,否则超声波传递过程中将损失很多能量。在螺纹连接处应涂以凡士林油,绝不可存在空气间隙,因为超声波通过空气时将很快衰减。换能器、扩大棒或整个声学头应选择在振幅为零的"驻波节点",夹固支承在机床上。

7.2.2.3　机床本体

超声加工机床一般比较简单,包括支撑超声振动系统的机架及工作台面,使工具以一定压力作用在工件上的进给机构以及床体等部分。图7-8所示是国产 CSJ-2 型超声加工机床简图。如图所示,4、5、6 为超声振动系统,安装在一根能上下移动的导轨上,导轨由上、下两组滚动导轮定位,使导轨能灵活精密地上下移动。工具的向下进给及对工件施加压力靠的是超声振动系统的自重,为了能调节压力大小,在机床后部有可加压的平衡重锤 2,也有采用弹簧或其他办法加压的。

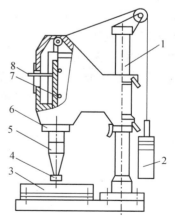

1—支架;2—平衡重锤;3—工作台;4—工具;
5—振幅扩大棒;6—换能器;7—导轨;8—标尺。

图7-8　CSJ-2型超声加工机床

7.2.2.4　磨料工作液及其冷却循环系统

小型超声加工机床的磨粒工作液更换及输送一般都是用手工完成的。若用泵供给，则能使磨粒工作液在加工区良好循环。若工具及振幅扩大棒较大，可以在工具与扩大棒中间开孔，从孔中输送工作液，以提高加工质量。对于较深的加工表面，应经常将工具定时抬起，以利于磨料的更换和补充。

作为工作液，效果较好而又最常用的是水。为了提高表面质量，有时也用煤油或机油做工作液。磨粒一般采用碳化硅、氧化铝，但是在加工硬质合金时用碳化硼，加工金刚石时则用金刚石粉。磨粒的粒度大小是根据加工生产率和精度要求选定的，粒度大的生产率高，但加工精度及表面粗糙度则较差。

冷却系统用于冷却换能器。一般常用流量为 $0.5\sim2.5$ L/min 的冷却水，通过环状喷头向换能器周围喷水降温。

7.2.3　超声加工的工艺参数及其影响因素

超声加工的工艺参数主要是指加工速度、加工精度、表面质量、工具磨损等。

7.2.3.1　加工速度及其影响因素

加工速度是指单位时间内去除材料的多少，单位通常以 g/min 或 mm^3/min 表示。加工玻璃的最高速度可达 $2\,000\sim4\,000$ mm^3/min。

影响加工速度的主要因素有工具振动频率、振幅，工具和工件间的静压力，磨料的种类和精度，磨料工作液的浓度、供给及循环方式，工具与工件材料，加工面积，加工深度等。

1. 工具的振幅和频率的影响

加工速度随工具振动振幅增加而线性增加。振动频率提高时，在一定范围内亦可以提高加工速度，但随频率及振幅的提高，变幅杆和工具会承受较大的交变应力，从而会使它们的寿命缩短；振幅及频率同时提高会使变幅杆与工具及变幅杆与换能器间的能量损耗加大。故在超声波加工中，一般振幅为 $0.01\sim0.1$ mm，频率为 $16\,000\sim25\,000$ Hz，如图 7-9 所示。实际加工中，应将频率调至共振频率，以获得最大的振幅。

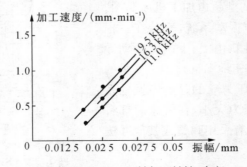

（工具截面：$\phi6.35$ mm；被加工材料：玻璃）

图 7-9　超声加工速度与振幅、频率的关系曲线

2. 进给压力的影响

加工时工具对工件应有一个合适的进给压力。若压力过小,则工具端面与工件加工面间隙加大,令磨粒对工件撞击力及打击深度降低,加工速度变小;压力过大,则工具末端与工件加工面间隙变小,磨料及工作液不能顺利更新,加工速度也变慢,如图 7-10 所示。

一般而言,加工面积小时,单位面积最佳静压力可较大。例如,采用圆形实心工具在玻璃上加工孔,加工面积在 5~13 mm² 范围内时,其最佳静压力约为 4 000 kPa;当加工面积在 20 mm² 时,最佳静压力约为 2 000~3 000 kPa。

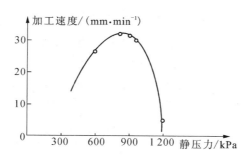

图 7-10 加工速度与进给压力的关系

3. 磨料的种类和粒度的影响

磨料硬度愈高,加工速度愈快,但要考虑价格成本。加工金刚石和宝石等超硬材料时,必须用金刚石磨料;加工硬质合金、淬火钢等高脆硬性材料时,宜采用硬度较高的碳化硼磨料;加工硬度不太高的脆硬材料时,可采用碳化硅;加工玻璃、石英、半导体等材料时,用刚玉类,如氧化铝(Al_2O_3)作磨料即可,如表 7-1 所示。

另外,磨料粒度愈粗,加工速度愈快,但精度和表面粗糙度则变差。

表 7-1 磨料选用

工 件	磨 料	工作液
硬质合金、淬火钢	碳化硼、碳化硅	水、煤油、汽油、酒精、机油等,磨料对水的质量比一般为 0.8~1
金刚石、宝石	金刚石磨料	
玻璃、石英、半导体材料	氧化铝(Al_2O_3)	

4. 磨料工作液浓度的影响

磨料工作液浓度低,则加工间隙内磨粒少,特别是在加工面积和深度较大时,可能造成加工区局部无磨料的现象,使加工速度大大下降。随着工作液中磨料浓度的增加,加工速度也增加。但浓度太高时,磨粒在加工区域的循环运动和对工件的撞击运动受到影响,又会导致加工速度降低。通常采用的浓度为磨料对水的质量比约为 0.8~1。

工作液的液体类型对加工速度的影响如表 7-2 所示。由表可见,水的相对生产率最高,其原因是水的黏度小,湿润性高且有冷却性,对超声波加工有利。

表 7 - 2　几种工作液的液体相对生产率

液　体	相对生产率	液　体	相对生产率
水	1	机油	0.3
汽油、煤油	0.7	亚麻仁油和变压器油	0.28
酒精	0.57	甘油	0.03

5. 被加工材料的影响

材料脆度与超声波可加工性如表 7 - 3 所示。材料脆度 $t_x = \rho/\sigma$，其中，ρ 为切应力，σ 为断裂应力。被加工材料愈脆，则承受冲击载荷的能力愈低，因此愈易被去除加工；反之，韧性较好的材料则不易加工。如假设玻璃的可加工性（生产率）为 100%，则锗、硅半导体单晶的可加工性为 200%～250%，石英的可加工性为 50%，硬质合金的可加工性为 2%～3%，淬火钢的可加工性为 1%，不淬火钢的可加工性小于 1%。

表 7 - 3　材料脆度与超声波的可加工性

类别	材料名称	脆度	可加工性
Ⅰ	玻璃、石英、陶瓷、锗、硅、金刚石等	>2	易加工
Ⅱ	硬质合金、淬火钢、钛合金等	1～2	易加工
Ⅲ	铅、软钢、铜等	<1	易加工

7.2.3.2　加工精度及其影响因素

超声加工的精度除受机床、夹具精度影响之外，主要与磨料粒度、工具精度及其磨损情况、工具横向振动大小、加工深度、被加工材料性质等有关。一般加工孔的尺寸精度可达 ±0.02～0.05 mm。在通常加工速度下，超声波加工最大孔径和所需功率的大致关系如表 7 - 4 所示。一般超声波加工的孔径范围约为 0.1～90 mm，深度可达直径的 10～20 倍以上。

表 7 - 4　超声波加工功率和最大加工孔径的关系

超声电源输出功率/W	50～100	200～300	500～700	1 000～1 500	2 000～2 500	4 000
最大加工盲孔直径/mm	5～10	15～20	25～30	30～40	40～50	>60
用中空工具加工最大通孔直径/mm	15	20～30	40～50	60～80	80～90	>90

超声加工的孔一般都有锥度，这与工具磨损及工具的横向振动有关，如图 7 - 11 所示。为了减小工具磨损对圆孔加工精度的影响，可将粗、精加工分开，并相应更换磨粒粒度，合理选择工具材料。工具及变幅杆的横向振动会引起磨粒对孔壁的二次加工，在孔深度方向上形成从进口端至出口端逐渐减小的锥度。

当工具尺寸一定时，加工的孔的尺寸将比工具尺寸有所扩大，扩大量约为磨料磨粒直径的两倍，加工的孔的最小直径 D_{min} 约等于工具直径 D_1 与磨料磨粒平均直径 d_s 的两倍。

表7-5给出了几种常用磨料粒度及其基本磨粒尺寸范围的关系。

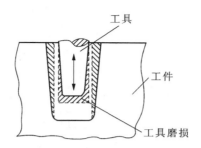

图7-11　工具磨损对圆孔加工精度影响的示意图

表7-5　常用磨料粒度及其基本磨粒尺寸范围

磨料粒度	120#	150#	180#	240#	280#	W40	W28	W20	W14	W10	W7
基本磨粒尺寸范围/μm	125~100	100~80	80~63	63~50	50~40	40~28	28~20	20~14	14~10	10~7	7~5

磨粒愈细,加工孔精度愈高。尤其在加工深孔时,细磨粒有利于减小孔的锥度。

在超声波加工过程中,磨料会由于冲击而逐渐磨钝并破碎,这些破碎和已钝化的磨粒会影响加工精度。所以,选择均匀性好的磨料,并在使用10~15 h后经常更换磨料,对保证加工精度、提高加工速度是十分重要的。

此外,加工圆形孔时,其形状误差主要有椭圆度和锥度。椭圆度大小与工具横向振动大小和工具沿圆周磨损不均匀有关;锥度大小与工具磨损量有关。如果采用工具或工件旋转的方法,则可以提高孔的圆度和生产率。

7.2.3.3　表面质量及其影响因素

超声加工具有较好的表面质量,不会产生表面烧伤和表面变质层。

超声加工的表面粗糙度也较好,一般可在1~0.1 μm之间,它取决于每粒磨料每次撞击工件表面后留下的凹痕大小,与磨料颗粒的直径、被加工材料的性质、超声振动的振幅以及磨料工作液的成分等有关。

当磨粒尺寸较小、工件材料硬度较大、超声振幅较小时,加工表面粗糙度将得到改善,但生产率也随之降低,如图7-12所示。

磨料工作液的性能对表面粗糙度的影响比较复杂。实践表明,用煤油或润滑油代替水,可使表面粗糙度有所改善。

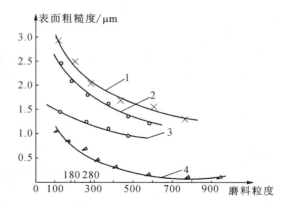

1—玻璃;2—半导体材料(硅);3—某种陶瓷;4—硬质合金。

图7-12　超声波加工表面粗糙度与磨料粒度的关系

7.2.3.4 工具磨损

超声加工过程中,工具也同时受到磨粒的冲击及空化作用而产生磨损。表7-6所示为不同材质的工具加工玻璃和硬质合金的磨损情况。由表可见,用碳钢或不淬火工具钢制造工具,磨损较小,制造容易且强度高。

表7-6 不同材质工具加工中的工具磨损情况

工具材料	被加工材料					
	玻 璃			硬质合金		
	纵向磨损 /mm	加工深度 /mm	相对磨损 /%	纵向磨损 /mm	加工深度 /mm	相对磨损 /%
硬质合金	0.038	38.3	0.1	3.5	3.18	110
低碳钢	0.45	45.1	1.0	2.8	3.18	88
黄铜	0.53	31.8	1.68	4.45	3.18	140
不锈钢	0.2	29.2	0.7	0.4	1.14	35
T8淬火工具钢	0.064	13.9	0.46	0.3	1.17	26

注:实验条件为工具振动频率20 kHz,工具双振幅51 μm,工具直径 ϕ6.4 mm;磨料为碳化镉100℃;最佳静压力状态下加工。

7.2.4 超声加工的应用

超声加工的生产率虽然比电火花、电解加工等特种加工方法低,但其加工精度和表面粗糙度都比它们好,而且能加工半导体、非导体的脆硬材料,如玻璃、石英、宝石、锗、硅甚至金刚石等。即使是电火花加工后的一些淬火钢、硬质合金冲模、拉丝模、塑料模具,最后也可用超声波抛磨、光整加工。

7.2.4.1 超声的型孔、型腔加工

超声波加工型腔、型孔时,具有精度高、表面质量好的优点。目前,在各工业部门中,超声波主要用于对脆硬材料加工圆孔、型孔、型腔、套料、微细孔等,如图7-13所示。

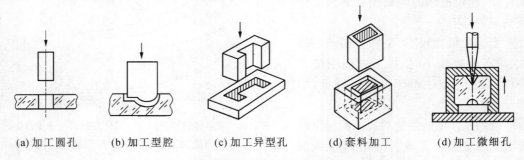

(a) 加工圆孔　　(b) 加工型腔　　(c) 加工异型孔　　(d) 套料加工　　(d) 加工微细孔

图7-13 超声加工的型孔、型腔加工应用

加工某些冲模、型腔模、拉丝模时,先经过电火花、电解及激光加工(粗加工)后,再用超声波研磨抛光,以减小表面粗糙度值,提高表面质量。如拉伸模、拉丝模多用合金工具钢制造,若改用硬质合金,以超声波加工(电火花加工常会产生微裂纹),则模具寿命可提高80~100倍。

图7-14所示为硬质合金下料阴模(凹模)的加工示意图,其工艺过程如下。

(1)电火花加工出预制孔,孔壁留大约1 mm,作为超声波加工余量。

(2)超声波粗加工,磨料粒度为180#~240#,工具直径按比工件孔径最终尺寸小0.5 mm设计,如图7-14(a)所示。由于超声波加工后孔有扩大量及锥度,因此在入口端单面留有0.15 mm加工余量,在出口端单面留有0.21 mm加工余量,如图7-14(b)所示。

(3)超声波精加工,磨料粒度为W20~W10,工具直径按比工件孔径最终尺寸减小0.08 mm设计,如图7-14(c)所示。由于加工后的孔有扩大量及锥度,因此入口端已达到工件最终尺寸时,出口端单面仍留有0.025 mm的加工余量,如图7-14(d)所示。

(4)用超声波加工研磨修整内孔,将原来约40′斜度修正为4′,如图7-14(e)所示。

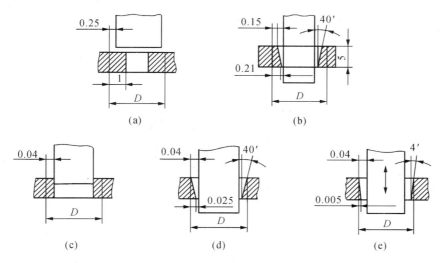

图7-14　硬质合金下料阴模加工示意图

7.2.4.2　超声波切割

用普通机械加工切割脆硬的半导体材料是很困难的,采用超声切割则较为有效。图7-15为用超声加工法切割单晶硅片示意图。用锡焊或铜焊将工具(薄钢片或磷青铜片)焊接在变幅杆的端部。加工时喷注磨料液,一次可以切割10~20片。

图7-16所示为成批切块刀具,它采用了一种多刃刀具,即包括一组厚度为0.127 mm的软钢刃刀片,间隔1.14 mm,铆合在一起,然后焊接在变幅杆上。刀片伸出的高度应足够在磨损后作几次重磨。最外边的刀片应比其他刀片高出0.5 mm,切割时插入坯料的导槽中,起定位作用。

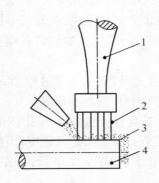

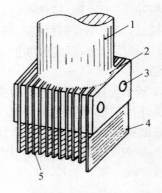

1—变幅杆；2—工具(薄钢片)；
3—磨料液；4—工件(单晶硅)。

图7-15　超声切割单晶硅片

1—变幅杆；2—焊缝；3—铆钉；
4—导向片；5—软钢刀片。

图7-16　成批切槽(块)刀具

加工时喷注磨料液,将坯料片先切割成1 mm宽的长条,然后将刀具转过90°,使导向片插入另一导槽中,进行第三次切割以完成模块的切割加工。图7-17所示为已切成的陶瓷模块。

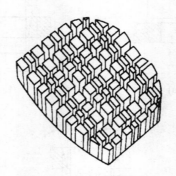

图7-17　切割成的陶瓷模块

7.2.4.3　超声清洗

　　超声清洗的原理主要基于超声频振动在液体中产生的交变冲击波和空化作用。超声波在清洗液(汽油、煤油、酒精、丙酮或水等)中传播时,液体分子往复高频振动,产生正、负交变的冲击波,当声波达到一定数值时,液体中急剧生长微小空化气泡并瞬时强烈闭合,产生的微冲击波使被清洗物表面的污物遭到破坏,并从被清洗表面脱落下来。即使是被清洗物上的窄缝、细小深孔、弯孔中的污物,也很易被清洗干净。所以,超声清洗被广泛用于对喷油嘴、喷丝板、微型轴承、仪表齿轮、手表机芯、印制电路板、集成电路微电子器件等的清洗,可

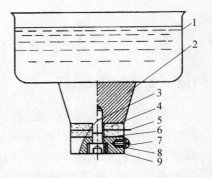

1—清洗槽；2—硬铝合金；3—压紧螺钉；
4—换能器压电陶瓷；5—镍片(+)；
6—镍片；7—接线螺钉；8—垫圈；
9—钢垫块。

图7-18　超声清洗装置

获得很高的净化度。图 7-18 所示为超声清洗装置示意图。

　　超声清洗时,清洗液会逐渐变脏,对被清洗的零件造成二次污染。采用超声气相清洗,可以解决上述弊病,达到更好的清洗效果。超声气相清洗装置由超声清洗槽、气相清洗槽、蒸馏回收槽、水分分离槽、超声发生器等组成,如图 7-19 所示。

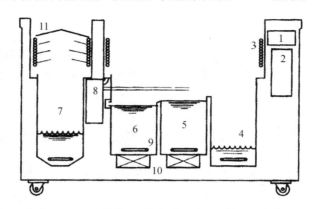

　　1—操作面板;2—超声发生器;3—冷排管;4—气相清洗槽;5—第二超声清洗槽;
　　6—第一超声清洗槽;7—蒸馏回收槽;8—水分分离器;9—加热装置;10—换能器;11—冷凝器。
图 7-19　四槽式超声气相清洗机示意简图

　　零件经过两次超声清洗后,即悬吊于气相清洗槽上方进行气相清洗。气相清洗剂选用沸点低(40℃～50℃)、不易燃、化学性质稳定的有机溶剂,如三氯乙烯、三氯乙烷或氟利昂等。当气相清洗槽内的溶剂加热后即迅速蒸发,蒸汽遇零件后即凝结成雾滴下降,面对零件进行淋洗,在槽的上方有冷排管,清洗液蒸汽遇冷后即凝结下降,也对工件起淋浴清洗作用,最后回落到气相清洗槽中而不致溢出槽外。超声清洗剂还可以通过独立的蒸馏回收槽回收以重新使用。

7.2.4.4　超声焊接

　　超声焊接的原理是利用超声频振动作用,去除工件表面的氧化膜,显露出新的基体表面,在两个被焊工件表面分子的高速振动撞击下摩擦发热并亲和粘接在一起。图 7-20 为超声焊接示意图。

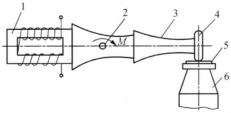

　　1—换能器;2—固定轴;3—变幅杆;4—焊接工具头;5—工件;6—反射体。
图 7-20　超声焊接示意图

　　超声焊接可以焊接尼龙、塑料以及表面易生成氧化膜的铝制品等。由于在超声焊接时时间短,且薄表面层冷却快,因此获得的接头焊接区是细晶粒组成的连续层。目前,超声焊机有四种类型，即点焊机、连续缝焊机、直线焊机和环焊机，主要应用于焊接电子电器元件及集成电路的接引线、金属箔包装件的密封及食品、药品的包装等。

此外，利用超声化学镀工艺也可以在陶瓷等非金属表面挂锡、挂银及涂覆熔化的金属薄层。

7.2.4.5　超声复合加工

在利用超声波加工硬质合金、耐热合金等硬质金属材料时，加工速度较低，工具损耗较大。为了提高加工速度及降低工具损耗，可以把超声波加工和其他加工方法相结合进行复合加工。

1．超声波电解复合加工

用超声波电解复合加工方法来加工喷油嘴、喷丝板上的小孔或窄槽，可以大大提高加工速度和质量。

图 7－21 所示为超声电解复合加工小孔和深孔的示意图。工件 5 接直流电源 6 的正极，工具 3（钢丝、钨丝或铜丝）接负极。工件与工具间施加 6～18 V 的直流电压，采用钝化性电解液混加磨料作电解液，被加工表面在电解液中产生阳极溶解，电解产物阳极钝化膜被超声振动的工具和磨料破坏，由超声振动引起的空化作用引起了钝化膜的破坏和磨料电解液的循环更新，从而使加工速度和质量大大提高。

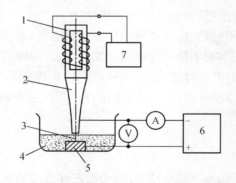

1—换能器；2—变幅杆；3—工具；4—电解液和磨料；
5—工件；6—直流电源；7—超声发生器。

图 7－21　超声波电解复合加工小孔

2．超声波电火花复合加工

用超声电火花复合加工法加工小孔、窄缝及精微异形孔时，也可获得较好的工艺效果。其方法是在普通电火花加工时引入超声波，使电极工具端面作超声振动。其装置与图 7－21 类似，超声振动系统夹持在电火花加工机床主轴头下部，电火花加工用的方波脉冲电源（RC 线路脉冲电源也可）加到工具和工件上（精加工时工件接正极），加工时主轴作伺服进给，工具端面作超声振动。当不加超声的电火花精加工时的放电脉冲利用率为 3％～5％，加上超声振荡后，电火花精加工时的有效放电脉冲利用率可提高到 50％以上，从而提高生产率 2～20 倍，愈是小面积、小用量（脉宽、峰值电流、峰值电压）加工，生产率的提高倍数愈多。但随着加工面积和加工用量增大，工艺效果却逐渐不明显，与不加超声时的指标相接近。

超声电火花复合精微加工时,超声功率和振幅不宜大,否则将引起工具端面和工件瞬时接触频繁短路,导致电弧放电。

3. 超声波复合研磨抛光

超声振动还可用于研磨抛光电火花或电解加工之后的模具表面、拉丝模小孔等,改善表面粗糙度。超声波研磨抛光时,工具与工件之间最好有相对转动或往复移动。

在光整加工中,利用导电油石或镶嵌金刚石颗粒的导电工具,对工件表面进行电解超声波复合抛光加工,更有利于改善表面粗糙度。如图 7-22 所示,用一套超声振动系统使工具头产生超声振动,并在超声变幅杆上接直流电源的阴极,在被加工工件上接直流电源阳极。电解液由外部导管导入工作区,也可以由变幅杆内的导管流入工作区。于是在工具和工件之间产生电解反应,工件表面发生电化学阳极溶解,电解产物和阳极钝化膜不断地被高频振动的工具头刮除并被电解液冲走。采用这种方法时,由于有超声波的作用,使油石的自砺性好,又由于电解液在超声波作用下的空化作用,使工件表面的钝化膜去除加快,这相当于增加了金属表面活性,使金属表面凸起部分优先溶解,从而达到了平整的效果。工件表面的粗糙度值可达到 $0.15 \sim 0.17 \ \mu\mathrm{m}$。

4. 超声波切削复合加工

在车、钻、攻螺纹中引入超声波,可用于切削难加工材料,能有效地降低切削力,降低表面粗糙度值,延长刀具使用寿命,提高生产率等。图 7-23 所示为超声波振动车削示意图。

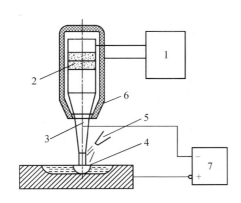
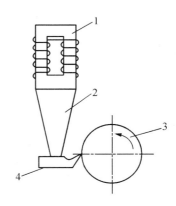

1—超声发生器;2—压电陶瓷换能器;3—变幅杆;
4—导电油石;5—电解液喷嘴;6—工具手柄;7—直流电源。

图 7-22 手携式电解超声波复合抛光原理图

1—换能器;2—变幅杆;
3—工件;4—车刀。

图 7-23 超声振动切削加工

7.3 项目实施

1. 需用到的设备

超声加工设备、加工工件、量具等。

2. 超声加工

(1) 超声波粗加工,磨料粒度为 $180^{\#} \sim 240^{\#}$,工具直径按比工件孔径最终尺寸小 0.5 mm 设计。由于超声波加工后孔有扩大量及锥度,因此在入口端单面留有 0.15 mm 加工余量,在出口端单面留有 0.2 mm 加工余量。

(2) 超声波精加工,磨料粒度为 W20~W10,工具直径按比工件孔径最终尺寸减小 0.08 mm 设计。由于加工后的孔有扩大量及锥度,因此入口端已达到工件最终尺寸时, 出口端单面仍留有 0.025 mm 的加工余量。

(3) 用超声波加工研磨修整内孔。

3. 检验

加工完后,检验工件是否合格。

习 题

7-1 超声加工的原理和特点是什么?

7-2 超声加工设备的进给系统有何特点?

7-3 超声加工时,工具系统的振动有何特点?

7-4 为什么超声加工技术特别适合于加工硬脆材料?

7-5 试举例说明超声在工业、农业或其他行业中的应用情况。

项目八　快速成形技术

扫一扫可见本
项目学习重点

学习目标

（1）掌握快速成形的分类、特点及应用。

（2）具有合理选择快速成形技术加工零件的能力。

8.1　项目引入

加工如图 8-1 所示工件。

(a) 带冠整体叶轮

(b) 工艺美术器

(c) 连杆模型

(d) 法兰盘

图 8-1　快速成形零件

上述零件主要用于模型加工中的原模或工艺美术品，本身材料特殊，强度不高，不适于传统加工方法，而采用快速成形法加工，可提高成形速度，缩短产品试制周期，获得更高的生产效率。

8.2 相关知识

20世纪80年代发展起来的快速成形技术(Rapid Protoyping,简称RP),是制造领域的一次重大突破,其对制造业的影响可与20世纪50年代~60年代的数控技术相比。快速成形技术综合了机械工程、CAD、数控技术、激光技术及材料科学技术,可以自动、直接、快速、精确地将设计思想转变为具有一定功能的原型或直接制造零件,从而可以对产品设计进行快速评估、修改及功能试验,大大缩短了产品的研制周期。以RP系统为基础发展起来并已成熟的快速工装模具制造、快速精铸技术则可实现零件的快速制造,它是基于一种全新的制造概念——增材加工法。由于CAD技术和光、机、电控制技术的发展,这种新型的样件制造工艺日益在生产中获得应用。

在众多的快速成形工艺中,具有代表性的工艺有4种:光敏树脂液相固化成形、选择性激光粉末烧结成形、薄片分层叠加成形和熔丝堆积成形。以下对这些典型工艺的原理、特点等分别进行阐述。

8.2.1 光敏树脂液相固化成形

光敏树脂液相固化成形(Stereo lithography,简称SL),又称光固化立体造型或立体光刻,是最早发展起来的一种RP技术。它是以光敏树脂为原料,通过计算机控制紫外激光使其逐层凝固成形。这种方法能简捷、全自动地制造出表面质量和尺寸精度较高、几何形状复杂的原型。1988年美国的3D公司就推出SLA-350快速成形机,SLA(Stereo-lithography Apparatus)成形机目前占了RP设备的最大份额。

8.2.1.1 光敏树脂液相固化成形原理

SL工艺是基于液态光敏树脂的光聚合原理工作的。这种液态材料在一定波长($\lambda = 325\ nm$)和功率($P = 30\ mW$)的紫外激光的照射下能迅速发生光聚合反应,相对分子质量急剧增大,材料也就从液态转变成固态。

图8-2为SL工艺原理图。液槽中盛满液相光敏树脂,激光束在偏转镜作用下,在液体表面上扫描,扫描的轨迹及激光的有无均由计算机控制,光点扫描到的地方,液体就固

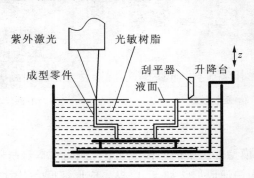

图8-2 液相光敏树脂固化成形(SL)原理

化。成形开始时,工作平台在液面下一个确定的深度,液面始终处于激光的焦点平面内,聚焦后的光斑在液面上按计算机的指令逐点扫描即逐点固化。当一层扫描完成后,未被照射的地方仍是液态树脂,然后升降台带动平台下降一层高度(约 0.1 mm),已成形的层面上又布满一层液态树脂,刮平器将黏度较大的树脂液面刮平,然后再进行下一层的扫描,新固化的一层牢固地粘在前一层上,如此重复,直到整个零件制造完毕,得到一个三维实体原型。

SL 方法是目前 RP 技术领域中研究得最多的方法,也是技术上最为成熟的方法。SL 工艺成形的零件精度较高。多年的研究改进了截面扫描方式和树脂成形方式,使该工艺的精度能达到或小于 0.1 mm。

8.2.1.2　光敏树脂液相固化成形特点

1. 优点

(1) 尺寸精度较高,可确保工件的尺寸精度在 0.1 mm 以内,甚至达到 0.05 mm;表面质量较好,工件的上层表面很光滑,侧面可能有台阶状不平;耗时较少,可以节约时间和费用。

(2) 不需要切削工具和机床,没有更换工具和工具耗损的问题,原材料利用率接近 100%。

(3) 是一种非接触加工,没有加工废屑,也没有振动和噪音,可在办公室操作,无需熟练技术;系统工作稳定,整个构建过程自动运行,无需看管,直至整个成形过程结束;完全自动运转,可昼夜工作。

(4) 系统分辨率较高,因此能构建复杂结构的工件;同一台装置可用于制造各种各样的模型和器具,如形状特别复杂(如空心零件)、特别精细的零件(如首饰、工艺品等)。

2. 缺点

(1) 激光管寿命有限,价格昂贵;须对整个截面进行扫描固化,成形时间较长。

(2) 可选的材料种类有限,必须是光敏树脂,且光敏树脂对环境有污染。

(3) 须设计支撑结构,以确保在成形过程中原型的每一结构部分能可靠定位。

8.2.1.3　光敏树脂液相固化成形材料

SL 工艺的成形材料称为光固化树脂(或称光敏树脂),光固化树脂材料中主要包括低聚物、反应性稀释剂及光引发剂。根据引发剂的引发机理,光固化树脂可以分为三类:自由基光固化树脂、阳离子光固化树脂和混杂型光固化树脂。

自由基光固化树脂、阳离子光固化树脂和混杂型光固化树脂各有许多优点,目前的趋势是使用混杂型光固化树脂。

8.2.1.4　光敏树脂液相固化成形工艺

光敏树脂液相固化成形一般分前处理、光固化成形和后处理三个阶段。

1. 前处理

前处理主要是 CAD 三维造型、数据转换、摆放方位确定、施加支撑和切片分层,实际上就是为原型制作进行数据准备。

(1) CAD 三维造型。三维造型是 CAD 模型的最好表示，也是快速原型制作必需的原始数据。三维造型可以在 UG、Pro/E 等大型商业软件上进行，也可以在一些小软件上实现。

(2) 数据转换。数据转换是对产品 CAD 模型的近似处理，主要是生成 STL 格式的数据文件，这里注意控制 STL 文件生成的精度。目前，通用的 CAD 设计软件系统都有 STL 数据输出。

(3) 摆放方位确定。摆放位置的处理十分重要，不但影响制作时间和效率，更影响后续支撑的施加以及原型制造的表面质量等。一般情况下，从缩短原型制作的时间来看，应该选择尺寸最小的方向作为叠层方向；但为了提高原型的制作质量，提高某些关键尺寸和形状的精度，又需要选择尺寸最大的方向作为叠层方向；而为了减少支撑、节省材料、便于后处理，也经常倾斜摆放。

(4) 施加支撑。施加支撑是快速原型制造前处理的重要工作，对于结构复杂的数据模型，支撑的施加是费时且精细的，因为支撑的施加影响到原模制作的成败和质量。目前，比较先进的支撑类型为点支撑，即支撑和需要支撑的模型面以点接触的。

(5) 切片分层。根据设备系统的分层厚度沿高度方向进行切片，生成 RP 系统需求的 SLC 格式的层片数据文件，提供给光固化快速原型制造系统进行原型制作。

2. 光固化成形

光固化成形前需要启动光固化快速成形系统，使光敏树脂的温度达到预设的合理温度，激光器开启后也需要一段稳定时间。设备运行正常后开启原型制作控制软件，读入层片数据文件。一般的叠层制作控制软件都有默认设置，根据每次原型制作的具体要求进行一些调整。另外，要注意工作台网板与树脂液面位置的调整，确保支撑与工作台网板的稳固连接。一切准备就绪后，启动叠层制作，机器会全自动完成整个制作过程。控制 CRT 会显示激光器能源信息、激光扫描速度、原型几何尺寸、总叠层数、目前正在固化的叠层、工作台升降速度等有关信息。

3. 后处理

光固化原型的后处理主要包括清理、去除支撑、后固化和打磨等。

(1) 原型制作完成后，工作台升出液面，停留 5～10 min，以晾干原型表面和去除包裹在原型里面的多余树脂。

(2) 将原型和工作台网板一起斜放晾干，并将其浸入丙酮、酒精等，搅动并刷掉残留气泡，再将原型从网板上取下进行清洗。

(3) 原型清洗完毕后，去除支撑结构。去除支撑时注意不要刮伤原型表面和精细结构。

(4) 再次清洗后置于紫外烘箱中进行整体固化，对于有些性能要求不高的原型也可以不进行二次固化。

8.2.1.5　光敏树脂液相固化成形的应用

光敏树脂液相固化成形的应用有很多方面，可直接制作各种树脂功能件，用作结构验证和功能测试;可制作比较精细和复杂的零件;可制造出透明效果的元件;制造出来的原型可快速翻制各种模具,如硅橡胶模、金属冷喷模、陶瓷模、合金模、电铸模、环氧树脂模和消失模等。

(1) 赛车行业。赛车的每个微小的改动都有可能显著提高车速,因此赛车行业也极其重视零部件的高效设计和一些塑料、橡胶或金属零件的快速制造。

(2) 航空领域。航空发动机上的许多零件都是通过精密铸造来制造的,对于高精度的母模,传统工艺的制造成本很高,且制作时间长,而采用 SLA 工艺可以直接制造熔模铸造的母模,时间和成本也显著降低。

(3) 电器行业。家用电器外观设计的要求越来越高,这使得电器产品外壳零部件的快速制作具有广泛的市场要求,而光固化原型的树脂品质最适合于电器塑料外壳的功能要求,因此光固化快速原型在电器制造业中具有相当广泛的应用。

(4) 医疗领域。SL 工艺在医疗领域也有广泛的应用,包括人体器官的教学和交流模型、手术规划与演练模型、植入棒、手术器械的开发等。

8.2.2 选择性激光粉末烧结成形

选择性激光粉末烧结成形(Selective Laser Sintering,简称 SLS)快速原型制造技术又称选区激光烧结技术。SLS 工艺是利用粉末材料(金属或非金属粉末)在激光照射下烧结的原理,在计算机控制下层层堆积成形。SLS 与 SL 十分相似,主要区别在于使用的材料及其形状不同。SL 所用的材料是液态光敏树脂,而 SLS 用的是金属或非金属粉末。

8.2.2.1 选择性激光粉末烧结成形的原理

SLS 工艺是利用粉末材料(金属粉末或非金属粉末)在计算机控制下层层堆积成形。如图8-3所示。

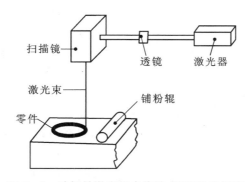

图 8-3 选择性激光粉末烧结成形(SLS)原理

选择性激光粉末烧结成形过程是采用铺粉辊将一层粉末材料平铺在已成形零件的表面,并加热至恰好低于该粉末烧结点的某一温度,控制系统控制激光束按照该层的截面轮廓在粉层上扫描,使粉末的温度升到熔化点进行烧结,并与下面已成形的部分实现粘接。当一层烧结完后,工作台下降一个层厚,铺辊又在上面铺上一层均匀密实的粉末(0.1~0.2 mm),进行新一层的烧结,直至完成整个粉原模。在成形过程中,未经烧结的粉末对模型的空腔和悬臂部分起支撑作用,不必像 SLA 工艺另行生成支撑工艺结构。SLS 使用的是 CO_2 激光器,原料为蜡、聚碳酸酯、尼龙、金属及其他物料。

8.2.2.2　选择性激光粉末烧结成形的特点

1. 优点

(1) 可加工的材料种类多。从原理上说,这种方法可采用加热时黏度降低的任何粉末材料,通过材料或各类含黏结剂的涂层颗粒制造出任何造型,适应不同的需要。

(2) 制造工艺简单。由于可采用多种材料,选择性激光粉末烧结成形工艺可按采用的原料不同,直接生产复杂形状的原型、型腔模三维构件或部件及工具。例如,制造概念原型,可按照最终产品模型的概念原理、熔模铸造原型及其他少量母模直接制造金属注塑模等。

(3) 高精度。依赖于使用的材料种类和粒径、产品的几何形状和复杂程度,该工艺一般能够达到工件整体范围内 $\pm(0.05\sim2.5)$ mm 的公差,当粉末粒径为 0.1 mm 以下时,成形后的原型精度可达 $\pm1\%$。

(4) 无需支撑。未烧结的粉末对工件的悬臂或薄壁等具有支撑作用。

(5) 材料利用率高。由于不需要支撑,不需要基底,也不会出现废料,所以材料的利用率高,接近 100%,而且 SLS 用的粉末价格普遍较低。

2. 缺点

(1) 表面粗糙。SLS 的原材料是粉末,建造过程是粉末烧结,所以原型表面严格地说是粉末,表面质量较低。

(2) 烧结过程会发出异味。粉末材料在激光的加热下熔化,其中的高分子会发出异味。

(3) 辅助工艺复杂。SLS 技术视所用的材料而异,有时需要比较复杂的辅助工艺。例如粟酰胺粉末的烧结,为了避免激光扫描烧结过程中材料因高温引起燃烧,必须引入阻燃气体;而为了使粉末材料可靠烧结,需要将工作空间和粉末等都加热到规定的温度,预热需要的时间很长;还有在烧结完去除粉末的过程中要防止引起粉尘污染。

8.2.2.3　选择性激光粉末烧结成形工艺过程

选择性激光粉末烧结成形的材料一般为石蜡、高分子材料、金属、陶瓷粉末和它们的复合粉末材料。材料不同,烧结工艺也不同。下面以金属材料直接烧结成形为例说明工艺过程。

金属材料直接烧结成形工艺采用的材料是纯粹的金属粉末,是用激光的能源对金属粉末直接烧结,使其熔化,实现叠层堆积,其工艺流程为:CAD 模型→分层切片→激光烧结→RP 原型零件→金属件。

从这个工艺过程可知,该工艺成形过程短,无需后处理,但必须要有功率较大的激光器,以保证直接烧结过程中金属粉末的熔化。因而烧结中激光参数的选择、被烧结金属粉末材料的熔凝过程的控制是烧结成形的关键。

激光器功率是烧结工艺的重要影响因素。功率越高,激光作用范围内能量密度越高,材料熔化越充分,粉末烧结后越不容易产生凹凸不平的烧结层面。但功率过大会产生过热现象,使部分金属汽化,与空气等一起作用产生烧结飞溅现象,形成不连续表面,严重影响烧结工艺的进行。

光斑直径是烧结工艺的另一个重要影响因素。在满足烧结基本条件下,光斑直径越小,熔池的尺寸也就可以控制得越小,越容易在烧结过程中形成致密、精细、均匀一致的微观组织,也可以得到精度较好的三维结构。但是光斑小,预示着激光作用区内的能量密度提高,烧结飞溅现象将变得严重。

扫描间隔是金属材料直接烧结成形工艺的又一个重要因素,它对层面质量和层间结合、烧结效率等有直接影响。合理的扫描间隔应保证烧结线间与层间有少许的重叠。

例如:镍基 F105 合金粉末烧结成形时,选用激光功率为 900 W,光斑直径 0.8 mm,扫描间隔 0.6 mm,扫描速度 1.2 m/min,粉层厚度 0.1 mm。成形的零件组织严密,晶粒细,表面质量好。

8.2.2.4　选择性激光粉末烧结成形的应用

(1) 直接制作快速模具。SLS 工艺可以选择不同的材料粉末制造不同用途的模具,如烧结金属模具和陶瓷模具,用作注塑、压铸、挤塑等塑料成形模具及钣金成形模具。DTM 公司将 SLS 烧结得到的模具,放在聚合物的溶液中浸泡一定的时间后,放入加热炉中加热蒸发聚合物,接着进行渗铜,出炉后打磨并嵌入模架内即可。

(2) 复杂金属零件的快速无模铸造。将 SLS 激光快速成形技术与精密铸造工艺结合起来,特别适合具有复杂形状的金属功能零件的整体制造。在新产品试制和零件单件生产中,不需要复杂工装和模具,可大大提高制造速度,并降低成本。

(3) 内燃机进气管模型。采用 SLS 工艺快速制造内燃机进气管模型,可以直接与相关零部件安装,进行功能验证,快速检测内燃机的运行效果,以评价设计的优劣,然后进行针对性的改进,以达到内燃机进气管产品的设计要求。

8.2.3　薄片分层叠加成形

薄片分层叠加成形(Laminated Object Manufacturing,简称 LOM)是几种最成熟的快速原型制造技术之一。这种制造方法自 1991 年问世以来,得到迅速发展。由于分层叠加实体制造技术多使用纸张为材料,成本低、精度高,而且制造出来的木质原型具有外在的美感和一些特殊的品质,因此受到了广泛关注。在产品概念设计、造型设计、装配检验、熔模铸造型芯、砂型铸造木模、快速制造母模和直接制模等方面得到迅速应用。

8.2.3.1　薄片分层叠加成形原理

图 8-4 为薄片分层叠加成形的原理简图。薄片分层叠加成形设备由计算机、原材料存储和送料机构、热粘压机构、激光切割系统、可升降工作台和数控系统等组成。其中,计算机用于接收和存储工件的三维模型,沿模型的高度方向取一系列的横截面轮廓线,发出控制指令。原材料存储及送料机构将存于其中的原材料逐步送到工作台上方,热粘压机构将一层层材料黏合在一起。

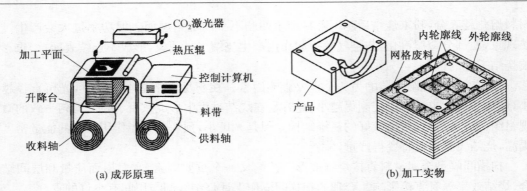

图 8－4 薄片分层叠加成形（LOM）原理

激光切割系统按照计算机提供的横截面轮廓线，逐一将工作台上的材料切割出轮廓线，并将无轮廓区切割成小方格，以便成形后能剔除废料。可升降工作台支撑成形工件，并在每层成形之后，降低一个材料厚度（通常为 0.1～0.2 mm），以便送进、黏合和切断新的一层材料。数控系统执行计算机发出的指令，控制材料的送进，然后黏合、切割，最终形成三维工作原型。

8.2.3.2 薄片分层叠加成形的特点

LOM 原型制造设备工作时，CO_2 激光器扫描头按指令作 x－y 切割运动，逐层将铺在工作台上的薄片切成所要求轮廓的切片，并用热压辊将新铺上的薄材牢固地粘在已成形的下切片上，随着工作台按要求逐层下降和薄材进给机构的反复进给薄材，最终制成三维层压工件。

1. 优点

（1）原型精度高。一是因为在制作过程中只有一层胶会发生状态变化，引起的变形小；二是上胶工艺采用微粒吸附法，其翘曲变形小；三是三个坐标都由步进电动机驱动，通过滚珠丝杆传动，导轨也采用滚动导轨；四是激光切割的切口宽度具有自动补偿功能。这些使得最后的加工精度可达 $\pm(0.1～0.2)$mm（x、y 方向），$\pm(0.2～0.3)$mm（z 方向）。

（2）制件能承受 200℃ 的高温，有较好的硬度等力学性能，可进行各种切削加工。

（3）无需固化处理，也无需设计支撑等。

（4）材料便宜、成本低，制件尺寸大，废料容易处理。

（5）设备操作方便，安全可靠，自动化程度高。

2. 缺点

（1）工件的抗拉强度差。

（2）不能直接制作塑料工件。

（3）工件吸湿容易膨胀，因此需要表面防潮处理。

（4）工件表面有台阶纹，其高度等于材料的厚度，因此成形后需要打磨。

8.2.3.3 薄片分层叠加成形的工艺过程

与其他快速原型制造工艺一样，薄片分层叠加成形工艺也有前处理、叠片成形和后处理三个阶段,下面具体进行讨论。

1. 前处理

(1) CAD 模型和 STL 文件。各种快速原型制造系统的原型制作过程都是在 CAD 模型的直接驱动下进行的,所以快速原型制作过程也称数字化成形。CAD 模型相当于传统流程中的加工图样,为原型制作过程提供数字信息。

目前,国际上通用的 UG、Pro/E、Catie、Climatro、Solid Edge、MDT 等造型软件的模型文件有多种输出格式,一般都有 STL 数据格式。

(2) 切片处理。薄片分层叠加成形是在计算机造型技术、数控技术、激光技术、材料科学等基础上发展起来的,在薄片分层叠加成形制造系统中,除了激光快速成形设备硬件外,还需配备将 CAD 数据模型、激光切割系统、机械传动系统和控制系统连接并协调起来的专用软件,即切片软件。

由于薄片分层叠加成形是按一层层的截面轮廓来进行加工的,因此,加工前必须在三维模型上用切片软件,在成形的高度方向每隔一定的间隔进行切片处理. 以便提取截面的轮廓。间隔的大小要按生产率和加工精度来确定。一般为 0.05～0.5 mm,常用的是 0.1 mm。

叠层的厚度会产生累计误差,实际生产中经常根据时间测量结果对 CAD 的 STL 模型进行实时切片处理。

2. 叠片成形

(1) 薄片分层叠加成形工艺参数。从薄片分层叠加成形原理可以看出,该制造系统主要由控制系统、机械系统、激光器及冷却系统组成。

① 激光切割速度是影响薄片分层叠加成形表面质量和加工效率的重要因素,可根据激光器型号规格进行选定。

② 加热辊的温度和压力设置应根据原型层面尺寸大小、纸张厚薄和环境温度来决定。

③ 激光能量的大小直接影响着切割纸材的厚度和切割速度。通常,切割速度和激光能量成抛物线关系。

④ 切碎网格尺寸影响余料去除的难度和原型的表面质量。

(2) 原型制造过程

① 基底制作。由于叠层在制作过程中工作台要频繁升降,为实现原型和工作台之间的连续,需要制作基底,一般为 3～5 层。

② 原型制作。当参数设定之后,设备便根据给定的工艺参数自动完成原型叠层的制作过程。

3. 后处理

薄片分层叠加成形后的原型埋在叠层中,需要进行剥离,以便去除废料,有的还需要进行修补、打磨、抛光和表面强化处理,这些工序统称为后处理。

(1) 余料处理。将成形过程中产生的废料、支撑结构与工件分离。余料处理与加工表面质量有很大的关系。

(2) 后置处理。为了使原型表面状况或机械强度等完全满足最终需要,保证尺寸的稳定性及精度等方面的要求,需要针对如下情况:原型表面不够光滑,其表面存在因分层引起的小台阶,以及因 STL 格式化造成的小缺陷;原型的薄壁和某些小特征结构的强度、刚度不够;原型的某些尺寸、形状不够精确;制件的耐温性、耐湿性、耐磨性、表面硬度不够满意;制件表面的颜色不符合产品要求等,进行修补、打磨、抛光及表面涂覆等后置处理。

8.2.3.4　薄片分层叠加成形的应用

薄片分层叠加成形设备由激光系统、走纸机构、扫描机构和 z 轴升降机构、加热辊等组成。

由于薄片分层叠加成形工艺的原料比较便宜,运行成本和投资低,所以常用来制作汽车发动机曲轴、连杆、各类箱体、盖板等零部件的原型样件。

(1)汽车车灯。随着汽车制造业的发展,车灯组件的设计在内部要满足结构和装配要求,在外部要满足外观完美的要求。快速成形技术的出现,较好地迎合了车灯结构与外观完美的需求。

(2)铸铁手柄。某些机床操作手柄为铸铁件,若采用人工方式制作砂型铸造用的木模十分费时,且精度得不到保证。随着 CAD 技术的发展,具有复杂曲面形状的手柄设计可以直接在 CAD 软件平台上完成,借助快速成形技术,尤其是薄片分层叠加成形技术,可以直接由 CAD 软件快速制作出砂型铸造木模。

(3)制鞋工业。鞋子的款式更新是保持鞋业竞争能力的重要手段,WWW(Wolverine World Wide)公司的设计师首先设计鞋底和鞋跟的模型图形,从不同的角度用各种材料产生三维光照模型显示,以尽早排除不好的装饰和设计,再通过薄片分层叠加成形技术制造实物模型来最后确定设计方案。

8.2.4　熔丝堆积成形

熔丝堆积成形(Fused Deposition Modeling,简称 FDM)工艺比较适合于家用电器、办公用品、模具行业的新产品开发,以及用于假肢、医学医疗、大地测量、考古等基于数字成像技术的三维实体模型制造。该技术无需激光系统,因而价格低廉,运行费用低且可靠。目前来看,FDM 技术在医学医疗方面有许多特殊的应用。

8.2.4.1　熔丝堆积成形的原理

熔丝堆积也叫熔融沉积,是将丝状热熔性材料加热熔化,通过带有一个微细喷嘴的喷头挤喷出来。喷头可沿 Z 轴方向移动,而工作台则沿 X、Y 轴方向移动。如果热熔性材料的温度始终稍高于固化温度,而成形部分的温度稍低于固化温度,就能保证热熔性材料挤喷出喷嘴后与前面一层熔结在一起。一个层面沉积完成后,工作台按预定的增量下降一个层的厚度,再继续熔喷沉积,直到完成整个实体造型。

熔丝堆积成形工艺原理如图 8-5(a)所示,加工实物如图 8-5(b)所示,其过程如下:将实心丝材原材料缠绕在供料辊上,由电动机驱动辊子旋转,辊子和丝材之间的摩擦力使丝材向喷头的出口输送。在供料辊和喷头之间有一个导向套,导向套采用低摩擦材料制成,以便丝材能顺利、准确地由供料辊送到喷头的内腔,最大送料速度为 10~25 mm/s,推荐速度为 5~18 mm/s,喷头的前端有电阻式加热器,在其作用下,丝材被熔化(熔模铸造的蜡丝的熔融温度为74℃,机加工蜡丝为96℃,聚烯烃树脂丝为106℃,ABS为270℃,聚酰胺丝为155℃).然后通过出口(内径0.25～1.32 mm)涂覆至工作台,因此丝材是熔点不高的热塑性塑料或蜡。丝材熔融沉积层厚随喷头的运动速度(最高为380 mm/s)而变化,通常最大层厚为0.15～0.25 mm。

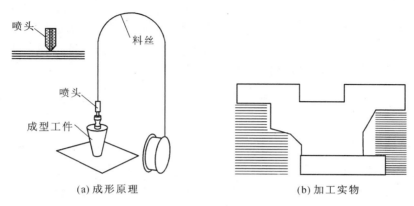

(a) 成形原理　　　　　　　　(b) 加工实物

图 8 - 5　熔丝堆积成形(FDM)原理

8.2.4.2　熔丝堆积成形的特点

熔丝堆积成形被广泛使用,因为该工艺具有其他快速成形工艺不具备的特点。

1. 优点

(1) 可以成形任意复杂的零件,常用于成形具有复杂内腔或内孔的零件。

(2) 蜡作原型可以直接用于熔模铸造。

(3) 材料利用率高,原材料无毒,可在办公环境安装。无化学变化,制件的翘曲变形小。

(4) 系统构造和原理简单,操作方便,维护成本低,运行安全。

(5) 无需支撑,无需化学清洗,无需分离。

2. 缺点

(1) 成形件表面有明显的条纹。

(2) 沿成形轴垂直方向的强度差。

(3) 对整个截面进行扫描涂覆,成形时间长。

(4) 原材料价格高。

8.2.4.3　熔丝堆积成形的应用

FDM快速原型制造技术已被广泛应用于汽车、机械、航空航天、家用电器、电子通信、建筑、医学、玩具等领域产品的设计开发过程,如产品的外观评估、方案选择、装配检查、功能测试、用户看样订货、塑料件开模前校验设计以及少量的产品制造等;也有应用于政府、大学及研究所等机构。用传统方法需几个星期、几个月才能制造的复杂产品原型,用FDM成形技术无需任何刀具和模具,短时间内就可以完成。以下介绍几个应用实例。

（1）丰田公司用于轿车右侧镜支架和 4 个门把手的母模制造，显著降低了成本，轿车右侧镜支架模具节省 20 万美元，而 4 个门把手的模具节省了 30 万美元。

（2）借助 FDM 工艺制作玩具水枪模型，通过对多个零件的一体制造，减少了制件数，避免了焊接和螺纹连接，显著提高了模型制作的效率。

（3）Mizuno 公司开发了一套新的高尔夫球杆，通常需要 13 个月，用 FDM 技术大大缩短了这个过程，可以迅速得到反馈意见并进行修改，加快了造型阶段的设计验证。

（4）韩国现代汽车公司将 FDM 应用于检验设计、空气动力学评估和功能测试，并在起亚 Spectra 车型的设计上得到成功应用。

8.2.5　快速成形的特点及应用

8.2.5.1　快速成形的特点

快速成形技术与传统制造技术相比，具有下列独特的优越性。

（1）产品的单价几乎与产品结构的复杂性及批量无关，特别适用于新产品的创新和开发。

（2）产品整个开发过程的费用低、周期短，无需模型、模具即可获得零件。

（3）快速成形技术与传统制造方法结合（如铸造、粉末冶金、冲压、模压成形、喷射成形等），为需要各种工具、模具的传统制造方法注入新的活力。

快速成形和快速制模技术可以使新产品开发在时间和费用上节约 50％以上。

8.2.5.2　快速成形的应用

由于快速成形技术的明显技术优势和它的经济效益，因而在下列领域得到广泛应用。

（1）设计验证。使用快速成形技术快速制作产品的物理模型，以验证设计人员的构思，发现产品设计中存在的问题。使用传统的方法制作原型，意味着从绘图到工装模具设计和制造一般至少历时数月，要经过多次返工和修改。采用快速成形技术则可节省大量时间和费用。

（2）功能验证。使用快速成形技术制作的原型可直接进行装配检验、干涉检查和模拟产品真实工作情况的一些功能试验，如运动分析、应力分析、流体和空气动力学分析等，从而迅速完善产品，节约相应工艺及所需工具、模具的设计。

（3）可制造性和可装配性检验。快速成形技术是面向装配和制造设计的配套技术。对新产品开发，尤其是空间有限的复杂产品（如汽车、飞机、卫星、导弹），其部件的可制造性和可装配性的事先检验尤为重要。

（4）非功能性样品制作。在新产品正式投产之前，或按照订单制造时，需要制作产品的展览样品或摄制产品样本照片，采用快速成形是理想的方法。当客户询问产品情况时，能够提供物理原型的效果是显而易见的。

（5）快速制模技术。在许多情况下，客户希望快速成形件与最终零件具有相同的物理机械特性，因此，需要用各种转换技术将快速成形件转换为最终零件。例如，利用硅胶模、环氧树脂与精密铸造等工艺结合制造模具，经过一次或多次转换制造最终产品；或者将快速成形得到的工件直接用做产品的试制模具;或者将此工件当作母模,制作生产用模具,加快模具的制造过程。其中,用快速成形技术制作件代替铸造母模就是一个典型的例子。

8.2.5.3　常用快速成形的工艺比较

在众多的快速成形工艺中,具有代表性的快速成形加工工艺有光敏树脂液相固化成形、选择性激光粉末烧结成形、薄片分层叠加成形和熔丝堆积成形四种。

几种常用快速成形工艺的比较见表 8-1。

表 8-1　常用快速成形工艺比较

	精度	表面质量	材料成本	材料利用率	运行成本	生产成本	设备成本	市场占有率
光敏树脂液相固化成形(SL)	好	优	较贵	接近 100%	较高	高	较贵	70%
选择性激光粉末烧结成形(SLS)	一般	一般	较贵	接近 100%	较高	一般	较贵	10%
薄片分层叠加成形(LOM)	一般	较差	较便宜	较差	较低	高	较便宜	7%
熔丝堆积成形(FDM)	较差	较差	较贵	接近 100%	一般	较低	较便宜	6%

8.3　项目实施

1. 需用到的设备

快速成形加工设备、加工原材料(光敏树脂、金属粉末、热熔胶纸等)、量具等。

2. 快速成形加工

(1)带冠整体叶轮加工。因该模型结构形状复杂、零件强度要求不高,故可选用光敏树脂液相固化成形加工。

成形材料为混杂型光固化树脂,工艺流程为:CAD 三维造型→施加支撑→分层切片→光固化成形→清洗→RP 原型零件。

(2)工艺美术品——小鸟的加工。因该工艺品形状规则且对材料无要求,故可选用选择性激光粉末烧结成形加工。

工艺流程为:CAD 模型→分层切片→激光烧结→RP 原型零件。

(3)连杆模型的加工。该连杆作为原模,强度要求不高,可用纸作为原材料,故选用薄片分层叠加成形加工。

工艺流程为:CAD 模型→切片处理→叠片成形→后处理→RP 原型零件。

(4)法兰盘加工。该法兰盘结构简单,上下表面形状变化不大,故可选用熔丝堆积成形加工。

工艺流程为:CAD 模型→分层切片→熔丝堆积→RP 原型零件。

3. 检验

加工完后,检验工件是否合格。

习　题

8-1　快速成形的工艺原理与常规加工工艺有何不同？具有什么特点？

8-2　试对常用的 4 种快速成形工艺的优缺点作比较。

项目九　其他特种加工

扫一扫可见本
项目学习重点

学习目标

(1) 掌握其他特种加工的原理、特点及应用。
(2) 具有合理选择其他特种加工方法加工零件的能力。

9.1　化学加工

化学加工(Chemical Machining,简称 CHM)是利用酸、碱、盐等化学溶液对金属产生化学反应,使金属腐蚀溶解,改变工件尺寸和形状(以至表面性能)的一种加工方法。

化学加工的应用形式很多,但属于成形加工的主要有化学蚀刻和光刻加工法;属于表面加工的有化学抛光和化学镀膜等。

9.1.1　化学蚀刻加工

1. 化学蚀刻加工的原理

化学蚀刻加工又称化学铣切(Chemical Milling,简称 CHM)。它的原理如图 9-1 所示,先把工件非加工表面用耐腐蚀性涂层保护起来,将需要加工的表面露出来,浸入到化学溶液中进行腐蚀,使金属按特定的部位溶解去除,达到加工目的。

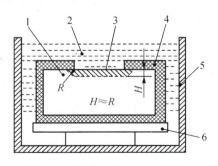

1—工件材料;2—化学溶液;3—化学腐蚀部分;4—保护层;5—溶液箱;6—工作台。

图 9-1　化学铣切加工原理

金属的溶解作用,不仅在垂直于工件表面的深度方向进行,而且在保护层下面的侧向也进行溶解,并呈圆弧状,如图 9-1 中的 H 和 R。金属的溶解速度与工件材料及溶液成分等有关。

2. 化学蚀刻加工的特点

化学蚀刻加工的优点如下。

(1) 可加工任何难切削的金属材料,而不受任何硬度和强度的限制,如铝合金、钼合金、钛合金、镁合金、不锈钢等。

(2) 适于大面积加工,可同时加工多件。

(3) 加工过程中不会产生应力、裂纹、毛刺等缺陷,表面粗糙度可达 $2.5 \sim 1.25~\mu\mathrm{m}$。

(4) 加工操作比较简单。

化学蚀刻加工的缺点如下。

(1) 不适宜加工窄而深的槽、型孔等。

(2) 原材料的小缺陷和表面不平度、划痕等不易消除。

(3) 腐蚀液对设备和人体有危害,故需有适当的防护性措施。

3. 化学蚀刻加工的应用

(1) 较大工件的金属表面厚度减薄加工,蚀刻厚度一般小于 13 mm。如在航空和航天工业中常用于减轻结构件的重量,对大面积或不利于机械加工的薄壁、内表层金属蚀刻更适宜。

(2) 在厚度小于 1.5 mm 的薄壁零件上加工复杂的型孔。

4. 化学蚀刻加工的工艺过程

化学蚀刻加工的主要过程如图 9-2 所示,其中主要的工序是涂保护层、刻形和化学腐蚀。

表面预处理 $\longrightarrow$ 涂保护层 $\longrightarrow$ 固化 $\longrightarrow$ 刻形 $\longrightarrow$ 腐蚀 $\longrightarrow$ 清洗 $\longrightarrow$ 去保护层

图 9-2 化学蚀刻加工的工艺过程

在涂保护层之前,必须把工件表面的油污、氧化膜等清除干净,再在相应的腐蚀液中进行预腐蚀。在某些情况下还要先进行喷砂处理,使表面形成一定的粗糙度,以保证涂层与金属表面黏结牢固。

保护层必须具有良好的耐酸、碱性能,并在化学蚀刻过程中黏结力不能下降。常用的保护层有氯丁橡胶、丁基橡胶、丁苯橡胶等耐蚀涂料。

涂覆的方法有刷涂、喷涂、浸涂筹。涂层要求均匀,不允许有杂质和气泡。涂层厚度一般控制在 0.2 mm 左右。涂后需经一定时间并在适当温度下加以固化。

刻形是根据样板的形状和尺寸,把待加工表面的涂层去掉,以便进行腐蚀加工。刻形的方法一般采用手术刀沿样板轮廓切开保护层,再把不要的部分剥掉。

9.1.2 光刻加工

1. 光刻加工的原理

光刻加工是用照相复印的方法将掩模上的图形印制在涂有光致抗蚀剂的薄膜或基材表面,然后利用光致抗蚀剂的耐腐蚀特性,对衬底表面进行腐蚀,达到蚀出规定的图形的加工方法。

2. 光刻加工的特点

光刻加工与化学蚀刻(化学铣削)加工的主要区别是不靠样板人工刻型、划线,而是用照相感光来确定工件表面要蚀除的图形、线条,因此其精度非常高,可以加工出非常复杂的精细图形,其尺寸精度可达到 0.01~0.005 mm,是半导体器件和集成电路制造中的关键工艺之一。

3. 光刻加工的应用范围

光刻加工对大规模集成电路、超大规模集成电路的制造和发展起到了极大的推动作用。利用光刻原理还可制造一些精密产品的零部件,如刻线尺、刻度盘、光栅、细孔金属网板、电路布线板、晶闸管元件等。

4. 光刻加工的工艺过程

图 9-3 所示为光刻的主要工艺过程。

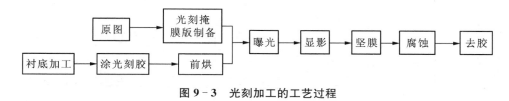

图 9-3 光刻加工的工艺过程

(1)原图和掩膜版的制备

原图制备首先在透明或半透明的聚酯基板上涂覆一层醋酸乙烯树脂系的红色可剥性薄膜,然后把所需的图形按一定比例放大几倍至几百倍,用绘图机绘图刻制可剥性薄膜,把不需要部分的薄膜剥掉,而制成原图。

掩膜版制备,如在半导体集成电路的光刻中,为了获得精确的掩膜版,需要先利用初缩照相机把原图缩小制成初缩版,然后采用分步重复照相机将初缩精缩,使图形进一步缩小,从而获得尺寸精确的照相底版。再把照相底版用接触复印法,将图形印制到涂有光刻胶的高纯度铬薄膜板上,经过腐蚀,即获得金属薄膜图形掩膜版。

(2)涂覆光致抗蚀剂

光致抗蚀剂是光刻工艺的基础。它是一种对光敏感的高分子溶液,根据其光化学特点,可分为正性和负性两类。

凡能用显影液把感光部分溶除,而得到和掩膜版上挡光图形相同的抗蚀涂层的一类光致抗蚀剂,称为正性光致抗蚀剂,反之则为负性光致抗蚀剂。

目前使用较为广泛的光致抗蚀剂是负性抗蚀剂,它与衬底材料(特别是金属)粘附性较好,并且具有较好的耐腐蚀性能。但是,每种抗蚀剂都有一定的优点,也有一定的缺点,要根据产品的要求进行合理选择。在半导体工业中常用的光致抗蚀剂有:聚乙烯醇一肉桂酸酯系(负性)、双迭氮系(负性)和酯一二迭氮系(正性)等。

(3)曝光

曝光光源的波长应与光刻胶感光范围相适应,一般采用紫外光,其波长约为 0.4 μm。

曝光方式常用的有接触式曝法,即将掩膜版与涂有光致抗蚀剂的衬底表面紧密接触而进行曝光。另一种曝光方式是采用光学投影曝光,此时掩膜版不与衬底表面直接接触。

随着电子工业的发展,对精度要求更高的精细图形进行光刻时,其最细的线条宽度要求到 1 μm 以下,紫外光已不能满足要求,需采用电子束、离子束或 X 射线等新技术曝光。电子束曝光可以刻出宽度为 0.25 μm 的细线条。

(4) 腐蚀

不同的光刻材料,需采用不同的腐蚀液。腐蚀的方法有多种,如化学腐蚀、电解腐蚀、离子腐蚀等,其中常用的是化学腐蚀法。即采用化学溶液对带有光致抗蚀剂层的衬底表面进行腐蚀。

(5) 去胶

为去除腐蚀后残留在衬底表面的抗蚀胶膜,可采用氧化去胶法,即使用强氧化剂(如硫酸-过氧化氢混合液等),将胶膜氧化破坏而去除,也可采用丙酮、甲苯等有机溶剂去胶。

实例:半导体光刻工艺过程如图 9-4 所示。

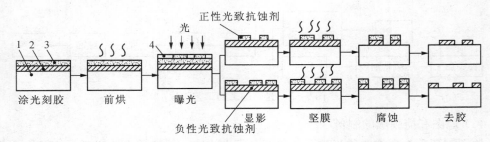

1—衬底(硅);2—光刻薄膜(SiO$_2$);3—光致抗蚀剂;4—掩膜版。

图 9-4 半导体光刻工艺过程示意图

9.1.3 化学抛光

化学抛光(Chemical Polish,简称 CP)的目的是改善工件表面粗糙度或使表面平滑化和光泽化。

1. 化学抛光的原理

一般是用硝酸或磷酸等氧化剂溶液,在一定条件下,使工件表面氧化,此氧化层又能逐渐溶入溶液,表面微凸起处被氧化较快而较多,微凹处则被氧化慢而少。同样凸起处的氧化层又比凹处更多、更快地扩散并溶解于酸性溶液中,因此使加工表面逐渐被整平,达到表面平滑化和光泽化。

2. 化学抛光的特点

化学抛光的特点是:可以大面或多件抛光薄壁、低刚度零件,可以抛光内表面和形状复杂的零件,不需外加电源、设备,操作简单,成本低。其缺点是化学抛光效果比电解抛光效果差,且抛光液用后处理较麻烦。

3. 化学抛光的工艺要求及应用

(1) 金属的化学抛光

常用硝酸、磷酸、硫酸、盐酸等酸性溶液抛光铝、铝合金、钼、钼合金、碳钢及不锈钢等,有时还加入明胶或甘油之类的添加剂。

抛光时必须严格控制溶液温度和时间。温度从室温到 90℃,时间自数秒到数分钟,要根据材料、溶液成分经试验后才能确定最佳值。

（2）半导体材料的化学抛光

如锗和硅等半导体基片在机械研磨平整后,还要最终用化学抛光去除表面杂质和变质层。常用氢氟酸和硝酸、硫酸的混合溶液或双氧水和氢氧化氨的水溶液。

9.1.4　化学镀膜

化学镀膜的目的是在金属或非金属表面镀上一层金属,起装饰、防腐蚀或导电等作用。

1. 化学镀膜的原理

其原理是在含金属盐溶液的镀液中加入一种化学还原剂,将镀液中的金属离子还原后沉积在被镀零件表面。

2. 化学镀膜的特点

其特点是:有很好的均镀能力,镀层厚度均匀,这对大表面和精密复杂零件很重要;被镀工件可为任何材料,包括非导体如玻璃、陶瓷、塑料等;不需电源,设备简单;镀液一般可连续、再生使用。

3. 化学镀膜的工艺要点及应用

化学镀铜主要用硫酸铜,镀镍主要用氯化镍,镀铬用溴化铬,镀钴用氯化钴溶液,以次磷酸钠或次硫酸钠作为还原剂,也有选用酒石酸钾钠或葡萄糖等为还原剂的。对特定的金属,需选用特定的还原剂。镀液成分、质量分数、温度和时间都对镀层质量有很大影响。镀前还应对工件表面作脱脂、去锈等净化处理。

应用最广的是化学镀镍、钴、铬、锌,其次是镀铜、锡。在电铸前,常在非金属的表面用化学镀膜镀上很薄的一层银或铜作为导电层或脱模之用。

9.2　等离子体加工

等离子体加工又称等离子弧加工（Plasma Arc Machining,简称 PAM）,是利用电弧放电使气体电离成过热的等离子气体流束,靠局部熔化及气化来去除材料的。等离子体被称为物质存在的第四种状态,通常物质存在的三种状态是气、液、固三态。等离子体是高温电离的气体,它由气体原子或分子在高温下获得能量电离之后,离解成带正电荷的离子和带负电荷的自由电子所组成,整体的正负电荷数值仍相等,因此称为等离子体。

9.2.1　基本原理

图 9-5 为等离子体加工原理示意图。该装置由直流电源供电,钨电极 5 接阴极,工件 9 接阳极。利用高频振荡或瞬时短路引弧的方法,使钨电极与工件之间形成电弧。电弧的温度很高,使工质气体的原子或分子在高温中获得很高的能量。其电子冲破了带正电的原子核的束缚,成为自由的负电子,而原来呈中性的原子失去电子后成为正离子。这种电离化的气体,正负电荷的数量仍然相等,从整体看呈电中性,称之为等离子体电弧。

在电弧外围不断送入工质气体,回旋的工质气流还形成与电弧柱相应的气体鞘,压缩电弧,使其电流密度和温度大大提高。采用的工质气体有氮、氩、氦、氢或是这些气体的混合。

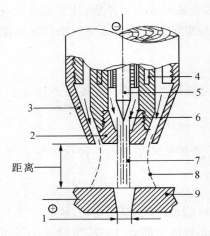

1—切缝;2—喷嘴;3—保护罩;4—冷却水;5—钨电极;
6—工质气体;7—等离子体电弧;8—保护气体屏;9—工件。

图 9‑5　等离子体加工原理图

等离子体具有极高的能量密度,这是由下列三种效应造成的。

(1) 机械压缩效应。电弧在被迫通过喷嘴通道喷出时,通道对电弧产生机械压缩作用,而喷嘴通道的直径和长度对机械压缩效应的影响很大。

(2) 热收缩效应。喷嘴内部通入冷却水,使喷嘴内壁受到冷却,温度降低,因而靠近内壁的气体电离度急剧下降,导电性差,电弧中心导电性好、电离度高,电弧电流被迫在电弧中心高温区通过,使电弧有效截面缩小,电流密度大大增加。这种因冷却而形成的电弧截面缩小作用,就是热收缩效应,一般高速等离子气体流量越大,压力越大,冷却愈充分,则热收缩效应愈强烈。

(3) 磁收缩效应。由于电弧电流周围磁场的作用,迫使电弧产生强烈的收缩作用,使电弧变得更细,电弧区中心电流密度更大,电弧更稳定而不扩散。

由于上述三种压缩效应的综合作用,使等离子体的能量高度集中,电流密度、等离子体电弧的温度都很高,达到 11 000℃～28 000℃(普通电弧仅 5 000℃～8 000℃)。气体的电离度也随着剧增,并以极高的速度(约 800～2 000 m/s,比声速还高)从喷嘴孔喷出,具有很大的动能和冲击力,当达到金属表面时,可以释放出大量的热能,加热和熔化金属,并将熔化了的金属材料吹除。

等离子体加工有时叫作等离子体电弧加工或等离子体电弧切割。

也可以把图 9‑5 中的喷嘴接直流电源的阳极,钨电极接阴极,使阴极钨电极和阳极喷嘴的内壁之间发生电弧放电,吹入的工质气体受电弧作用加热膨胀,从喷嘴喷出形成射流,称为等离子体射流,使放在喷嘴前面的材料充分加热。由于等离子体电弧对材料直接加热,因而比用等离子体射流对材料的加热效果好得多。因此,等离子体射流主要用于各种材料的喷镀及热处理等方面;等离子体电弧则用于金属材料的加工、切割以及焊接等。

等离子弧不但具有温度高、能量密度大的优点,而且焰流可以控制。适当地调节功率大小、气体类型、气体流量、进给速度和火焰角度,以及喷射距离等,可以利用一个电极加工不同厚度和多种材料。

9.2.2　材料去除速度和加工精度

等离子体切割的速度是很高的,成形切割厚度为 25 mm 的铝板时的切割速度为 760 mm/min,而厚度为 6.4 mm 钢板的切割速度为 4 060 mm/min,采用水喷时可增加碳钢的切割速度,对厚度为 5 mm 的钢板,切割速度为 6 100 mm/min。

切边的斜度一般为 2°～7°,当仔细控制工艺参数时,斜度可保持在 1°～2°。对厚度小于 25 mm 的金属,切缝宽度通常为 2.5～5 mm;厚度达 150 mm 的金属,切缝宽度为 10～20 mm。

等离子体加工孔的直径在 10 mm 以内,钢板厚度为 4 mm 时,加工精度为 ±0.25 mm,当钢板厚度达 35 mm,加工孔或槽的精度为 ±0.8 mm。

加工后的表面粗糙度 Ra 通常为 1.6～3.2 μm,热影响层分布的深度为 1～5 mm,决定于工件的热学性质、加工速度、切割深度,以及所采用的加工参数。

9.2.3　设备和工具

简单的等离子体加工装置有手持等离子体切割器和小型手提式装置,比较复杂的有程序控制和数字程序控制的设备、多喷嘴的设备,还有采用光学跟踪的设备。工作台尺寸达 13.4 m×25 m,切割速度为 50～6 100 mm/min。在大型程序控制成形切削机床上可安装先进的等离子体切割系统,并装备有喷嘴的自适应控制,以自动寻找和保持喷嘴与板材的正确距离。除了平面成形切割外,还有用于车削、开槽、钻孔和刨削的等离子体加工设备。

切割用的直流电源空载电压一般为 300 V 左右,用氩气作为切割气体时空载电压可以降低为 100 V 左右。常用的电极为铈钨或钍钨。用压缩空气作为工质气体切割时使用的电极为金属锆或铪。使用的喷嘴材料一般为纯铜或锆铜。

9.2.4　实际应用

等离子体加工已广泛用于切割。备种金属材料,特别是不锈钢、铜、铝的成形切割,已获得重要的工业应用,它可以快速而较整齐地切割软钢、合金钢、钛、铸铁、钨、钼等,切割不锈钢、铝及其合金的厚度一般为 3～100 mm。等离子体还用于金属的穿孔加工。此外,等离子体弧还作为热辅助加工。这是一种机械切削和等离子弧的复合加工方法,在切削过程中,用等离子弧对工件待加工表面进行加热,使工件材料变软,强度降低,从而使切削加工具有切削力小、效率高、刀具寿命长等优点,已用于车削、开槽、刨削等。

等离子体电弧焊接已得到广泛应用,使用的气体为氩气。用直流电源可以焊接不锈钢和各种合金钢,焊接厚度一般在 1～10 mm,1 mm 以下的金属材料用微束等离子弧焊接。近代又发展了交流及脉冲等离子体弧焊铝及其合金的新技术。等离子体弧还用于各种合金钢的熔炼,熔炼速度快、质量好。

等离子体表面加工技术近年来有了很大的发展。日本近年试制成功一种很容易加工的超塑性高速钢,就是采用这一技术实现的;采用等离子体对钢材进行预热处理和再结晶处理,使钢材内部形成微细化的金属结晶微粒。结晶微粒之间联系韧性很好,所以具有超塑性能,加工时不易碎裂。

采用等离子体表面加工技术,还可以提高某些金属材料的硬度,例如使钢板表面氮化,可大大提高钢材的硬度。在氧等离子体中,采用微波放电,可使硅、铝等进行氧化,制得超高纯度的氧化硅和氧化铝。采用无线电波放电,在氮等离子体中,对钛、锆、铌等金属进行氮化,可制得氮化钛、氮化锆、氮化铌等化合物。由直流辉光放电产生的氩等离子体,使四氯化钛、氢气与甲烷发生反应,可在金属表面生成碳化钛,大大提高了材料的强度和耐磨性能。

等离子体还用于人造器官的表面加工:采用氨和氢、氮等离子体,对人造心脏表面进行加工,使其表面生成一种氨基酸,这样,人造心脏就不受人体组织排斥和血液排斥,使人造心脏植入手术更易获得成功。

等离子体加工时,会产生噪声、烟雾和强光,故其工作地点要求对此进行控制和防护。常采用的方法就是采用高速流动的水屏,即高速流动的水通过一个围绕在切削头上的环喷出,这样就形成了一个水的屏幕或防护罩,从而大大减少了等离子体加工过程中产生的光、烟和噪声的不良影响。在水中加入染料,可以降低电弧的照射强度。

9.3 磨料流加工

磨料流加工(Abrasive Flow Machining,简称 AFM)在我国又称挤压珩磨,是 20 世纪 70 年代发展起来的一项表面光整加工技术,最初主要用于去除零件内部通道或隐蔽部分的毛刺而显示出优越性,随后扩大应用到零件表面的抛光。

9.3.1 基本原理

磨料流加工(挤压珩磨)是利用一种含磨料的半流动状态的黏弹性磨料介质,在一定压力下强迫在被加工表面上流过,由磨料颗粒的刮削作用去除工件表面微观不平材料的工艺方法。图 9-6 为其加工过程的示意图。工件安装并被压紧在夹具中,夹具与上、下磨料室相连,磨料室内充以黏弹性磨料,由活塞在往复运动过程中通过黏弹性磨料对所有表面施加压力,使黏弹性磨料在一定压力作用下反复在工件待加工表面上滑移通过,类似用砂布均匀地压在工件上慢速移动那样,从而达到表面抛光或去毛刺的目的。

当下活塞对黏弹性磨料施压,推动磨料自下而

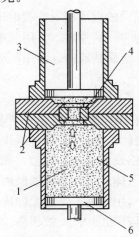

1—黏性磨料;2—夹具;3—上部磨料室;
4—工件;5—下部磨料室;6—液压操纵活塞。

图 9-6 磨料流加工原理图

上运动时,上活塞在向上运动的同时,也对磨料施压,以便在工件加工面的出口方向造成一个背压。由于有背压的存在,混在黏弹性介质中的磨料才能在挤压珩磨过程中实现切削作用,否则工件加工区将会出现加工锥度及尖角倒圆等缺陷。

9.3.2　磨料流加工的工艺特点

(1)适用范围。由于挤压珩磨介质是一种半流动状态的黏弹性材料,它可以适应各种复杂表面的抛光和去毛刺,如各种型孔、型面,像齿轮、叶轮、交叉孔、喷嘴小孔、液压部件、各种模具等等,所以它的适用范围是很广的,而且几乎能加工所有的金属材料,同时也能加工陶瓷、硬塑料等。

(2)抛光效果加工后的表面粗糙度与原始状态和磨料粒度等有关,一般可降低到加工前表面粗糙度值的十分之一,最低的表面粗糙度可以达到 Ra0.025 μm 的镜面。磨料流动加工可以去除在 0.025 mm 深度的表面残余应力,可以去除前面工序(如电火花加工、激光加工等)形成的表面变质层和其他表面微观缺陷。

(3)材料去除速度。挤压珩磨的材料去除量一般为 0.01~0.1 mm,加工时间通常为 1~5 min,最多十几分钟即可完成,与手工作业相比,加工时间可减少 90% 以上,对一些小型零件,可以多件同时加工,效率可大大提高。对多件装夹的小零件的生产率每小时可达 1 000 件。

(4)加工精度。挤压珩磨是一种表面加工技术,因此它不能修正零件的形状误差。切削均匀性可以保持在被切削量的 10% 以内,因此,也不至于破坏零件原有的形状精度。由于去除量很少,可以达到较高的尺寸精度。一般尺寸精度可控制在微米的数量级。

9.3.3　黏弹性磨料介质

黏弹性磨料介质由一种半固体、半流动性的高分子聚合物和磨料颗粒均匀混合而成。这种高分子聚合物是磨料的载体,能与磨粒均匀黏结,而与金属工件不发生黏附。它主要用于传递压力、携带磨粒流动以及起润滑作用。

磨料一般使用氧化铝、碳化硼、碳化硅磨料。当加工硬质合金等坚硬材料时,可以使用金刚石粉。磨料粒度范围是 8$^{\#}$~600$^{\#}$,含量范围 10%~60%。应根据不同的加工对象确定具体的磨料种类、粒度、含量。

碳化硅磨料主要用于去毛刺。粗磨料可获得较快的去除速度,细磨料可以获得较好的表面粗糙度,故一般抛光时都用细磨料,对微小孔的抛光应使用更细的磨料。此外,还可利用细磨料(600$^{\#}$~800$^{\#}$)作为添加剂来调配基体介质的稠度。在实际使用中常是几种粒度的磨料混合使用,以获得较好的性能。

9.3.4　夹具

夹具是挤压珩磨的重要组成部分,是使其达到理想效果的一个重要措施,它需要根据具体的工件形状、尺寸和加工要求进行设计,但有时需通过试验加以确定。

夹具的主要作用除了用来安装、夹紧零件、容纳介质并引导它通过零件以外,更重要的是要控制介质的流程。因为黏弹性磨料介质和其他流体的流动一样,最容易通过那些路程最短、截面最大、阻力最小的路径。为了引导介质到所需的零件部位进行切削,可以对夹具进行特殊设计,在某些部位进行阻挡、拐弯、干扰,迫使黏弹性磨料通过所需要加工的部位。例如,为了对交叉通道表面进行加工,出口面积必须小于入口面积。为了获得理想的结果,有时必须有选择地把交叉孔封死,或有意识地设计成不同的通道截面,如加挡板、芯块等以达到各交叉孔内压力平衡,加工出均匀一致的表面。

图9-7为采用挤压珩磨对交叉孔零件进行抛光和去毛刺的夹具结构原理图。

图9-8为对齿轮齿形部分进行抛光和去毛刺的夹具结构原理图。

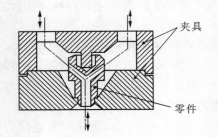

图9-7　加工交叉孔零件的夹具示意图

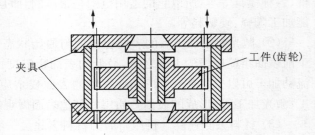

图9-8　抛光外齿轮的夹具结构原理图

夹具内部的密封必须可靠,因为微小的泄漏都将引起夹具和工件的磨损,并影响加工效果。

9.3.5　实际应用

挤压珩磨可用于边缘光整、倒圆角、去毛刺、抛光和少量的表面材料去除,特别适用于难以加工的内部通道的抛光和去毛刺,从软的铝到韧性的镍合金材料均可进行挤压珩磨加工。

挤压珩磨已用于硬质合金拉丝模、挤压模、拉深模、粉末冶金模、叶轮、齿轮、燃料旋流器等的抛光和去毛刺,还用于去除电火花加工、激光加工或渗氮处理这类热能加工产生的不希望有的变质层。

9.4　水射流加工

9.4.1　基本原理

水射流切割(Water Jet Cutting,简称 WJC)又称液体喷射加工(Liquid Jet Machining,简称 LJM),是利用高压高速水流对工件的冲击作用来去除材料的,有时简称水切割,或俗称水刀,如图9-9所示。采用水或带有添加剂的水,以 500～900 m/s 的高速冲击工件进行加工或切割。水经水泵后通过增压器增压,储液蓄能器使脉动的液流平稳。水从孔径为 0.1～0.5 mm 的人造蓝宝石喷嘴喷出,直接压射在工件加工部位上。加工深度取决于液压喷射的速度、压力以及压射距离。被水流冲刷下来的"切屑"随着液流排出,入口处束流的功率密度可达 10^6 W/mm^2。

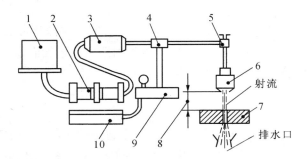

1—带有过滤器的水箱；2—水泵；3—储液蓄能器；4—控制器；5—阀；
6—蓝宝石喷嘴；7—工件；8—压射距离；9—液压机构；10—增压器。

图 9-9　水射流切割原理图

9.4.2　材料去除速度和加工精度

切割速度取决于工件材料，并与所用的功率大小成正比、和材料厚度成反比，不同材料的切割速度如表 9-1 所示。

表 9-1　某些材料水射流加工的切割速度

材　料	厚度/mm	喷嘴直径/mm	压力/Mpa	切割速度/(m/s)
吸声板	19	0.25	310	1.25
玻璃钢板	3.55	0.25	412	0.002 5
环氧树脂石墨	6.9	0.35	412	0.027 5
皮革	4.45	0.05	303	0.009 1
胶质(化学)玻璃	10	0.38	412	0.07
聚碳酸酯	5	0.38	412	0.10
聚乙烯	3	0.05	286	0.009 2
苯乙烯	3	0.075	248	0.006 4

切割精度主要受喷嘴轨迹精度的影响，切缝大约比所采用的喷嘴孔径大 0.025 mm，加工复合材料时，采用的射流速度要高，喷嘴直径要小，并具有小的前角，喷嘴紧靠工件，喷射距离要小。喷嘴越小，加工精度越高，但材料去除速度降低。

切边质量受材料性质的影响很大，软材料可以获得光滑表面，塑性好的材料可以切割出高质量的切边。液压过低会降低切边质量，尤其对复合材料，容易引起材料离层或起鳞。采用正前角(如图 9-10 所示)将改善切割质量。进给速度低可以改善切割质量，因此，加工复合材料时应采用较低的切割速度，以避免在切割过程中出现材料的分层现象。

水中加入添加剂能改善切割性能和减少切割宽度。另外，喷射距离对切口斜度的影响很大，距离越小，切口斜度也越小。有时为了提高切割速度和厚度，在水中混入磨料

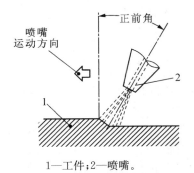

1—工件；2—喷嘴。

图 9-10　水射流喷嘴角度

细粉。

切割过程中，"切屑"混入液体中，故不存在灰尘，不会有爆炸或火灾的危险。对某些材料，射流束中夹杂有空气将增加噪声，噪声随喷射距离的增加而增加。在液体中加入添加剂或调整到合适的前角，可以降低噪声。

9.4.3　设备和工具

水射流切割需要液压系统和机床，但机床不是通用性的，每种机床的设计应符合具体的加工要求，液压系统产生的压力应能达到 400 MPa。液压系统还包括控制器、过滤器以及耐用性好的液压密封装置。加工区需要一个排水系统和储液槽。

水射流切割时，作为工具的射流束是不会变钝的，喷嘴寿命也相当长。液体要经过很好的过滤，过滤后的微粒小于 0.5 μm，液体经过脱矿质和去离子处理以减少对喷嘴的腐蚀。切割时的摩擦阻力很小，所需的夹具也较简单。还可以采用多路切割，这时应配备多个喷嘴。

水射流切割都已采用程序控制和数字控制系统，数控水射流加工机床，其工作台尺寸大于 1.5 m×2 m，移动速度大于 380 mm/s。

9.4.4　实际应用

水射流切割可以加工很薄、很软的金属和非金属材料，例如铜、铝、铅、塑料、木材、橡胶、纸等七八十种材料和制品。水射流切割可以代替硬质合金切槽刀具，而且切边的质量很好。所加工的材料厚度少则几毫米，多则几百毫米，例如切割 19 mm 厚的吸声天花板，采用的水压为 310 MPa，切割速度为 76 m/min。玻璃绝缘材料可加工到 125 mm 厚。由于加工的切缝较窄，可节约材料和降低加工成本。

由于加工温度较低，因而可以加工木板和纸品，还能在一些化学加工的零件保护层表面上划线。表 9-2 所列为水射流切割常用的加工参数范围。

表 9-2　水射流切割的加工参数

液　体	喷　嘴	性　能
种类:水或水中加入添加剂 添加剂:丙三醇(甘油)、聚乙烯、长链形聚合物 压力:70～415 MPa 射流速度:300～900 m/s 流量:达 7.5 L/min 射流对工件的作用力:45～134 N	材料:常用人造金刚石，也有用淬火钢、不锈钢的 直径:0.05～0.38 mm 角度:与垂直方向的夹角 0°～30°	功率:达 38 kW 切割速度(即进给速度):见表 9-1 切缝宽度:0.075～0.41 mm 压射距离:2.5～50 mm，常用的为 3 mm

美国汽车工业中用水射流来切割石棉制动片、橡胶基地毯、复合材料板、玻璃纤维增强塑料等。航天工业用以切割高级复合材料、蜂窝状夹层板、钛合金元件和印制电路板等，可提高疲劳寿命。

影响水射流切割广泛采用的主要因素是一次性初期投资较高。

9.5　磨料喷射加工

9.5.1　基本原理

　　磨料喷射加工是将混有细磨料或粉末的气体聚焦成束,再利用其高速喷射来加工工件材料的。图9-11所示为其加工过程示意图。气瓶或气源供应的气体必须是干燥的、清净的,并具有适度的压力。混合腔往往利用一个振动器进行激励,以使磨料均匀混合。喷嘴紧靠工件并具有一个很小的角度。操作过程应封闭在一个防尘罩中或接近一个能排气的集收器。影响切削过程的有磨料类型、气体压力、磨料流动速度、喷嘴对工件的角度和接近程度以及操作时间。利用铜、玻璃或橡皮面罩可以控制刻蚀图形。

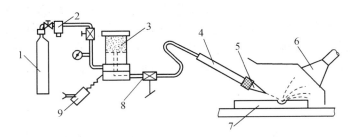

1—气源;2—过滤器;3—磨料室;4—手柄;5—喷嘴;
6—集收器;7—工件;8—控制阀;9—振动器。

图9-11　磨料喷射加工示意图

9.5.2　设备和工具

　　磨料喷射加工的设备主要包括以下四部分。
　　(1)储藏、混合和载运磨料装置。
　　(2)工作室。
　　(3)灰尘收集器。
　　(4)干燥气体供应装置。
　　灰尘收集器的功率约为500 W,它带有过滤器,可以控制粉末微粒在1 μm以内运动。气体压力不小于690 kPa,气体应经过干燥,相对湿度小于5/100 000。可以采用瓶装二氧化碳或氮作为干燥气体。工作地点应有充足的照明。
　　喷嘴端部通常由硬质合金制造,它的寿命取决于所采用的磨料型号和操作压力。采用碳化硅磨料时,喷嘴端部寿命为8~15 h;采用氧化铝磨料时,喷嘴端部寿命为20~35 h。
　　粉末磨料必须是清洁、干燥的,并且经过仔细筛选分类。粉末磨料通常不能重复使用,因为磨损了的或混杂的磨料会使切削性能降低。用于磨料喷射加工的粉末磨料必须是无毒的,但完善的灰尘控制装置仍然是必要的,因为在磨料喷射加工过程中有可能产生灰尘,这对健康是有害的。工厂的压缩空气如果没有充分地过滤以去除混气和油,是不能作为运载气体的。氧气不能用作运载气体,因为氧气和工件屑或磨料混合时可能产生强烈的化学反应。

9.5.3　实际应用

　　磨料喷射加工可用于玻璃、陶瓷或脆硬金属的切割、去毛刺、清理和刻蚀。它还可用于小型精密零件,如液压阀、航空发动机的燃料系统零件和医疗器械上的交叉孔、窄槽和螺纹的去毛刺。由尼龙、特氟隆(聚四氯乙烯)和狄尔林(乙缩醛树脂)制成的零件也可以采用磨料喷射加工来去除毛刺。磨料流束可以跟随工件的轮廓形状,因而可以清理不规则的表面,如螺纹孔等。磨料喷射加工不能用于在金属上钻孔,因为孔壁将有很大的锥度,且钻孔速度很慢。

　　磨料喷射加工操作时通常采用手动喷嘴、缩放仪或自动夹具等。可以在玻璃上切割直径小于 1.6 mm 的圆盘,其厚度达 6.35 mm,并且不会产生表面缺陷。

　　磨料喷射加工还成功地用于剥离绝缘层和清理导线,而不会影响到导体;还用于微小截面,如皮下注射针头的去毛刺;还常用于加工磨砂玻璃、微调电路板以及硅、镓等的表面清理;在电子工业中,用于制造混合电路电阻器和微调电容。

　　图 9-12 所示为喷嘴端部与工件的距离不同时的切削作用,喷嘴直径为 0.46 mm。

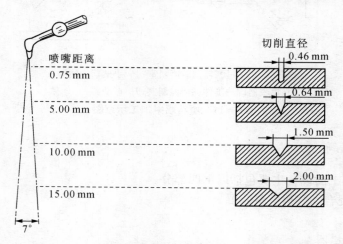

图 9-12　喷嘴与工件之间的距离对加工效果的影响

9.6　磁性研磨和磁性电解研磨

　　磁性磨料研磨加工(Magnetic Abrasive Machining,简称 MAM)又称磁力研磨或磁磨料加工,它和磁性磨料电解研磨加工(Magnetic Abrasive Electrochemical Machining,简称 MAECM)是近 10 年来发展起来的光整加工工艺,在精密仪器制造业中日益得到广泛应用。

9.6.1　磁性磨料研磨加工

　　磁性磨料研磨加工的原理在本质上和机械研磨加工相同,只是磨料是导磁的,磨料作用于工件表面的研磨力是磁场形成的。

1. 基本原理

图 9 - 13 所示为对圆柱表面进行磁性磨料研磨加工的原理示意图。在垂直于工件圆柱面轴线方向加一磁场，在 S、N 两磁极之间加入磁性磨料，磁性磨料吸附在磁极和工件表面上，并沿磁力线方向排列成有一定柔性的"磨料刷"。工件一边旋转，一边作轴向振动。磁性磨料在工件表面轻轻刮擦、挤压、窜滚，从而将工件表面上极薄的一层金属及毛刺切除，使微观不平度逐步整平。

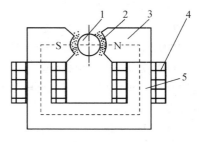

1—工件；2—磁性磨料；3—磁极；
4—线圈；5—铁心。

图 9 - 13　磁性研磨加工原理图

2. 磁性磨料研磨加工特点

(1) 磁性磨料研磨属于精密表面加工，加工后的表面质量好，可达镜面。表面粗糙度值 R_a 可达 $0.1\ \mu m$，棱边倒圆 Ra 最小可达 $0.01\ \mu m$，也适用于精密零件保持尖角的去毛刺加工。

(2) 由于磁性磨料研磨的"磁刷"是柔性的，而且磁极和工件表面的工作间隙在几毫米范围内可调。因此除圆形、平面外，复杂形状零件的内外表面也能实现研磨加工，其加工范围广，工艺适应性强。

(3) 在磁性磨料研磨中可以方便地通过改变通入绕组的励磁电流大小，来调节磁场强度的强弱，实现控制研磨压力大小的目的，同时可以调节磁性磨具的磁场保持力和加工状态中的其他有关参数。

(4) 磁性磨料研磨的自锐性好，磨削能力强，加工时间短，生产效率高。

(5) 磁性磨料研磨的背吃刀量小，研磨温升和工件变形较小，加工表面光洁平整。

(6) 磁性磨料研磨磨具可快速更换。

(7) 由于应用磁性磨具，磨粒无飞散，切屑被磁极吸收，且没有粉尘和废液污染，因此工作环境好。

(8) 工件表面由于交变励磁效应的作用，提高了工件表面的物理力学性能。

3. 磁性研磨在各类机械零件中的应用

零件的表面质量是影响各类机械整机清洁度指标、出厂磨合时间和质量的主要因素之一。例如对发动机的摩擦副零件(包括曲轴、凸轮轴、活塞、活塞销、气缸套、连杆、各种齿轮、轴瓦、摇臂轴、进排气门、气门弹簧等)进行光整加工后，即可获得如下明显效果。

(1) 全都毛刺彻底清除。例如齿轮啮合噪声小了 2 dB。

(2) 尖角锐边钝化。例如弹簧两端平面原有割手的感觉，光整后手感柔和；活塞的环槽、活塞环的锐边得到 $R < 0.1\ mm$ 的圆角，这对于缸套磨合及降低全损耗系统用油消耗意义重大。

(3) 去除锈蚀及氧化层。例如凸轮轴开档轴段的发蓝、变色，被全部清除。

(4) 光整后的零件表面光亮夺目，手感光滑柔和。

(5) 表面粗糙度值大幅度下降，在原基础上分别提高 0.5～1.5 个等级，电镜观察(如气缸套)表面形貌由尖锐的锯齿形变成钝化的丰满形表面。

（6）零件外形发生了以微米计的尺寸变化（一般变化 $1\sim2\ \mu m$），但不影响形位精度。

（7）零件表面物理性能得到改善：显微硬度提高 $3\%\sim10\%$，表面残余拉应力改变为均匀的压应力，细化表面组织，增加耐磨层厚度 $8\sim15$ 倍左右。

（8）实验表明，经高倍数扫描电子显微镜观察零件表面呈现微观鱼鳞坑形加工纹理，这比环纹、网纹更有利于储油；加上 R_a 数值低，尖角、毛刺彻底清除，从而提高了零件抗疲劳强度、耐磨性和抗腐蚀性。

（9）零件的机械加工表面及非加工表面全部得到光整，完成传动件的初期磨损，提高零件清洁度，使整机清洁度指标大大提高。例如，全部摩擦副零件经过光整后发动机装配质量明显提高，出厂磨合期可缩短 40% 以上。某厂 4D30YB 型柴油机磨合期由原来的 $2.5\ h$ 缩短到 $50\ min$（油样光谱分析结果），从而获得巨大的经济效益和社会效益。

图 9-14 是磁性磨料研磨加工的应用实例。

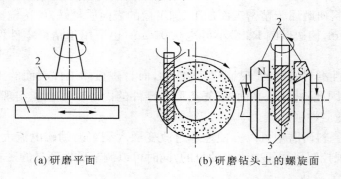

(a) 研磨平面　　　　　　　(b) 研磨钻头上的螺旋面

1—工件；2—磁极；3—磁性磨料。

图 9-14　磁性磨料研磨加工的应用实例

9.6.2　磁性磨料电解研磨加工

1. 磁性电解研磨加工原理

磁性电解研磨加工是在磁力研磨的基础上，加上电解加工的阳极溶解作用，以加速阳极工件表面的平整过程，提高工艺效果。图 9-15 是磁性磨料电解研磨加工原理图。

磁性电解研磨的表面光整效果是以下三个重原因素作用下产生的。

（1）阳极溶液电化学作用。阳极工件表面的金属原子在电场及电解液的作用下失去电子成为金属离子溶解于电解液，或在金属表面形成氧化膜或氢氧化膜即钝化膜，微凸处比凹处的氧化过程更为显著。

（2）磁性磨料的刮削作用。主要是刮除工件表面的金属钝化膜，而不是刮金属本身，使其露出新的金属原子不断进行阳极溶解。

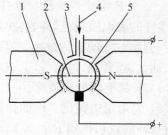

1—磁极；2—工件；3—阴极及喷嘴；
4—电解液；5—磁性磨料。

图 9-15　磁性磨料电解研磨加工原理图

（3）磁场的强化作用。去除工件表面的微观不平是抛光工艺的首要任务。在电场作用下,离子仅作线性加速运动,离子到达电极表面的入射角很小,造成峰谷去除量相差较小。引入磁场后,离子运动的轨迹复杂了许多,在洛伦兹力的作用下,离子与峰谷接触的概率降低。因此,微观不平得到了进一步改善,缩短了获得相同表面粗糙度所需的加工时间。

（4）电场与磁场的双重作用。在电场与磁场的双重作用下,阴离子以较大的入射角与金属离子层发生冲击碰撞,加快了金属离子的扩散迁移,降低了浓差极化,提高了抛光效率和质量。

2. 磁性电解研磨加工应用

磁性电解研磨加工比磁性研磨加工和电解研磨加工的质量更好,效率更高,其加工表面粗糙度值 Ra 可达 $0.04\ \mu m$ 或更低。

磁性电解研磨加工,适用于导磁材料的表面光整加工、棱边倒角和去毛刺等。既可用于加工外圆表面,也可用于平面或内孔表面甚至齿轮齿面、螺纹、钻头和模具等复杂表面的研磨抛光。

9.7　铝合金微弧氧化技术

微弧氧化技术是在普通阳极氧化的基础上,利用电火花放电激活增强并在阳极上发生的反应,从而在金属材料表面原位形成优质陶瓷膜的方法,是铝、镁、钛等金属表面强化处理领域的研究热点之一。

9.7.1　铝合金微弧氧化技术原理

图 9-16 是微弧氧化工艺和设备的原理简图。图中 1 为脉冲电源,2 为需微弧氧化的铝合金工件,接脉冲电源正极,3 为不锈钢槽,接电源负极,4 为工作液,常用氢氧化钾（KOH）添加硅酸钠（Na_2SiO_3）或偏铝酸钠（$NaAlO_2$）等的溶液,5 为吹气搅拌用的压缩空气管。

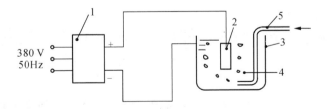

1—脉冲电源;2—工件;3—不锈钢槽;4—工作液;5—压缩空气管。

图 9-16　微弧氧化工艺及设备原理简图

加工开始时,在 $10\sim50\ V$ 直流低电压和工作液的作用下,正极铝合金表面产生有一定电阻率的阳极氧化薄膜,随着此氧化膜的增厚,为保持一定的电流密度,直流脉冲电源的电压应不断地相应提高,直至升高到 300 V 以上,此时氧化膜已成为电阻率更高的绝缘膜。当电压提高到 400 V 左右时,将对铝合金表面产生的绝缘膜击穿形成微电弧（电火花)放电,可以看到表面上有很多红白色的细小火花亮点,此起彼伏,连续、交替、转移放电。当电压升高到 500 V 或更高时,微电弧火花放电的亮点成为蓝白色,更大、更粗,而且伴有连续的噼啪放电声。此时微电弧火花放电通道 3 000℃ 以上的高温将铝合金表面中熔融铝原子与工作液中的氧原子,以及电解时阳极上的正铝离子(Al^{3+})与工作液中的负氧离子(O^{2-})发生电、物理、化学反应结合而成为 Al_2O_3 陶瓷层。实际上这些过程是非常复杂的,人们还在不断研究和深化认识过程中。

9.7.2 铝合金微弧氧化技术的特点

(1)工艺过程容易控制,操作简单,处理效率高。

(2)形成的陶瓷膜具有优异的耐磨和耐蚀性能,以及较高的显微硬度和绝缘电阻。

(3)铝合金微弧氧化技术大幅增强了材料的表面性能,特别适合于在高速和高接触应力环境下作为摩擦副部件使用,在航天、航空、汽车、机械等行业中具有广阔的应用前景。

(4)对环境无污染。

9.7.3 微弧氧化后的表面陶瓷层的功能和用途

1. 高硬度、抗磨表层

微弧氧化后生成的陶瓷薄层的硬度和抗磨性,可高于淬火钢、硬质合金,因此,在航天、航空或要求重量轻而耐磨的产品中,可以用铝合金代替钢材制作气动、液压伺服阀的阀套、阀芯和气缸、液压缸。在纺织机械高速运动的纱锭部件表面可在铝合金表面微弧氧化生成耐磨的陶瓷层。

2. 减磨表面

由于微弧氧化后可以使之成为含有微孔隙的陶瓷表层,在使用传统润滑剂时摩擦因数可降低为 0.12~0.06。如果在微孔隙中填充二硫化钼或聚四氟乙烯等固体润滑剂,则更有独特的减摩擦、磨损效果,可用于汽车、摩托车活塞或其他需低摩擦因数的场合。

3. 耐腐蚀表面

能耐酸、碱、海水、盐雾等的腐蚀,可用作化工、船舶、潜水艇、深水器械等设备的防腐保护层。

4. 电绝缘层

电阻率可达到 $10^6 \sim 10^{10} \Omega \cdot cm$。很薄的陶瓷表层,其绝缘强度可达几十兆欧以上,耐高压 100~1 000 V,可以用于既要良好导电,又要良好绝缘性能的精密、微小的特殊机构中。

5. 热稳定、绝热、隔热表层

由于表面覆盖有耐高温的陶瓷层,所以铝合金在短时间内可耐受 800℃~900℃,甚至 2 000℃高温,可以提高铝、镁、钛等合金部件的工作温度;可用于火箭、火炮等需瞬时耐高温的零件。

6. 光吸收与光反射表层

做成不同性能、不同颜色的陶瓷层,例如黑色或白色,可吸收或反射光能大于80%,或用于太阳能吸热器或电子元件的散热片。铝、镁、钛及其合金做成彩色的陶瓷表层,可以作为手机外壳等高级装饰材料。

7. 催化活性表层

使之生成在内燃机活塞顶部,可把CO催化氧化成CO_2,可减少沉积炭黑和一氧化碳的排放量。

8. 抑制生物、细菌表层

微弧氧化时在陶瓷层中加入磷等某些化学物质,可以抑制某些生物生长,可用于防止在海水中船舶表面生长附着海藻、海蛎子等生物,或抑制电冰箱内壁生长细菌。

9. 亲生物层

陶瓷表层加入钙等对生物亲和、活化的物质,可使植入体内钛合金的假肢表面易于附着生长骨骼、微细血管和神经细胞的生物组织。

9.7.4　微弧氧化技术在铝、镁、钛等合金中的应用前景

铝合金由于强度大、塑性好、成形性好,在现代工业技术中其用量之多、范围之广仅次于钢铁。但是其耐磨性、耐热性、耐蚀性较差,这些问题在航空、航天领域中及兵器制造中表现得尤为突出。

采用微弧氧化技术,在铝合金表面上原位生成陶瓷层,厚度可达$100\sim300~\mu m$,显微硬度可达$1\,000\sim1\,500$ HV,膜层可以获得较淬火钢还高的耐磨性和较低的摩擦因数。用带有这种陶瓷层结构的铝合金部件做成的摩擦配合副,比钢的使用寿命能提高10倍以上,汽车、装甲车的发动机的气缸、活塞长期工作在高温和严重的黏结、摩擦条件下,使用寿命短;采用微弧氧化处理能提高发动机的寿命和效率,经微弧氧化的卫星铝合金高速轴,有很高的耐磨性。

微弧氧化形成的多孔陶瓷层有很好的耐热性能,有实验表明,$300~\mu m$厚的耐热层在0.1 MPa压力下可短时承受$3\,000$℃的高温。得到的耐热层与基体结合牢固,不会因急冷急热在基体与覆层之间产生裂纹,这项技术可用于运载火箭、卫星自控发动机上。在大量使用轻合金的国防工业及航空、航天部门中,具有重要意义。

微弧氧化技术还可以像本章9.7.3中所述,形成9种不同性能和用途的表面层,可进一步扩大应用范围。

此外,镁合金比铝合金密度更小和有更好的性能,由于我国镁的储量远大于铝,今后镁合金零件的成本可和铝合金持平,将逐步大量以镁代替铝,所以镁合金表面的微弧氧化技术也将会大量应用。同样,钛合金表面的微弧氧化技术在航天、航空及高档装饰业中也将获得特殊应用。

如图9-17所示为铝、镁、钛等合金微弧氧化的实例。图9-17(a)微弧氧化后的铝合金内燃机气缸、活塞;图9-17(b)为微弧氧化后的镁合金零件;图9-17(c)为纺织机械中高速转动的铝合金零件表面微弧氧化陶瓷化后的外形。图9-17(d)为微弧氧化后的铝、镁、钛合金零件。

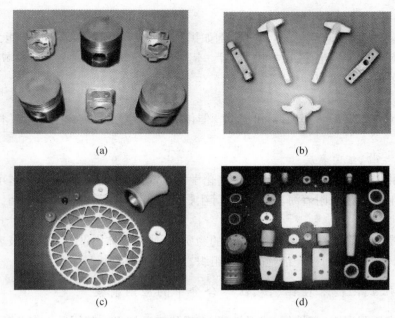

(a)   (b)

(c)   (d)

图 9 - 17　铝、镁、钛等合金微弧氧化的实例

9.8　复合加工技术

9.8.1　超声振动切削

1. 超声振动切削的基本原理

超声振动切削是超声加工和机械加工复合的加工方法。先由超声波发生器，产生超声频率的电流，经过换能器转化为机械振动，经过变幅杆把振动信号放大，推动刀具在工件的轴向或切向振动，从而改变切削特性的加工方法。图 9 - 18 为超声振动切削的原理示意图。

2. 超声振动切削的特点

（1）切削力小，功率消耗低，刀具寿命显著提高，生产率也高。

（2）切屑的变形明显减小（与母材大致相同）。

（3）减轻甚至完全消除自激振动。

（4）加工精度高，加工表面粗糙度好。

（5）对于加工塑性材料时是一种断屑方法。

（6）加工范围广，如可加工一些难加工材料，加工深孔、低刚度工件。

3. 超声振动切削加工的应用

目前，应用最广泛的是超声振动车削和磨削，如不锈钢、耐热钢的车削，可以提高加工

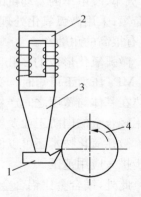

1—车刀；2—换能器；
3—变幅杆；4—工件。

图 9 - 18　超声振动切削的原理

效率和加工质量;不锈钢、钛合金、高温合金等的难磨材料,使砂轮的堵塞和工件的烧伤得以消除。另外还有超声振动镗削、超声振动深孔和小孔加工、超声振动铰孔和攻螺纹等。

图 9-19 是超声振动钻孔装置。用这个装置来加工孔,轴向力和扭矩比普通钻削有大幅度的下降。切削速度低,进给量小,则切削力下降得越多,加工表面粗糙度和加工精度提高也越多。因为普通麻花钻装置纵向振动变幅杆上,由于螺旋沟槽的作用,钻头刃部实际振动方向为纵向振动和扭转振动的复合。当扭转振动占的成分越大,则加工效果越好,而扭转振动分量的比例取决于螺旋角、螺旋沟槽长度、钻头长度和振动频率等。

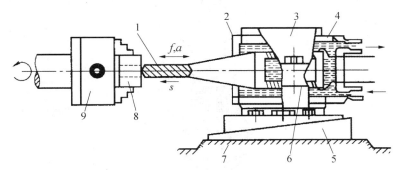

1—钻头;2—法兰盘;3—上支架;4—水套;5—调整垫板;
6—下支架;7—溜板;8—工件;9—卡盘。

图 9-19　超声振动钻孔装置

图 9-20 是超声振动压光装置。给压光工具施加适当的预压力,使其作用在工件上,超声压光时工件旋转,压光工具头除了向工件压光表面进给以外,还由于超声振动的影响,高频冲击工件表面,这就使得超声压光具有传统压光和喷丸强化的综合效果。压光的原理是表面材料在压力作用下从"峰"流到"谷"的过程,压光对工件表面的硬度、耐磨性和疲劳强度有较大的影响。

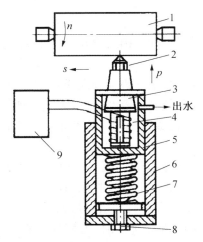

1—工件;2—压光工具;3—变幅杆;4—换能器;5—水套;
6—固定套筒;7—弹簧;8—调整螺钉;9—超声波发生器。

图 9-20　超声振动压光装置

超声珩磨振动系统的工作原理是：超声波发生器产生的超声频电振荡通过换能器转换为超声频机械振动，变幅杆将换能器的纵向振动放大后传给弯曲振动圆盘，挠性杆再将弯曲振动圆盘的弯曲振动变成纵向振动后传给磨石座，磨石座带动与其连接在一起的磨石进行纵向超声振动。图 9-21 是超声振动珩磨装置。

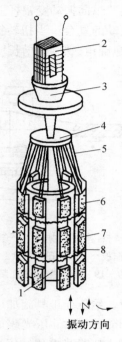

1—磨石头体；2—换能器；3—变幅杆；4—弯曲振动圆盘；
5—柔性杆；6、7—磨头；8—磨石座

图 9-21　超声振动珩磨装置

超声珩磨具有以下几个优点。

（1）提高珩磨效率。超声珩磨铜、铝合金的珩磨效率与普通珩磨相比可提高 1～3 倍。

（2）人造金刚石磨石可以珩磨钢。因为在超声珩磨条件下摩擦力急剧降低，珩磨力降至普通珩磨的 1/4～1/2，珩磨温度大幅度降低，人造金刚石完全可以珩磨钢。目前超声珩磨条件下，人造金刚石磨石已成功地用于珩磨退火状态的 2 号钢和调质状态的高强度合金钢。

（3）磨石不易堵塞。对铜、铝合金进行强力超声珩磨，无论是用肉眼观察还是用金相显微镜、扫描电镜观察，超声珩磨铜、铝合金时，磨石不易堵塞。采用树脂结合剂制作的细粒度人造金刚石磨石可对铜、铝合金进行大余量强力珩磨，不仅解决了韧性材料难以珩磨的加工难题，而且可以取代镗孔和内圆磨削，为韧性材料的大余量加工开辟了一条新途径。

（4）超声珩磨装置工作稳定，抗环境干扰能力强。可对高强度钢深孔工件进行强力超声珩磨，并可以连续 8 h 工作。

（5）磨石寿命极长。连续对 8 只钢质薄壁镀铬气缸套进行超声珩磨,人造金刚石磨石只磨损 $0.005\,\mu m$。

（6）加工精度和表面质量均优于普通珩磨。

（7）珩磨噪声比普通珩磨大大降低。

（8）提高零件耐磨性。超声珩磨可在零件表面层上形成适合于储存润滑油和微粒的表面,有益于提高零件的耐磨性。

超声珩磨的应用范围如下。

（1）广泛应用于汽车、拖拉机、摩托车、坦克发动机气缸的粗珩、精珩和光珩。

（2）广泛应用于液压缸和炮管,该装置能提高珩磨效果和质量。

9.8.2　超声放电加工

超声放电加工是一种由超声加工和电火花加工复合的加工方法。在电火花加工的同时,工具电极做超声振动,从而提高脉冲放电效率,加大脉冲放电的分散性,而超声波的冲击和空化效果,增强了工作液的流动、流场的均匀以及电蚀产物的排除。图 9 - 22 是超声放电加工原理图。

超声放电加工的特点是加工效率高,加工孔时深度可较大,同时加工精度和表面粗糙度好。因此特别适用于微孔、深孔、不通孔、窄缝的加工,还适合于表面光整加工。

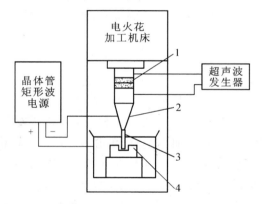

1—压电陶瓷;2—变幅杆;3—工具电极;4—工件。

图 9 - 22　超声放电加工原理图

9.8.3　超声电解加工

超声电解加工是一种电解加工和超声加工复合的加工方法,是在电解加工的基础上,在电解液中加磨料,再在工具电极上加超声振动,利用超声振动的抛磨和空化作用,以及磨料的冲击作用,把电解加工的钝化膜蚀除（磨料的冲击作用可以进行少量的加工）,从而大大加快加工速度,而工具电极的损耗也大大低于超声加工,加工精度和表面粗糙度也较好。图 9 - 23 是超声电解加工原理图,图 9 - 24 为超声电解抛光原理图。

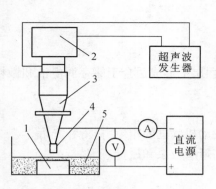

1—工件；2—换能器；3—变幅杆；
4—工具；5—电解液和磨料。

图9-23   超声电解加工原理图

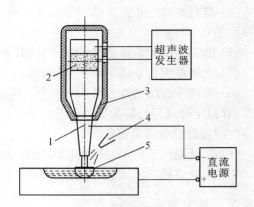

1—变幅杆；2—压电陶瓷换能器；
3—导电磨石；4—电解液；5—工具。

图9-24   超声电解抛光原理图

高频振动对 $240~\mu m$ 的微孔的加工可提高速度 $1.5\sim2.5$ 倍。超声振动提高了加工速度，粗加工提高 10%，精加工提高 400%，并使加工过程稳定，特别是精加工时尤为突出，可使稳定加工的面积增大。电极的超声振动能改善加工过程的主要原因是：① 电极表面的高频振动加速了工作液的循环，使间隙充分消电离；② 间隙很大的压力变化导致更有效的放电，这样就能从弧坑中去除更多熔化的金属，使热影响层减小，热残余应力降低，微裂纹减小。

9.8.4   电火花电解研磨加工

1. 电火花电解研磨加工的基本原理

电火花电解研磨加工是机械研磨、电解加工和电火花加工复合的一种加工方法，简称 MEEC 法。MEEC 法所用的装置由加工电源、磨轮、工作液、主轴绝缘处理的各种研磨机床等组成。加工电源为 $250~V$ 的直流电，工件接正极，磨轮有导电和不导电两部分组成，工作液是具有导电性的低浓度的电解液。加工时，磨轮旋转，当不导电部分与工件接触时，磨粒对工件起磨削作用；而导电部分接触时，喷射到磨轮和工件之间的工作液就起电解作用。当导电部分离开工件时，就产生电火花放电，进行电火花加工，通过磨轮的旋转，把机械研磨、电解加工和电火花加工复合在一起，使加工质量和加工效果大幅提高。

2. 电火花电解研磨加工的特点和应用

MEEC 的电源可根据工件状态进行设定（如直流、交流、最高电压、电流等），还可控制通电水平和进行输出水平的微调。

MEEC 具有高速高精的研磨效果，而且对脆硬、难切削材料也同样。

工件研磨后，无机械损伤，不产生材料力学性能降低的变质层。

MEEC 法可用于切削、成形研磨、平面研磨、圆柱研磨和用薄片砂轮进行窄槽切割。工件材料除了钢铁外，还可磨削铁硅铝磁性合金、硬质合金、聚晶金刚石、立方氮化硼、玻璃、陶瓷等难切削材料。

3. 新 MEEC 法

新 MEEC 法与旧 MEEC 法比较主要在以下三个方面进行了改进：一是增设了修整砂轮用电极；二是改用可分别在砂轮工件间，以及砂轮和修整砂轮用电极间广泛变换，包括波形在内的各种电参数的新电源；三是将砂轮的结构按工件材料的导电与否分类。

9.8.5　超声调制激光加工

超声调制激光加工是超声与激光加工复合的一种加工方法。是把激光谐振腔的全反射镜安装在超声波换能器和变幅杆的端面上，当全反射镜做超声振动时，由于谐振腔长度的变化和多普勒效应，可输出的激光脉冲尖峰波形由原来不规则、较平坦的排列，调制、细化成多个尖峰激光脉冲，有利于加工。

采用超声调制激光加工，可以增加打孔深度、改善孔壁的表面粗糙度、提高激光打孔的效率。

习　题

9-1　试列表归纳、比较本章中各种特种加工方法的优缺点和适用范围。

9-2　如何能提高化学蚀刻加工和光化学腐蚀加工的精密度（分辨率）？

9-3　从滴水穿石到水射流切割工艺的实用化，在思想上有何启迪？要具体逐步解决什么技术关键问题？

9-4　在人们日常工作和生活中，有哪些物品、商品（包括工艺美术品等），是用本书所述的特种加工方法制造的？

参考文献

[1] 刘晋春,白基成,郭永丰. 特种加工[M]. 第 5 版. 北京:机械工业出版社,2008.

[2] 王瑞金. 特种加工技术[M]. 北京:机械工业出版社,2011.

[3] 杨武成. 特种加工[M]. 西安:西安电子科技大学出版社,2009.

[4] 汤家荣. 模具特种加工技术[M]. 北京:北京理工大学出版社,2010.

[5] 鄂大幸,成志芳. 特种加工基础实训教程[M]. 北京:北京理工大学出版社,2010.

[6] 贾立新. 电火花加工实训教程[M]. 西安:西安电子科技大学出版社,2007.

[7] 周旭光. 模具特种加工技术[M]. 北京:人民邮电出版社,2010.

[8] 张建华. 精密与特种加工技术[M]. 北京:机械工业出版社,2003.

[9] 赵万生. 特种加工技术[M]. 北京:高等教育出版社,2003.

[10] 胡传. 特种加工手册[M]. 北京:北京工业大学出版社,2001.